科学出版社"十四五"普通高等教育本科规划教材

材料成形技术

周 伟 主编

科学出版社

北 京

内 容 简 介

"材料成形技术"是高等院校机械类各专业的一门综合性专业技术基础课程。

本书以零件结构设计与成形方法适应性为主线，介绍常用的材料成形技术原理与方法，以及相应零件成形工艺设计，并选取典型零件进行结构工艺性实例分析。全书共分为 7 章，主要内容包括绪论、金属材料的铸造成形、金属材料的塑性成形、金属材料的焊接成形、粉末材料烧结成形、塑料加工成形和 3D 打印技术。本书结合当前最新研究成果，适当增加了一些材料成形新技术、新工艺，力图将科研成果和生产经验融入课程学习之中。

本书适用于普通高等工科院校本科生及研究生进行机械类各专业的课程学习，可作为其他类型院校相关专业的教材，也可供有关工程技术人员参考使用。

图书在版编目（CIP）数据

材料成形技术 / 周伟主编. —北京：科学出版社，2023.10
科学出版社"十四五"普通高等教育本科规划教材
ISBN 978-7-03-076952-7

Ⅰ．①材… Ⅱ．①周… Ⅲ．①工程材料—成型—高等学校—教材
Ⅳ．①TB3

中国国家版本馆 CIP 数据核字 (2023) 第 209724 号

责任编辑：邓 静 / 责任校对：王 瑞
责任印制：师艳茹 / 封面设计：迷底书装

科学出版社 出版
北京东黄城根北街 16 号
邮政编码：100717
http://www.sciencep.com
北京凌奇印刷有限责任公司 印刷
科学出版社发行 各地新华书店经销
*
2023 年 10 月第 一 版 开本：787×1092 1/16
2023 年 10 月第一次印刷 印张：14 3/4
字数：340 000
定价：59.00 元
（如有印装质量问题，我社负责调换）

前　　言

　　根据教育部高等学校机械基础课程教学指导委员会一系列有关课程改革和培养创新型工程技术人才的文件精神，作者结合自身多年的教学经验和科学研究工作，参阅大量的国内外相关资料及相关教材编写了本书。

　　本书的编写力求教学内容与形式上的改革，对于每一类材料成形工艺而言，按照工艺原理—成形方法及应用—成形工艺设计—工件结构工艺性的路线编制，通过引入大量工程应用实例，将理论教学与实践教学相结合，以理论为指导，以实践为目的，采用实践巩固理论、理论指导实践的循环教学模式，努力使学生将理论知识转化为工作能力，达到学以致用的目的。在教材内容上，全面讲述了关于金属和非金属材料的常用成形技术内容，并加入了粉末材料烧结成形和 3D 打印技术等前沿成形技术的内容，力求使学生对材料成形的前沿技术有更深入的了解。

　　本书具有以下特点。

　　(1)注重教材的灵活性和可操作性，以满足不同学生的学习要求。本书除着重讲述已经广泛应用的传统成形技术方法外，还介绍发展日趋成熟、应用前景广阔的材料成形新工艺、新技术、新进展。

　　(2)完善新的成形理论，以适应新时期工程技术领域的本科教学需求。本书对传统教材中金属材料、高分子材料的成形原理、成形方法和成形工艺的主要内容进行必要的调整和增删，同时注重跟踪科技前沿，融入粉末材料烧结成形和 3D 打印技术等前沿成形技术理论和工艺，以培养综合型人才、适应社会发展需求为目的。

　　(3)深入浅出、思路清晰。根据每种材料成形技术的特点，注重工程实用性，全书重点围绕材料成形原理、方法、工艺、典型例题分析的思路展开讲述，并配以适量的复习思考题加以巩固。

　　本书由厦门大学周伟主编。周伟负责全书内容结构和统稿工作。参加编写的人员有赵扬(第 1、7 章)、魏清兰(第 2、3 章)、黄家乐(第 4 章)、凌伟淞(第 5 章)、袁丁(第 6 章)。硕士研究生周姝判、肖池牟完成了部分 PPT 课件的制作工作，科研助理王菁、吴粦静完成了文字校对工作。

　　本书配有 PPT 课件，可供任课教师参考使用。

　　在本书编写和出版过程中，得到了厦门大学教务处、厦门大学萨本栋微米纳米科学技术研究院的教师及漳州职业技术学院教师的大力支持与帮助，在此一并表示衷心的感谢。

　　本书涉及专业面比较广，由于作者水平有限，书中难免有不足或疏漏之处，敬请广大读者批评指正。

作　者

2023 年 1 月于厦门

目　　录

第1章 绪 论

材料是现代文明各个领域不可缺少的物质基础。材料的价值主要体现在按设计要求形成特定的形状、尺寸，进而应用到各个领域。使材料成为零件、部件等制品的工艺过程称为"材料成形"。材料成形技术一般包括传统的铸造、锻压、焊接、粉末烧结、注塑等成形技术。随着科学技术的快速发展，新材料、新工艺的不断涌现，材料成形技术的内涵和外延有了很大的拓宽，正向精密化、复合化、清洁化、数字化、智能化方向发展。

现代工业的各行各业与材料成形技术密不可分。党的二十大报告指出："推动战略性新兴产业融合集群发展，构建新一代信息技术、人工智能、生物技术、新能源、新材料、高端装备、绿色环保等一批新的增长引擎。"现代工业、现代农业、交通运输、城市建设、能源与矿产等国民经济的基础设施和装备都离不开材料成形技术。另外，国防和军事领域在某种程度上也是新材料、新技术的比拼，很多高技术领域如航空航天、电子信息、生物医药也都离不开材料成形技术。

1.1 材料成形技术在国民经济中的作用

材料成形技术在各个行业都有广泛应用，包括机械、交通、电气、仪表、食品、服装、家具、化工、建材和冶金等。材料成形技术作为基础工业的一项生产技术，对各行各业都有着不可忽视的影响，在国民经济中占有十分重要的地位，一定程度上可以用材料成形技术来衡量一个国家的工业技术发展水平。

采用铸造成形技术可以生产各种铁碳合金铸件，如铸铁、铸钢，以及铝、镁、铜、锌等有色合金铸件。随着现代工业的发展，我国在大型铸件上已有所突破，已铸造出重达上百吨的大型铸铁钢锭模和大型厚板轧机的铸钢框架，还铸出了 3×10^5 kW 水轮机转子的复杂铸件，其尺寸精度达到国际标准。在小型铸件方面，采用铸造方法可以铸造出壁厚 0.3mm，长度为 10mm 的小型薄壁铸件。机床和通用机械中铸件质量占 70%～80%，风机、压缩机中铸件质量占 60%～80%，农业机械中铸件质量占 40%～70%，汽车中铸件质量占 20%～30%。

采用塑性成形技术，可生产各种金属(黑色金属和有色金属)及其合金的锻件和板料冲压件。塑性加工的零件和制品在汽车与摩托车中占 70%～80%，在拖拉机和农业机械中占 50%，在航空航天飞行器中占 50%～60%，在仪器仪表中占 90%，在家用电器中占 90%～95%，在工程与动力机械中占 20%～40%。

焊接成形技术广泛应用于各类工业制品中，其往往需要焊接成形技术制造。在钢铁、汽车和铁路车辆、舰船、航空航天飞行器、原子能反应堆及电站、石油化工设备、机床和工程机械、电器与电子产品、家电以及桥梁、高层建筑、高铁、油气远距离输送管道、高能粒子加速器等许多重大工程中，焊接成形技术都占据着十分重要的地位。

　　以汽车为例，一辆汽车由数十个部件、上万个零件装配而成。其中发动机上的汽缸体、汽缸套、汽缸盖、离合器壳体、手动(自动)变速箱壳体、后桥壳体、活塞、活塞环、化油器壳体、油泵壳体等，采用铸铁、铸铝和铝合金铸造或压铸工艺生产；连杆、曲轴、气门、齿轮、同步器、万向节、十字轴、半轴、前桥及板簧零件，采用模锻工艺生产；车身、车门、车架、油箱等，经冲压和焊接制成；车内饰件、仪表盘(部分汽车)、方向盘、灯罩(部分)等，采用注塑生产；而轮胎为橡胶压制件。一辆汽车有 80%～90%的零件是经材料成形技术与工艺生产的。

　　总之，金属材料往往须经铸、锻、焊成形加工才能获得所需制件，非金属材料也主要依靠注塑成形技术才能加工成半成品或最终产品。因此，材料成形是整个制造技术的一个重要领域，是国民生产中极为重要且不可替代的组成部分，可以说没有先进的材料成形技术，就没有现代制造业。

1.2　材料成形技术的发展趋势

　　材料成形技术的总体发展趋势目前主要有三个方面：一是材料设计、制备、成形与加工的一体化，各个环节的关联越来越紧密；二是材料加工逐渐发展成为一门多种技术相结合的应用科学，尤其是制备、成形、加工技术与信息技术、计算机模拟与过程仿真的综合，与各种先进控制技术的综合等；三是各个学科之间的交叉融合，如铸造成形、塑性成形、热处理、焊接之间的综合交叉，与材料物理、材料化学、材料加工工艺等学科领域的综合交叉，与机械工程、计算机科学、信息工程、环境工程等材料科学与工程学科以外的其他一级学科的综合交叉。另外，现代材料成形技术在各级学科之间的界限越来越不明显，学科渗透与相互依赖性越来越强。目前，材料成形技术正逐步朝着精密成形、复合成形、轻质新材料、数字化成形等几个主要方向发展。

1. 精密成形

　　目前的精密成形是指零件成形后，仅需少量加工或无须加工，就可用作机械构件的成形技术。它建立在新材料、新能源、信息技术、自动化技术等多学科高新技术成果的基础上，改造了传统的毛坯成形技术，使之由粗糙成形变为优质、高效、高精度、轻量化、低成本的成形。

　　近年来，越来越高的设计和使用要求促使材料成形技术向精密化方向不断发展。近净铸造成形、精确塑性成形、精确连接、精密热处理、表面改性等是新工艺、新材料、新装备以及各项新技术成果的综合集成技术。

　　目前，净化毛坯应用广泛，如精密铸件、精密锻件、板料精密冲裁件等。一般方法是将零件上难以进行切削加工的、形状复杂的部分采用精密成形工艺，使其完全达到最终形状与尺寸精度，而其余容易采用切削加工的部分，仍采用切削加工方法使其达到最终要求。例如，齿轮的齿形加工采用精铸或精锻，而小花键孔和一些窄的台阶面仍采用切削加工。

2. 复合成形

　　复合成形工艺包括铸锻复合、锻焊复合、铸焊复合和不同塑性成形方法的复合等。例如，液态模锻即为铸锻复合工艺，它是将一定比例的固、液金属注入金属模膛，然后施加机械静压力，使熔融或半熔融状的金属在压力下结晶凝固，并产生少量的塑性变形，从而获得所需制件。它综合了铸、锻两种工艺的优点，尤其适合锰、锌、铜、镁等有色金属合金零件的成形加工。

铸焊、锻焊复合工艺，则主要用于一些大型机架或构件，它采用铸造或锻造方法加工成铸钢或锻钢单元体，然后通过焊接方法获得所需制件。

板料冲压与焊接复合工艺，用于满足零部件不同部位对材料性能的不同要求。拼焊板冲压即为一种冲焊复合工艺，它首先将不同厚度、材质或不同涂层的平板焊接在一起，然后整体冲压成形。该工艺在汽车、航天航空等工业中得到了应用。

3. 轻质新材料

由于节能、环保的需要，轻量化已成为现代结构设计的主流趋势，以高强钢及铝、镁合金为代表的轻质高强材料的应用日益广泛。以汽车为例，整车质量减轻 10%，燃烧效率可提高 7%，并减少 10% 的污染，实现这一目标的途径是通过结构轻量化和材料轻量化使整车(包含车体和车架、动力及传动系统)质量减轻等。为适应这一发展方向，新车中的钢铁等黑色金属用量要大幅减少，而轻质的铝、镁合金用量显著增加，例如，福特汽车公司的新车型中，铝合金将从 129kg 增加到 333kg，镁合金将从 4.5kg 增加到 39kg。结构轻量化及新型轻质高强材料的大量应用使得传统的成形加工技术已无法满足要求，亟须开发新的成形工艺，如高强钢的高温成形、管件的高内压成形、铝合金的电磁复合(辅助)成形等，以满足零部件向更轻、更薄、更精、更强、更韧方向发展以及制造向高质量、低成本、短周期方向发展的需求。

4. 数字化成形

随着计算机技术的发展和科技的进步，产品的设计和生产方式都在发生显著的变化，以前许多只能靠手工完成的作业，已逐渐通过计算机实现了制造过程的高效化和高精度化。计算机技术与数值模拟技术、机械设计、制造技术的相互结合与渗透，产生了计算机辅助设计/计算机辅助工程/计算机辅助制造这样一门综合性的应用技术，简称 CAD/CAE/CAM。CAD/CAE/CAM 技术已广泛应用于高端装备、汽车制造、航空航天、电子信息等各个领域中，成为材料成形制造的先进技术。通过 CAD 进行快速高质量设计，通过 CAE 进行优化计算分析，以及通过 CAM 进行高效、高精度加工，可以提高产品质量，降低开发成本，缩短开发周期，有助于产品赢得市场竞争力。

1.3　本课程的内容和学习方法

1. 材料成形技术的内容及任务

"材料成形技术"课程是机械工程类专业和近机械工程类专业学生的主要专业基础课之一，也是重点研究金属和非金属零件及其毛坯成形过程、原理及特点的一门专业技术课程。

通过本课程的学习，学生可以比较全面系统地获得金属和非金属零件及其毛坯成形过程、原理及特点等方面的专业知识，主要包括铸造成形、塑性成形、焊接成形、粉末材料烧结成形、塑料加工成形以及 3D 打印技术等内容。具体如下：了解铸造成形技术的基本知识以及砂型铸造、特种铸造和常见铸造缺陷等；了解材料塑性变形基本规律、自由锻和冲压成形过程及工艺；了解常用金属材料的焊接过程、焊接方法及应用；了解烧结成形技术的原理及相关的应用等；了解塑料加工成形的基本知识及应用；了解 3D 打印原理及相关应用。本课程的学习可为后续课程的学习及从事机械零件设计、制造及管理工作打下必要的技术基础。

2. 材料成形技术的特点及学习方法

"材料成形技术"是一门综合性的应用技术基础课。该课程将材料成形的基本理论与工艺融为一体，综合介绍各种材料成形技术的基本原理、工艺方法和技术要点，适当反映当代科技在材料成形领域的新成就。学习本课程应该注意以下几点。

本课程的内容基本上都是围绕着工艺原理—成形方法及应用—成形工艺设计—工件结构工艺性这样一条主线展开的。按照主线对各种材料成形技术的知识点进行归纳整理，读者比较容易在学习中保持清晰的思路，有利于对本课程内容的总体把握。

注重与以前所学课程的配合、交叉和衔接。把握材料使用特性与成形技术、材料成分/组织、性能的关系，将本课程与机械工程材料、机械制造技术基础、金工实习等课程融合、交叉和衔接，系统地掌握材料及其成形方法的选择。

在学习过程中应注意密切联系生产实际。本课程是一门应用性、实践性很强的课程，在学习中不仅要认真学习课堂上的专业基础知识，还应该在课后主动加强与课程内容密切相关的工程实践内容的参观学习等。

第2章 金属材料的铸造成形

2.1 概　述

铸造成形是指通过熔炼金属、制造铸型，并将熔融金属注入铸型中，待其冷却凝固后，获得具有一定形状、尺寸和性能的金属零件或毛坯的成形方法，也称为金属液态成形。铸造是成形金属毛坯和零件的重要方法之一。用铸造成形方法生产的零件或毛坯称为铸件。

与其他加工方法相比，铸造成形具有很多优点。

(1)对材料的适应性强。工业上常用的金属材料如铸铁、铸钢、铜合金、镁合金、钛合金和其他特殊合金均可用铸造成形，特别是对于不宜采用塑性成形或焊接成形的材料，铸造成形具有特殊的优势。

(2)成形工艺灵活性大。用铸造成形可以生产各种形状复杂的零件毛坯，特别适用于生产具有复杂内腔的毛坯，如各种箱体、机架、阀体、缸体、泵体和叶轮等。另外，铸件的大小几乎不受限制，例如，重量由几克到几百吨，壁厚从 0.5mm 到 1000mm，长度从几毫米到几十米，均可铸造成形。

(3)生产成本低。铸造用原料大多来源广泛，价格低廉；且一般情况下，铸造设备需要的投资较少；铸件与最终零件的形状相似、尺寸相近，可节省材料和加工工时。

铸造成形也存在一些缺点，如铸造组织疏松、晶粒粗大，铸件内部常有偏析、缩松和气孔等缺陷产生，导致铸件力学性能，特别是冲击性能较低。另外，铸造成形工序多，一些工艺过程较难以精确控制，导致铸件质量不稳定，废品率较高。目前铸造成形仍以砂型铸造为主，自动化程度不高，工作环境普遍较差，大多数铸件仅是毛坯件，须后续加工才能成为零件。但随着铸造新材料、新技术、新工艺和新设备的推广和应用，铸造生产中存在的问题正在不断地得到解决。

2.2　合金的铸造性能

合金在铸造成形过程中所表现出来的工艺性能称为合金的铸造性能。合金的铸造性能主要包括合金的流动性、充型能力、收缩性、偏析性和吸气性等。

2.2.1　合金的流动性

合金的流动性是指熔融合金本身的流动能力，是合金的铸造性能之一。在同等浇注条件下，合金的流动性与金属本身的化学成分、温度、杂质含量以及物理性质有关。流动性好，合金的充型能力强，便于浇注出轮廓清晰、薄而复杂的铸件。流动性差，则会造成铸件浇不足、冷隔、气孔、夹杂、缩孔、热裂等缺陷。

合金流动性的好与坏，通常用图 2.1 所示的螺旋形标准试样的长度来衡量。在相同的浇注条件下，浇出的试样越长，说明合金的流动性越好。

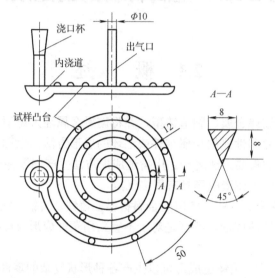

图 2.1　螺旋形标准试样(本书缺省的长度单位为 mm)

影响合金流动性的主要因素有如下几种。

1)合金的种类

不同合金因其共晶特性、黏度不同，其流动性也不同。常用铸造合金中灰铸铁、硅黄铜的流动性最好，铝合金次之，铸钢最差。铸铁的结晶温度低、收缩小、气孔少，所以比铸钢的流动性好。

2)合金的化学成分

在同种合金中，化学成分不同的合金具有不同的结晶特点，其流动性也不同。以逐层凝固方式进行结晶的合金(如纯金属和共晶合金)，因凝固层的内表面比较光滑，对尚未凝固的合金液的流动阻力小，流动性好。合金的结晶温度范围越宽，则固、液两相共存的凝固区越宽，且固相区内表面越粗糙，故对合金流动的阻力越大，流动性越差。呈体积凝固方式结晶的合金，其流动性最差。此外，共晶成分的合金因熔点最低，易于获得较大的过热度，故流动性最好。

3)浇注条件

浇注条件包括浇注温度、充型压力和浇注速度等因素。

浇注温度对合金流动性的影响显著。浇注温度越高，液态金属的黏度越低，且因其过热度高，金属液含热量多，保持液态时间长，有利于提高合金的流动性。但浇注温度过高，液态金属收缩越大，吸气越多，氧化越严重，甚至流动性降低，并且增大了产生缩孔、气孔、黏砂、晶粒粗大等缺陷的概率，因此在保证充型能力足够的前提下，浇注温度不宜过高。通常，铸钢为 1520~1620℃，铸铁为 1230~1450℃，铸造合金为 680~780℃，薄壁复杂件取上限，厚大件取下限。

　　液态金属充型时在流动方向上所受到的压力越大，充型能力越强。砂型铸造时，充型压力是由直浇道所产生的静压力形成的，故可适当加高直浇道高度。压力铸造、离心铸造因借助外力增大了充型压力，充型能力较强，金属液的流动性也较好。

　　此外，适当提高浇注速度可使合金的充型能力得到提高。

4）铸型条件

　　铸型条件包括铸型材料、铸型结构及铸型中的气体含量等。铸型材料的热导率和密度越小，蓄热能力越差，蓄热系数越小，液态金属保持流动的时间就越长，充型能力越强。铸型的结构形状复杂，壁厚小，铸型浇注系统设计不合理，如直浇道过短、内浇道截面过小等，则会增加液态金属的流动阻力，使充型能力降低。若浇注时铸型中产生的气体过多，且排气能力不好，则会阻碍充型并易产生气体缺陷。

5）杂质含量

　　熔融合金中含有固态夹杂物，将使液体的黏度增加，因而会降低合金的流动性。熔融合金中的含气量越多，其流动性也越差。

2.2.2　合金的充型能力

　　液态合金充满型腔形成轮廓清晰、形状准确的铸件的能力，称为合金的充型能力。在液态合金的充型过程中，如果充型能力不足，在型腔被填满之前先结晶的固态金属会将充型的通道堵塞，金属液体被迫停止流动，会导致出现浇不足或冷隔等铸造缺陷。浇不足使铸件不能获得完整的形状；冷隔虽可获得完整的外形，但因存在未完全融合的接缝，铸件的力学性能将会严重受损。

　　显然，充型能力首先取决于合金本身的流动性，同时还受铸型性质、浇注条件、铸件结构等因素的影响。流动性好的合金充型能力强，流动性差的合金充型能力较差。不过，可以通过改善外界条件来提高合金的充型能力。

2.3　合金的收缩

2.3.1　收缩的概念与过程

　　铸造合金从液态到凝固直至冷却至室温的过程中发生的体积和尺寸减小的现象，称为合金的收缩。收缩是合金的物理性质。它不仅影响铸件的形状和尺寸，而且是铸件产生缩孔、缩松、裂纹、变形和应力等缺陷的重要原因。

　　金属从浇注温度冷却至室温的收缩过程，经历了以下三个阶段，如图 2.2 所示。

　　（1）液态收缩：从浇注温度冷却至凝

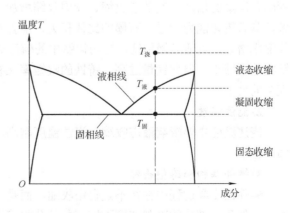

图 2.2　合金收缩的三个阶段

固开始温度(液相线温度)期间发生的收缩($T_浇\sim T_液$)。

(2)凝固收缩:从凝固开始温度至凝固终了温度(固相线温度)期间发生的收缩($T_液\sim T_固$)。

(3)固态收缩:从凝固结束后继续冷却至室温期间发生的收缩($T_固\sim T_室$)。

合金的液态收缩和凝固收缩表现为合金体积V的减小,是铸件形成缩孔或缩松的基本原因。常用体积收缩率ε_V来表示,即

$$\varepsilon_V=\frac{V_{铸型}-V_{铸件}}{V_{铸件}}\times100\%$$

合金的固态收缩虽然也是体积缩小,但直观地表现为铸件各个方向上外形尺寸L的减小,是铸件产生应力、变形和裂纹的基本原因。常用线收缩率K来表示,即

$$K=\frac{L_{铸型}-L_{铸件}}{L_{铸件}}\times100\%$$

常用铁碳合金的体积收缩率、铸造合金的线收缩率如表2.1、表2.2所示。

表2.1 几种铁碳合金的体积收缩率

合金种类	碳的质量分数/%	浇注温度/℃	液态收缩/%	凝固收缩/%	固态收缩/%	总体积收缩/%
碳素铸钢	0.35	1610	1.6	3	7.86	12.46
白口铸铁	3	1400	2.4	4.2	5.4~6.3	12~12.9
灰铸铁	3.5	1400	3.5	0.1	3.3~4.2	6.9~7.8

表2.2 常用铸造合金的线收缩率

合金种类	灰铸铁	可锻铸铁	球墨铸铁	碳素铸钢	铝合金	铜合金
线收缩率/%	0.7~1.0	1.2~2.0	0.8~1.3	1.38~2.0	0.8~1.6	1.2~1.4

2.3.2 影响合金收缩的因素

1)合金的化学成分

不同种类的合金,其收缩率不同。同类合金中,化学成分不同,其收缩率也不同。碳素钢随含碳量的增加,其液态收缩、凝固收缩增加,而固态收缩略减。灰铸铁中碳、硅含量增多,其石墨化能力增强,石墨的比体积大,能弥补收缩,故收缩小。硫可阻碍石墨析出,使收缩率增大,可适当增加锰,锰与铸铁中的硫形成MnS,抵消了硫对石墨化的阻碍作用,铸铁收缩率减小。但含锰量过高,铸铁的收缩率又有所增加。适当调控硫、锰含量可以改变收缩率的大小。

2)浇注温度

浇注温度主要影响液态收缩。浇注温度越高,过热度越大,液态收缩越大,形成缩孔的倾向也越大。

3)铸件结构和铸型条件

铸件在冷凝过程中往往不是自由收缩,而是受阻收缩。其阻力主要来自两个方面:一是由于铸件各个部分的冷却速度不同,各部分收缩不一致,相互约束而对收缩产生阻力;二是

铸型和型芯对收缩的机械阻力。因此，铸件的实际收缩率要比自由收缩率小一些。铸件结构越复杂，铸型和型芯硬度越大，则收缩阻力越大。

2.3.3　铸件的缩孔与缩松

液态合金充满型腔后，在冷却凝固过程中，型腔内若液态收缩和凝固收缩引起的体积缩减得不到金属液体的及时补足（即补缩），则会在铸件最后凝固部位形成一些孔洞。其中大而集中的孔洞成为缩孔，小而分散的孔洞成为缩松。

1. 缩孔

缩孔是在铸件最后凝固或者厚大部位形成的容积较大而且集中的孔洞。缩孔的形成过程示意图如图 2.3 所示。液态合金充满铸型的型腔（图 2.3(a)）后，由于铸型的吸热及不断向外散热，靠近型腔表面的合金较快凝结成壳，而内部仍然是高于凝固温度的液体（图 2.3(b)）。温度继续下降、外壳加厚，内部液体因液态收缩和补充凝固层的凝固收缩，出现体积缩减、液面下降现象；由于合金的液态收缩和凝固收缩大大超过外壳的固态收缩，在重力作用之下，液面与外壳的顶面脱离，使铸件内部出现了空隙（图 2.3(c)）。当温度继续下降时，外壳继续加厚，液面不断下降，待合金全部凝固后，在铸件上部形成容积较大的集中孔洞，即缩孔（图 2.3(d)）。已经产生缩孔的铸件继续冷却至室温时，固态收缩使铸件的外形尺寸稍有缩小（图 2.3(e)）。如果在铸件顶部设置多余的厚大铸件体积（冒口），缩孔将移至冒口中，待凝固成形后切除这一多余部分。为了切除方便，冒口一般要求加到上部或外部位置。

因此，形成缩孔的基本原因是金属的液态和凝固收缩值大于固态收缩值，且无法及时得到补足。缩孔产生的部位在铸件最后凝固区域，如壁的上部或中心处、壁厚较大处、内浇口附近区域、两壁相交处等热节处。

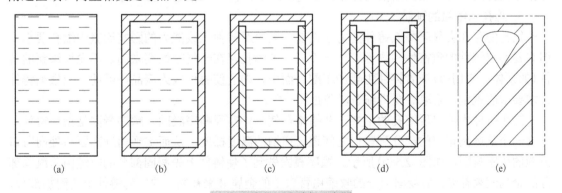

| (a) | (b) | (c) | (d) | (e) |

图 2.3　缩孔形成过程示意图

2. 缩松

缩松实质上是分散在铸件某些区域的微小缩孔。对于相同的收缩容积，缩松的分布面积比缩孔大很多。缩松形成的基本原因与缩孔一样。但是，缩松的形成条件是合金的结晶温度范围较宽，倾向于糊状凝固方式，缩孔分散；或者是在缩松区域内铸件断面的温度梯度小，凝固区域较宽，倾向于糊液几乎同时凝固，因液态和凝固收缩所形成的细小孔洞分散且得不到外部合金液的补充。铸件的凝固区域越宽，就越倾向于产生缩松。

缩松的形成过程示意图如图 2.4 所示。当铸件外层凝固结壳后，凝固层将随着铸件内部温度的不断降低继续向里生长,在凝固层的内侧存在较宽的液相与固相共存的凝固区(图 2.4(a))。当凝固层增加到一定厚度时,铸件凝固层以内至铸件中心将全部为液相和固相共存的糊状区,糊状区的固相不断长大直至相互接触,而剩余的金属液则被分隔成许多小的封闭液相区(图 2.4(b))。最后,这些小液相区在凝固时,因产生的收缩得不到补缩而形成缩松(图 2.4(c))。

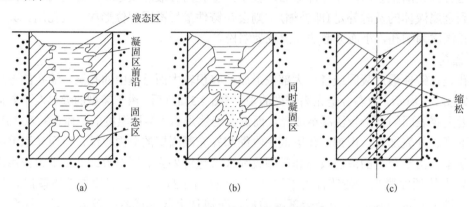

图 2.4 缩松形成过程示意图

缩松可分为宏观缩松和显微缩松。宏观缩松用肉眼或放大镜可以看到;显微缩松是分布在晶粒之间的微小缩孔,需在显微镜下才能观察到。显微缩松在铸件中难以完全避免,对于一般铸件来说,往往允许其存在;但当铸件有较高的致密性和力学性能要求时,应考虑减少显微缩松。缩松多分布在铸件壁的轴线区域、厚大部位、冒口根部和内浇道附近,也会出现在集中缩孔的下方。显微缩松的分布面积更为广泛,甚至可能遍布整个铸件。

3. 缩孔和缩松的预防

缩孔的存在会显著降低铸件的力学性能。缩松对铸件承载能力的影响比集中缩孔要小,但它易影响铸件的致密性和物理、化学性能。若缩孔存在于气密性要求高、不允许渗漏的铸件(如泵体、阀门等)或者铸件主要加工配合面中,则会使铸件成为废品。因此,应根据铸件技术要求的规定,采取必要措施予以防止和控制。

防止铸件内部出现缩孔的主要工艺措施是使铸件实现顺序凝固。顺序凝固是指在铸件上建立一个从远离冒口的部分到冒口之间逐渐递增的温度梯度,从而实现由远离冒口处向冒口方向的顺序凝固,如图 2.5(a)所示。顺序凝固做到了使铸件上先凝固部分的收缩由后凝固部分的金属液来补缩,后凝固部分的收缩由冒口中的金属液来补缩。冒口为铸件上的附加部分,在清理铸件时将其去除,即可得到无缩孔的致密铸件。

为实现铸件的顺序凝固和良好补缩,可采取以下工艺措施。

(1)合理确定内浇道位置及浇注工艺。内浇道的引入位置对铸件的温度分布有明显影响,按顺序凝固原则,内浇道应从铸件厚实处引入,尽可能靠近冒口或由冒口引入。浇注温度和浇注速度应根据铸件结构和浇注系统类型确定,一般采用高温慢浇可加强顺序凝固,有利于补缩。

(2)合理使用冒口、冷铁等工艺措施。在铸件壁厚处和热节部位设置冒口,是防止缩孔、缩松的有效措施。当铸件长度超过冒口有效补缩距离或铸件上有多个热节时,往往要采用多个冒口或将冒口与冷铁(即用以增加铸件某一局部的冷却速度而安放在铸型内的金属激冷物)配合同时使用。图 2.5(b)即为使用冒口和冷铁对具有五个热节的阀体铸件按顺序凝固原则进行补缩。

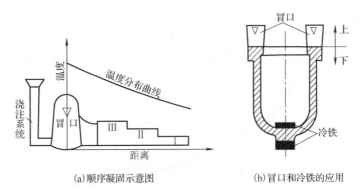

(a)顺序凝固示意图　　　　　　　　　(b)冒口和冷铁的应用

图 2.5　顺序凝固示意图及冒口和冷铁的应用

此外，如果选用结晶温度范围很宽的合金，因呈糊状凝固，发达的树枝晶布满了整个正在凝固的区域，可能堵塞补缩通道，即使采用冒口对热节处补缩，冒口也难以发挥补缩作用而导致产生缩松。因此，选用近共晶成分或结晶温度范围较窄的合金，是防止缩松产生的有效措施。加大结晶压力，可以破碎枝晶，减少其对金属液的流动阻力，从而实现部分防止缩松。

2.3.4　铸造应力和裂纹

1. 铸造应力

铸件在凝固之后继续冷却的过程中，若固态收缩受到阻碍，将会使铸件产生内应力，即铸造应力。铸造应力分为热应力、收缩应力和相变应力，它们是铸件产生变形和裂纹的基本原因。

1) 热应力的形成

热应力是由于铸件壁厚不均匀、各部分冷却速度不同，不均衡收缩所造成的应力。

热应力的产生与金属在不同的温度范围具有不同的变形特性有关。固态金属在高温时一般处于塑性状态，此时金属可在较小的应力作用下发生塑性变形，并通过变形将应力消除。而在温度低于弹塑性临界温度时，金属将处于弹性状态，在所作用的应力不超过其屈服点的情况下，金属发生弹性变形，弹性变形之后应力仍然保持。现以图 2.6 所示的应力框铸件来说明热应力的形成过程。该应力框有一根粗杆 I 和两根细杆 II，两端由横杆相连而成为一个整体，如图 2.6(a)所示。图 2.6 上部表示了杆 I 和杆 II 的冷却温度曲线，由于杆 I 和杆 II 截面厚度不同、冷却速度不同，所以冷却温度曲线不同。

第一阶段$(t_0 \sim t_1)$：铸件处于高温阶段，两杆均处于塑性状态，尽管杆 I 和杆 II 的冷却速度不同，收缩不一致会产生应力，但铸件可以通过两杆的塑性变形使应力很快自行消失。

第二阶段$(t_1 \sim t_2)$：此时杆 II 温度较低，已进入弹性状态，但杆 I 仍处于塑性状态。杆 II 由于冷却快，收缩大于杆 I，在横杆作用下将对杆 I 产生压应力，如图 2.6(b)所示。处于塑性状态的杆 I 受压应力作用产生压缩塑性变形，使杆 I、杆 II 的收缩一致，应力随之消失，如图 2.6(c)所示。

第三阶段($t_2\sim t_3$)：当进一步冷却到更低温度时，杆Ⅰ和杆Ⅱ均进入弹性状态，此时杆Ⅰ温度较高，冷却时还将产生较大收缩，杆Ⅱ温度较低，收缩趋于停止。最后阶段冷却时，杆Ⅰ的收缩将受到杆Ⅱ的强烈阻碍，因此杆Ⅰ受拉，杆Ⅱ受压，并保留至室温，形成了残留应力，如图2.6(d)所示。

可见，热应力使铸件上冷却较慢的厚壁处或心部受拉应力，冷却较快的薄壁处或表面受压应力。铸件的壁厚差越大，合金的线收缩率和弹性模量越大，热应力越大。

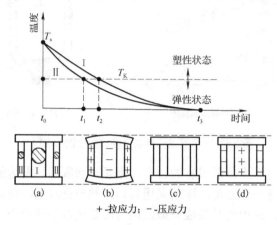

+ -拉应力；－-压应力

图2.6　热应力的形成过程

2)收缩应力的形成

收缩应力是铸件在固态收缩时，因受到铸型、型芯、浇冒口、砂箱等外力的阻碍而产生的应力，也称为机械应力。一般铸件冷却到弹性状态后，收缩受阻才会产生收缩应力，而且收缩应力常表现为拉应力或切应力。形成收缩应力的原因一经消除(如铸件落砂或者去除浇口后)，收缩应力也就随之消失，所以收缩应力是一种临时应力。但是，当铸件的收缩应力与热应力(特别是在壁厚处)共同作用，其瞬间应力大于铸件的抗拉强度时，铸件将产生裂纹。图2.7为铸件产生收缩应力的示意图。

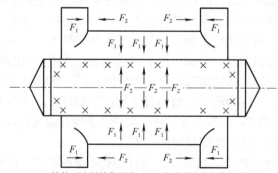

F_1-铸件对砂型的作用力；F_2-砂型对铸件的作用力

图2.7　收缩应力的形成过程示意图

3)相变应力

铸件冷却过程中，有的合金要经历固态相变，比容发生变化。马氏体的比容最大，铸铁快速冷却时(如水爆清砂)发生马氏体相变,产生较大的相变应力,可能使铸件开裂,甚至断裂。

4) 减少和消除铸造应力的措施

采取同时凝固的工艺,是从工艺方面减小铸造应力的基本方法。同时凝固是指采取一定的工艺措施,尽量减小铸件各部分之间的温度差,使铸件的各部分几乎同时进行凝固。按照同时凝固原则,应将内浇口开设在铸件薄壁处,在铸件厚壁处安放冷铁以加快冷却,如图 2.8 所示。

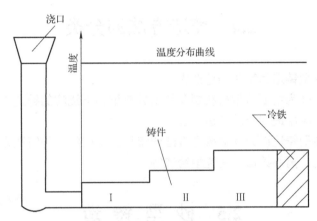

图 2.8　同时凝固过程示意图

铸件若按同时凝固原则凝固,各部分温差较小,不易产生热应力和热裂,铸件变形较小。同时凝固不必设置冒口,工艺简单,节约金属。但同时凝固的铸件中心易出现缩松,影响铸件致密性。所以,同时凝固主要用于收缩较小的一般灰铸铁件和球墨铸铁件,壁厚均匀的薄壁铸件,倾向于糊状凝固的、气密性要求不高的锡青铜铸件等。

此外,还可以从铸件结构、铸造合金和铸型方面考虑减小铸造应力。铸件形状越复杂,各部分壁厚相差越大,冷却时温度越不均匀,铸造应力越大。因此,在设计铸件时应尽量使铸件形状简单、对称,壁厚均匀。尽量选用线收缩率小、弹性模量小的合金。在型(芯)砂中加锯末、焦炭粒,控制春砂的紧实度,提高铸型、型芯的退让性,可减小收缩应力。

对铸件进行时效处理是消除铸造应力的有效措施。时效处理分自然时效、热时效和共振时效等。自然时效是将铸件置于露天场地半年以上,让其缓慢地发生变形,消除内应力。热时效(人工时效)又称去应力退火,是将铸件加热到 550~650℃,保温 2~4h,随炉慢冷至 150~200℃,然后出炉冷却至室温,消除内应力。共振时效是将铸件在其共振频率下振动 10~60min,消除铸件中的残留应力。

2. 铸造裂纹

裂纹是铸造应力超过金属材料抗拉强度的产物。热裂纹是凝固后期因机械应力超强而产生的裂纹;冷裂纹是由于继续冷却至室温形成的裂纹。

热裂纹是铸钢件和铝合金铸件常见的缺陷。防止热裂纹的措施为:合理设计铸件结构;改善铸型和型芯的退让性;限制铸钢和铸铁中的 S 含量;选用结晶温度区间小的合金。

冷裂纹是由于温度下降,$\sigma_{铸}$ 上升,$\sigma_{铸}$ 大于 σ_b 时产生的裂纹。冷裂常出现在复杂铸件受拉应力的部位,特别是应力集中处(如尖角、缩孔、气孔、夹渣等缺陷附近)。壁厚差悬殊、结构复杂的铸件易发生冷裂。不同铸造合金的冷裂倾向不同，灰口铸铁、白口铸铁、高锰铜等塑性差的合金较易产生冷裂。

防止冷裂纹的措施为：减少铸造应力；降低合金中的 P 含量；去应力退火；设计铸件时应避免应力集中。

防止裂纹和变形的措施为：采用正确的铸造工艺(正确设计浇注系统、补缩系统等)；铸件形状设计要求简单、对称和厚薄均匀；对铸件进行相应的热处理。

2.4　铸造方法的分类

铸造方法分为砂型铸造和特种铸造两大类。

砂型铸造是以型砂为主要造型材料制备铸型并在重力下浇注的铸造工艺，具有适应性广、成本低廉等优点，是应用最广泛的铸造方法。

特种铸造是除砂型铸造以外其他铸造方法的统称。常用的特种铸造方法有金属型铸造、熔模铸造、压力铸造、离心铸造、陶瓷型铸造等。

2.5　砂　型　铸　造

砂型铸造是以型砂为主要造型材料，用模样在型砂中造砂型的一种工艺方法。由于型砂具有优良的透气性、耐热性、退让性和再利用性等特点，适用于各种形状、大小、材料和生产批量的铸件，而且原材料来源广泛、价格低廉，因此利用砂型铸造制备模样及芯盒在机械制造等行业占有非常重要的地位。

砂型铸造过程一般需要经过制备模样及芯盒、准备型砂及芯砂、用模样造型、用芯盒造芯、熔炼金属、合箱及浇注、落砂清理及检验、去应力处理及防腐蚀处理等步骤。砂型铸造工艺过程示意图如图 2.9 所示。

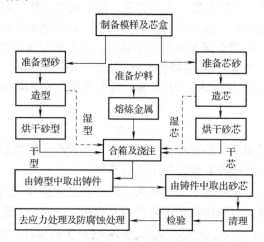

图2.9　砂型铸造工艺过程示意图

　　造型工艺的每个环节都会影响铸件的质量，作为零件的设计者必须了解整个工艺过程才能设计出性能好、成本低、结构合理的铸件。砂型造型按使用设备的不同，分为手工造型和机器造型两大类。

2.5.1　手工造型

　　全部用手工或手动工具完成的造型方法称手工造型。手工造型操作灵活，工艺简单，适应性强，生产准备时间短，成本低。但手工造型铸件质量较差，生产率低，劳动强度大，对工人技术水平要求高。因此，手工造型主要用于单件、小批量生产，特别是适用于形状复杂件的生产。

　　手工造型的方法很多，根据铸件的形状不同可采取不同的造型方法，而造型方法不同，结构的设计也不同。各种手工造型方法的主要特点和适用范围见表 2.3。

表 2.3　各种手工造型方法的主要特点和适用范围

手工造型方法名称	主要特点	适用范围
整模造型	模样为整体模，分型面是平面，型腔全部在半个铸型内，造型简单，不会错箱	适用于最大截面位于一端且为平面的简单铸件，适用于各种生产批量
分模造型	模样沿最大截面分两半，分型面是平面，型腔位于上、下两砂箱，操作简单，应用广泛	适用于最大截面在中部的套类、管类和阀体等形状较复杂的铸件
三箱造型	三箱造型的铸型由上、中、下三型构成，中箱高度与中箱模样高度相同，所以无法机器造型。操作烦琐，容易错箱	主要用于手工造型，单件、小批量生产具有两个分型面的中、小型铸件
挖砂造型	最大截面不在一端，而且不是平面。为了取出模样，造型时要人工挖去阻碍起模的型砂。造型费时，生产率低，容易掉砂	用于整体模样且分型面为曲面的铸件，只适用于单件、小批量生产
假箱造型	为了克服挖砂造型的缺点，在造型前特制一个底胎，然后在底胎上造下箱。由于底胎不参加浇注，故称为假箱。此方法比挖砂造型简单，且分型面整齐	适用于成批生产、需挖砂的铸件
活块造型	将妨碍起模的小凸台、肋板等做成活动镶嵌结构，待起模时先取出主体模样，然后再从侧面取出活动的镶嵌活块。造型生产率低，对工人技术水平要求高	主要用于带有突出部分难以起模的铸件，适用于单件、小批量生产
刮板造型	用刮板代替模样造型，可节约木材，缩短生产周期。但造型生产率低，对工人技术水平要求高，铸件尺寸精度差	主要用于尺寸较大的回转体或等截面的铸件，单件、小批量生产，如大带轮、铸管等
脱箱造型（无箱造型）	采用活动砂箱造型，在铸型合型后，将砂箱脱出，重新用于造型。浇注时为了防止错箱，需用型砂将铸型周围填紧，也可在铸型上加套箱	多用于小型铸件的生产
地坑造型	在地面砂坑中造型，不用砂箱或只用上箱。减少了制造砂箱的投资和时间。操作麻烦，劳动量大	适用于生产要求不高的中、大型铸件，或用于砂箱不足时批量不大的中、小型铸件的生产

2.5.2　机器造型

　　机器造型用机器来完成填砂、紧实和起模等造型操作过程，是现代化砂型铸造车间所用的基本造型方法。与手工造型相比，机器造型可以提高生产率和铸件质量，减轻工人劳动强度。但机器造型一般都需要专用设备、工艺装备及厂房等，投资大，生产准备时间长，并且需要其他工序(如配砂、运输、浇注、落砂等)实现全面机械化的配套才能发挥作用,故机器造型只适于成批和大批量生产,只能采用两箱造型,或类似于两箱造型的其他方法,如射砂无箱造型等。机器造型时应尽量避免活块造型、挖砂造型等。在设计大批量生产铸件、制定铸造工艺方案时,必须注意机器造型的工艺要求。

2.6　特　种　铸　造

　　砂型铸造虽然作为铸造生产中最基本的方法而得到了广泛的应用,但它也存在一些固有的缺点,如铸件尺寸精度低,表面较粗糙,内在组织不够致密,不能浇注薄壁件;铸型只能使用一次,因此造型工作量大、生产效率低;铸造工艺过程复杂,工作条件较差。针对这些问题,通过改变造型材料或方法,以及改变浇注方法和凝固条件等,发展出了多种特种铸造方法,如金属型铸造、熔模铸造、压力铸造、离心铸造、陶瓷型铸造、实型铸造等。

2.6.1　金属型铸造

　　金属型铸造是将液态合金浇入用铸铁、钢或其他金属材料制成的金属型中,待冷却凝固后获得铸件的方法。金属型铸造的铸型可以反复使用,故金属型铸造又称"永久型铸造"。

1. 金属铸型的构造

　　金属铸型的结构按照分型方式的不同可分为整体式、水平分型式、垂直分型式及复合分型式,如图 2.10 所示。其中,垂直分型式便于开设内浇道和取出铸件,容易实现机械化,所以生产效率高,广泛应用于各种沿中心线形状对称的中、小型铸件。水平分型式主要适用于生产型芯较多的中型铸件。

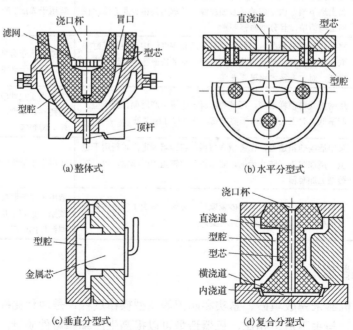

(a) 整体式　　　　　　　　　(b) 水平分型式

(c) 垂直分型式　　　　　　　(d) 复合分型式

图 2.10　常用的四种金属铸型的结构

2. 金属型铸造的工艺要点

由于金属型导热快，无退让性，无透气性，铸件易出现冷隔与浇不足、裂纹、气孔等缺陷。因此，金属型铸造必须采取一定的工艺措施，例如，浇注前应将铸型预热，并在内腔喷刷一层 0.3～0.4mm 厚的涂料，以防出现冷隔与浇不足缺陷，并延长金属型的寿命；铸件凝固后应及时开型、取出铸件，以防铸件开裂或取出铸件困难。

3. 金属型铸造的特点和应用

与砂型铸造相比，金属型使用寿命长，可"一型多铸"，提高生产率；铸件的晶粒细小、组织密，力学性能比砂型铸件高约 25%；铸件的尺寸精度高、表面质量较好；铸造现场粉尘和有害气体的污染小，劳动条件有所改善。金属型铸造的不足之处是金属铸型的制造周期长、成本高、工艺要求高，且不能生产形状复杂的薄壁铸件，否则易出现浇不足和冷隔等缺陷；受铸型材料的限制，浇注高熔点的铸钢件和铸铁件时，金属铸型的寿命低。

目前，金属型铸造主要用于大批量生产形状简单的铝、铜、镁等非铁金属及合金铸件，如铝合金活塞、油泵壳体和铜合金轴瓦、轴套等。

2.6.2　熔模铸造

熔模铸造是用易熔材料制成模样，在模样上涂挂若干层耐火涂料，待硬化后熔出模样形成无分型面的型壳，经高温焙烧后浇注获得铸件的方法。由于易熔材料通常采用蜡料，故这种方法又称为"失蜡铸造"。

1. 熔模铸造的工艺过程

熔模铸造的工艺过程示意图如图 2.11 所示。其主要工序包括制造蜡模、制造型壳、失蜡、型壳焙烧和浇注等。

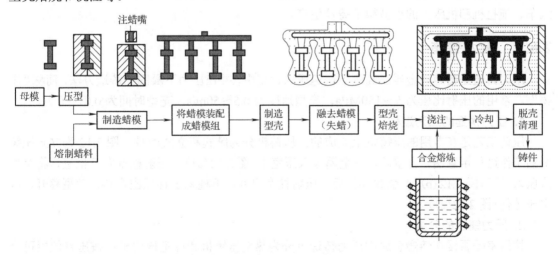

图 2.11　熔模铸造工艺过程示意图

(1) 制造蜡模。制造蜡模常用的蜡料是 50%石蜡和 50%硬脂酸。用来制造蜡模的工艺装备称为压型，通常由根据铸件的形状和尺寸制成的母模来制造压型。把熔化成糊状的蜡料压入压型，待冷凝后取出，就得到蜡模。若零件较小，则常把若干个蜡模黏合在一个浇注系统上，构成蜡模组，以便一次浇出多个铸件。

(2)制造型壳。制造型壳的原材料是耐火材料(如石英、刚玉、锆砂等)、黏结剂及其他附加物。常用的黏结剂有水玻璃和硅溶胶等,生产一般件时可用水玻璃作黏结剂,生产高精度要求的熔模铸件时应采用硅溶胶作黏结剂。

将蜡模或蜡模组浸入由黏结剂和耐火粉料配成的涂料浆中,使涂料均匀地覆盖在蜡模表层,然后在上面均匀地撒一层砂,硅溶胶型壳可在空气中干燥硬化结壳,水玻璃型壳则须放入硬化剂(氯化铵溶液)中硬化结壳。上述结壳过程重复进行,小铸件的型壳为4~6层,大铸件的型壳需6~9层。第一、二层用粒度较细的砂,而以后各层(加固层)用粒度较粗的原砂,最后在蜡模外表形成由多层耐火材料组成的坚硬型壳。

(3)失蜡。将包有蜡模的型壳浸入85~95℃的热水中或置于150~160℃的过热蒸汽釜中,使蜡料熔化并从型壳中脱除,从而在型壳中留下型腔。

(4)型壳焙烧。型壳在浇注前必须在 800~950℃下进行焙烧,其目的是去除型壳中的水分、残余蜡料和其他杂质,洁净型腔。为了防止型壳在浇注时变形或破裂,可将型壳排列于砂箱中,周围用砂填紧,然后进行焙烧。

(5)浇注。为了提高合金的充型能力,防止浇不足、冷隔等缺陷,通常在焙烧后随即趁热(600~700℃)进行浇注。

2. 熔模铸造的特点和应用

熔模铸造是精密铸造的重要方法,其铸件尺寸精度高、表面质量好;适应性强,能生产出形状特别复杂的铸件,适合于高熔点和难切削合金的铸造,生产批量不受限制。但熔模铸造的工艺复杂、生产周期长、成本高,且不适宜大件铸造。

熔模铸造是少、无切削的先进的精密成形工艺,它最适合25kg以下的高熔点、难切削加工合金铸件的成批大量生产。目前主要用于航天、飞机、汽轮机、燃气轮机叶片、复杂刀具、汽车、拖拉机和机床上的小型精密铸件生产。

2.6.3　压力铸造

压力铸造是指熔融金属在高压下快速压入铸型中,并在压力下凝固的铸造方法,简称"压铸"。常用的压射比压为5~150MPa,充型速度为0.5~50m/s,充型时间为0.01~0.2s。

1. 压力铸造的工艺过程

压铸工艺是在专用的压铸机上完成的。压铸机分为卧式和立式两种。图2.12为立式压铸机的工作过程示意图。合型后,将金属注入压室中(图2.12(a))。压射柱塞向下推进,将金属液压入铸型(图2.12(b))。金属凝固后,压射柱塞退回,下柱塞上移顶出余料,动型移开,取出压铸件(图2.12(c))。

2. 压力铸造的分类

按压室是否浸在熔融金属中压力铸造可分为热室压铸机和冷室压铸机;按压室位置可分为卧式压铸机和立式压铸机。

3. 压力铸造的特点和应用

压力铸造是金属液在高压、高速下充型,并在压力下凝固的铸造方法,与其他铸造方法相比具有如下特点:生产率高,便于实现自动化;铸件的精度高,表面质量好;压铸件组织细密,性能好(其强度、硬度比砂型铸件高25%~30%);能铸出形状复杂的薄壁铸件(如铝合金铸件可铸出的最小壁厚为 0.5mm）。但压力铸造设备投资大，压力铸型制造周期长、成本高；受压力铸型材料熔点的限制，目前不能用于高熔点铸铁件和铸钢件的生产；由于浇注速度快，常有气孔残留于铸件内。因此，铸件不宜热处理，以防气体受热膨胀，导致铸件变形破裂。

目前，压力铸造主要用于大批量生产铝、锌、铜、镁等低熔点非铁金属与合金件，如飞机汽车、仪表、计算机、摩托车和日用品等行业中的各类中小型薄壁铸件，如发动机汽缸体、汽缸盖、仪表壳体、电动转子、照相机壳体、各类工艺品和装饰品等。

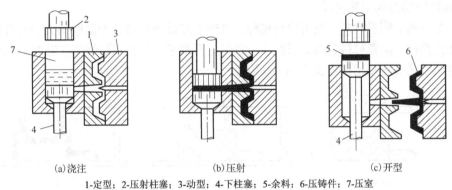

(a)浇注　　　　　　　(b)压射　　　　　　　(c)开型

1-定型；2-压射柱塞；3-动型；4-下柱塞；5-余料；6-压铸件；7-压室

图 2.12　立式压铸机的工作过程示意图

2.6.4　离心铸造

离心铸造是将金属液浇入绕水平、倾斜或立轴旋转的铸型，在离心力的作用下凝固成铸件的铸造方法。离心铸造多用于简单的圆筒体，铸造时不用型芯便可形成内孔。

离心铸造按旋转轴的方位不同，可分为立式、卧式和倾斜式三种。立式离心铸造适宜铸造直径大于高度的环类铸件，卧式离心铸造适宜铸造长度大于直径的套类和管类铸件，如图 2.13 所示。

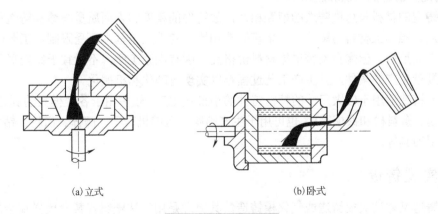

(a)立式　　　　　　　　　　　　(b)卧式

图 2.13　离心铸造方法

离心铸造制造环类和套类铸件时可省去浇注系统和型芯，比砂型铸造省工省料，生产率高，成本低；铸件在离心力的作用下结晶，组织致密，基本上无缩孔、气孔等缺陷，力学性能好，便于双金属铸件的铸造。但铸件的内孔尺寸误差大、内表面粗糙；铸件的比重偏析大，金属中的熔渣等密度小的夹杂物易集中在内表面。

离心铸造广泛用于大口径铸铁管、缸套、双金属轴承、活塞环和特殊钢无缝管坯等的生产。

2.6.5　陶瓷型铸造

陶瓷型铸造是用陶瓷质耐火材料制成铸型而获得铸件的方法，是在砂型铸造和熔模铸造基础上发展起来的一种精密铸造新工艺。

1. 陶瓷型铸造的工艺过程

为节省价高的陶瓷材料，先用砂套模样、普通水玻璃砂制成一个型腔稍大于铸件的砂套；然后用铸件模样、陶瓷材料(如锆英粉、刚玉等)，经灌浆、结胶和焙烧等工艺制成陶瓷铸型。陶瓷型铸造工艺过程示意图如图 2.14 所示。

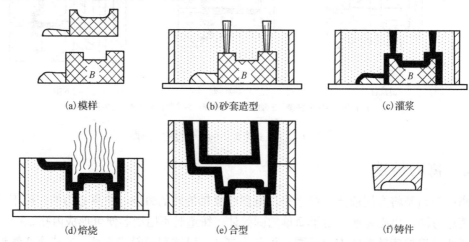

| (a)模样 | (b)砂套造型 | (c)灌浆 |
| (d)焙烧 | (e)合型 | (f)铸件 |

图 2.14　陶瓷型铸造工艺过程示意图

2. 陶瓷型铸造的特点和应用

陶瓷铸型的材料与熔模铸造的型壳相似，故铸件的精度和表面质量与熔模铸造相当；适合于高熔点、难加工材料的铸造；与熔模铸造相比，铸件大小基本不受限制，工艺简单，投资少，生产周期短。但陶瓷型铸造原材料价格高，因有灌浆工序，不适宜于铸造形状复杂的铸件和大批量生产的条件，且生产工艺过程难以实现自动化和机械化。

陶瓷型铸造适用于较大尺寸的精密铸件的小批量生产，较多用于各种模具的制造(如金属模、压铸模、塑料模和锻模等)，也可用于生产喷嘴、压缩机转子、阀体、齿轮、钻探用钻和开凿隧道用刀具等。

2.6.6　实型铸造

实型铸造又称消失模铸造或气化模铸造。其原理是用泡沫塑料代替木模样和金属模样，造型后不取出模样，当浇入高温金属液时泡沫塑料模样气化消失，金属液填充模样的位置，冷却凝固后获得铸件。图 2.15 为实型铸造工艺过程图。

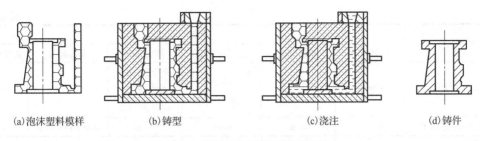

|(a)泡沫塑料模样|(b)铸型|(c)浇注|(d)铸件|

图 2.15　实型铸造工艺过程示意图

实型铸造时不用起模，不用型芯，不用合型，极大地简化了造型工艺，并避免了由制芯、起模、合型引起的铸造缺陷及废品；由于采用了干砂造型，砂处理系统大大简化，极易实现落砂，改善劳动条件；由于不分型，铸件无飞边毛刺，减少了清理打磨工作量。但实型铸造气化模会造成空气污染；泡沫塑料模具设计生产周期长，成本高，因而必须在产品有相当的批量后才能降低生产成本；生产大尺寸的铸件时，由于模样易变形，须采取适当的防变形措施。

实型铸造适用于各类合金(钢、铁、铜、铝等合金)，适合于结构复杂(铸件的形状可相当复杂)、难以起模或活块和外芯较多的铸件，如模具、汽缸、管件、曲轴、叶轮、壳体、艺术品、床身和机座等。

2.7　铸造方法的选择

各种铸造方法均有其优缺点，各适用于一定范围。例如，与砂型铸造相比，熔模铸造和消失模铸造都属于一模一型一件的生产模式，即每生产一个铸件就要消耗一个模样，故其生产过程中就多出了制作模样的工序；但是，它们省去了制芯、下芯、起模、合型等工序，在生产复杂铸件和精密铸件方面具有明显的优势。所以，选择何种铸造方法，必须依据生产的具体要求和特点来定。既要保证产品质量，又要考虑产品的成本和现有设备、原材料的供应情况等，进行全面分析比较，以选定最合适的铸造方法。

表 2.4 列出了几种常用的铸造方法及其比较，可供选择时参考。从表 2.4 中可以看出，砂型铸造尽管有许多缺点，但它对铸件的形状和大小、生产批量、合金品种的适应性最强，是当前最为常用的铸造方法，故应优先选用；而特种铸造仅在相应的条件下才能显示其优越性。

表 2.4　几种铸造方法的比较

比较项目	铸造方法					
	砂型铸造	熔模铸造	金属型铸造	压力铸造	离心铸造	消失模铸造
适用铸造合金	各种合金	各种合金	以非铁合金为主	非铁合金	各种合金	各种合金
适用铸件大小	大、中、小铸件	中、小铸件	中、小铸件为主	中、小铸件，以小件为主	大、中、小铸件	大、中、小铸件
铸件复杂程度	复杂	复杂	一般	较复杂	一般或简单	复杂

续表

比较项目	铸造方法					
	砂型铸造	熔模铸造	金属型铸造	压力铸造	离心铸造	消失模铸造
铸件最小壁厚/mm	铸铁≥3	0.5~0.7 孔 $\Phi0.5$	铸铝>3 铸铁>5	铝合金：0.5 铜合金：2 锌合金：0.3	3	3~4
铸件尺寸公差等级 CT	8~15	4~6	6~9	3~6	取决于铸型材料	6~9
表面粗糙度 Ra/μm	12.5~200	0.8~3.2	3.2~12.5	0.8~6.3	取决于铸型材料	6.3~50
工艺实收率/%	30~50	30~60	40~70	60~90	75~95	40~75
毛坯利用率/%	60~70	80~90	70~80	90	70~90	70~80
生产批量	各种批量	大、中、小批量	以成批、大量为主	成批、大量	成批、大量	各种批量
生产率	随机械化程度提高而提高	同砂型铸造	中高	很高	中高	同砂型铸造
应用举例	机床床身、箱体、输承盖、曲轴、缸体、缸盖、水轮机转子等	刀具、叶片、自行车、零件、刀杆、风动工具等	铝活塞、铝合金缸盖及缸体	汽车化油器、缸体、仪表和照相机的壳体及支架等	各种铸铁管、套筒环、叶轮、滑动轴承等	压缩机缸体、汽车件模具、轿车铝缸体、缸盖等

注：(1) 工艺实收率 $=\dfrac{铸件质量}{铸件质量+浇冒口质量}\times100\%$；(2) 毛坯利用率 $=\dfrac{零件质量}{铸件质量}\times100\%$

2.8 铸造工艺设计

铸造工艺设计又称为铸造工艺规程设计，其任务是编制有关铸造工艺过程的技术文件，即用文字、表格、图纸等说明铸件生产工艺的次序、要求、方法、工艺规范及所用原材料的种类和规格等，以保证铸件质量的可靠性和稳定性。铸造工艺设计所制定的技术文件是铸造生产的指导性文件，也是生产准备、管理、成本核算和铸件验收的依据。

铸造工艺设计时，首先要根据零件的结构特征、技术要求、生产批量和生产条件等因素，确定铸造工艺方案，其主要内容包括确定造型方法及浇注位置、分型面、铸造工艺参数(机械加工余量、起模斜度、收缩率、铸造圆角和型芯头尺寸等)及浇注系统等，然后用规定的工艺符号和文字绘制出铸造工艺图。

2.8.1 浇注位置的确定

浇注时铸件在铸型中所处的位置称为浇注位置。铸件的浇注位置对铸件的质量、尺寸精度和造型工艺的难易程度都有很大的影响。通常按下列基本原则确定浇注位置。

(1)铸件的重要工作面或主要加工面朝下或位于侧面。浇注时金属液中的气体、熔渣及铸型中的砂粒会上浮，有可能使铸件的上部出现气孔、夹渣、砂眼等缺陷，而铸件下部出现缺陷的可能性小，组织较致密。图 2.16 为机床床身的浇注位置，应将导轨面朝下，以保证该重要工作面的质量。如图 2.17 所示的起重机卷筒，其圆周面的质量要求较高，采用立浇方案，可使圆周面处于侧面，保证质量均匀一致。

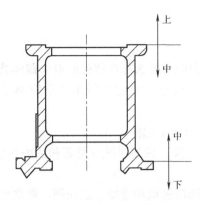

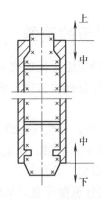

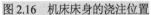

图 2.16 机床床身的浇注位置　　　　　　图 2.17 起重机卷筒的浇注位置

(2) 铸件的大平面朝下或倾斜浇注。由于浇注时炽热的金属液对铸型型腔的上部有强烈的热辐射，引起型腔顶面型砂膨胀、拱起甚至开裂，从而造成夹砂、砂眼等缺陷。大平面朝下或采用倾斜浇注的方法可避免产生这类铸造缺陷。平板铸件的浇注位置如图 2.18 所示。

(3) 铸件的薄壁朝下、侧立或倾斜。为防止铸件的薄壁部位产生冷隔、浇不足缺陷，应将冷却速度较快的薄壁置于铸件的下部，或使其处于侧立或倾斜位置。电机端盖的浇注位置如图 2.19 所示。

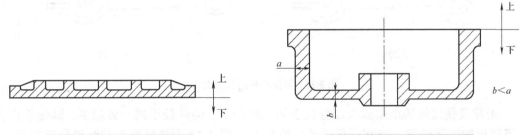

图 2.18 平板铸件的浇注位置　　　　　　　图 2.19 电机端盖的浇注位置

(4) 铸件的厚大部分应放在顶部或分型面的侧面，主要目的是便于在厚大部位安放冒口进行补缩。图 2.20 为卷筒铸件的浇注位置，图 2.20(b) 是正确的，厚壁在上，利于补缩；图 2.20(a) 的浇注位置除了不利于厚壁处补缩，还会导致卷筒周面质量的不均匀。

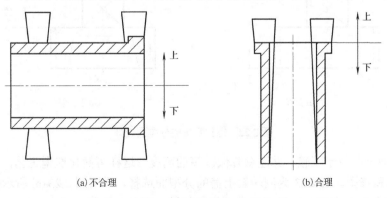

(a) 不合理　　　　　　　　　　　　　　(b) 合理

图 2.20 卷筒铸件的浇注位置

2.8.2　分型面的选择

分型面是铸型组元间的接合面。为便于起模，分型面一般选择在铸件的最大截面处。分型面的选定应保证起模方便、简化铸造工艺，保证铸件质量。确定分型面通常应遵循如下原则。

(1)便于起模。分型面应选择在铸件最大截面处，以便于起模。

(2)尽量减少分型面。分型面少则容易保证铸件的精度，应尽量减少型芯和活块的数量，以简化制模、造型、合型等工序。

(3)尽量使分型面平直。如图 2.21 所示，为了使模样制造和造型工艺简便，弯曲连杆不应采用弯曲的分型面(图 2.21(a))，而应采用平直的分型面(图 2.21(b))。

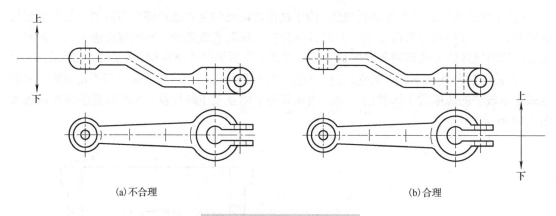

(a)不合理　　　　　　　　　　　　　　　　　(b)合理

图 2.21　弯曲连杆的分型面选择

(4)尽量使铸件的全部或大部分位于同一砂箱中。铸件处于同一砂箱中，既便于合型，又可避免加工面错型，有利于保证铸件的精度。图 2.22 为螺丝塞头的两种分型方案，其中图 2.22(a)所示的分型方案较合理，使基准面与加工面位于同一砂箱中，以保证铸件的精度。

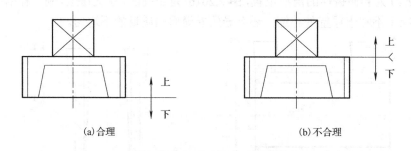

(a)合理　　　　　　　　　　　　　　　　(b)不合理

图 2.22　螺丝塞头的分型面选择

(5)尽量使型芯位于下箱，并注意降低砂箱的高度。这样可简化造型工艺，方便下芯和合型，便于起模和修型。图 2.23 为回转缸上盖的分型面选择，采用图 2.23(a)所示的方案比较合理，可使型腔和型芯大部分处于下箱中，便于起模、下芯、合型。

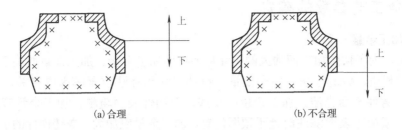

(a) 合理　　　　　　　　　　　　　　(b) 不合理

图 2.23　回转缸上盖的分型面选择

2.8.3　浇注系统、冒口和冷铁

1. 浇注系统

浇注系统通常由浇口杯、直浇道、横浇道和内浇道四部分组成，如图 2.24 所示。合理地设计浇注系统，可使金属液平稳地充满铸型型腔；控制金属液的流动方向和速度；调节铸件上各部分的温度，控制冷却凝固顺序且进行补缩；阻挡夹杂物进入铸型型腔。

2. 冒口

对尺寸较大的铸件或收缩率较大的金属常常需加设冒口进行补缩。冒口一般应设在铸件的厚部或上部，还有排气和集渣作用，如图 2.25 所示。

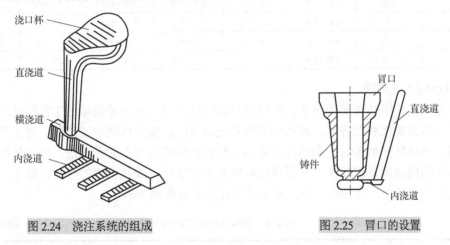

图 2.24　浇注系统的组成　　　　　　　图 2.25　冒口的设置

冒口设计的内容主要包括：选择冒口的形状及安放位置，确定冒口的数量，计算冒口的尺寸，校核冒口的补缩能力等。

3. 冷铁

冷铁通常与冒口配合使用，以加强铸件的顺序凝固，扩大冒口的有效补缩距离，防止铸件产生缩孔或缩松缺陷。冷铁分为外冷铁和内冷铁两种。外冷铁作为铸型的一个组成部分，和铸件不熔接，用后可以回收，重复使用。外冷铁主要用于壁厚 100mm 以下的铸件。内冷铁直接插入需要激冷部分的型腔中，使金属液激冷并同金属熔接在一起，成为铸件本体的一部分。内冷铁多用于厚大而不重要的铸件，对于承受高温、高压的铸件，不宜采用。各种铸造合金均可使用冷铁，尤以铸钢件应用最多。

2.8.4 其他工艺参数的确定

1. 机械加工余量

在铸件上，为了切削加工而加大的尺寸称为机械加工余量。加工余量取决于铸件的精度等级，与铸件材质、铸造方法、生产批量、铸件尺寸和浇注位置等因素有关。一般非铁金属的价格贵、铸件表面光洁，加工余量应小些；而钢件表面粗糙，加工余量应大些。若铸件的尺寸大，或加工表面浇注时处于顶面位置，加工余量应加大。灰铸铁件的机械加工余量见表2.5。

表2.5 灰铸铁件的机械加工余量 （单位：mm）

铸件最大尺寸	浇注时位置	加工面与基准面之间的距离					
		<50	50～120	120～260	260～500	500～800	800～1250
<120	顶面	3.5～4.5	4.0～4.5	—			
	底、侧面	2.5～3.5	3.0～3.5				
120～260	顶面	4.0～5.0	4.5～5.0	5.0～5.5			
	底、侧面	3.0～4.0	3.5～4.0	4.0～4.5			
260～500	顶面	4.5～6.0	5.0～6.0	6.0～7.0	6.5～7.0	—	
	底、侧面	3.5～4.5	4.0～4.5	4.5～5.0	5.0～6.0		
500～800	顶面	5.0～7.0	6.0～7.0	6.5～7.0	7.0～8.0	7.5～9.0	—
	底、侧面	4.0～5.0	4.5～5.0	4.5～5.5	5.0～6.0	5.5～6.0	
800～1250	顶面	6.0～7.0	6.5～7.5	7.0～8.0	7.5～8.0	8.0～9.0	8.5～10
	底、侧面	4.0～5.5	5.0～5.5	5.0～6.0	5.5～6.0	5.5～7.0	6.5～7.5

2. 最小铸出孔与槽

铸件上的孔和槽是否要铸出来，应根据具体情况而定。既要考虑铸造工艺的可行性，又要考虑铸出的必要性和经济性。通常为了节省金属材料、减少机械加工工时，对于尺寸较大的孔和槽、不需机械加工的孔和槽以及难加工材料制作的铸件上的孔和槽，应尽量在铸件上铸出。当孔的同轴度要求较高，需要保证机械加工精度时；或孔、槽的深宽比较大，难以铸出时，就可不必铸出。通常情况下，最小铸出孔尺寸可查表2.6。

表2.6 铸件毛坯的最小铸出孔尺寸 （单位：mm）

生产批量	最小铸出孔的直径 d	
	灰铸铁件	铸钢件
大量生产	12～15	—
成批生产	15～30	30～50
单件、小批量生产	30～50	50

3. 起模斜度

为使模样（或型芯）易从铸型（或芯盒）中取出，在模样（或芯盒）平行于起模方向的壁上设置的斜度，称为起模斜度。起模斜度的大小取决于造型（芯）方法、模样材料、立壁高度及表面粗糙度。立壁越高，斜度越小。设计时，同一铸件的起模斜度尽可能只选用1种或2种，以方便其模样和芯盒的加工。

起模斜度的设计有三种方法：增加壁厚法、加减壁厚法、减少壁厚法，如图 2.26 所示。一般情况下，铸件非加工侧面的壁厚小于 8mm 时，可采用增加壁厚法；壁厚为 8～22mm 时，可采用加减壁厚法；壁厚大于 22mm 时，可采用减少壁厚法。铸件要加工侧面的起模斜度按增加壁厚法确定。铸件在起模方向已有足够的结构斜度时，不再加起模斜度。

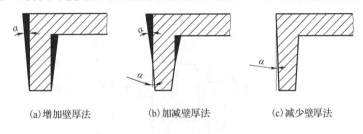

(a)增加壁厚法　　　　　(b)加减壁厚法　　　　　(c)减少壁厚法

图 2.26　起模斜度

4．收缩率

铸件冷却后的尺寸比型腔尺寸略为缩小。因此为保证铸件的应有尺寸，模样尺寸必须比铸件图样尺寸放大一个收缩率，常用铸件线收缩率 K 表示，即

$$K = \frac{L_{模} - L_{件}}{L_{件}} \times 100\%$$

式中，$L_{模}$、$L_{件}$ 分别表示同一尺寸在模样和铸件上的长度。铸件的线收缩率与铸件尺寸大小、结构复杂程度、铸造合金种类等有关。通常灰铸铁件的收缩率为 0.7%～1.0%，碳素铸钢件的收缩率为 1.38%～2.0%，铜合金铸件的收缩率为 1.2%～1.4%。

5．铸造圆角

模样上壁与壁的连接处要做成圆弧过渡，即铸造圆角。铸造圆角可减少或避免砂型尖角损坏，防止产生黏砂、缩孔、裂纹。但铸件分型面的转角处不能有圆角。铸造内圆角的半径可按相邻两壁平均壁厚的 1/5～1/3 选取，外圆角的半径取内圆角的 1/2。

6．型芯头

型芯头指型芯的外伸部分，不形成铸件轮廓，用以定位和支撑型芯，使型芯准确固定在型腔中，并承受型芯本身的重力、熔融金属对型芯的浮力和冲击力等。此外，型芯还利用型芯头向外排气。根据型芯在铸型中的安放位置，型芯头可分为垂直芯头和水平芯头，如图 2.27 所示。铸型中放置型芯头的空腔称为芯座。垂直芯头和配合的芯座都应有一定斜度，水平芯头的芯座端部应留出一定斜度，型芯头与芯座之间应留有一定间隙，以便于下芯和合型。型芯头和芯座尺寸主要有型芯头长度 L(高度)、型芯头斜度 a、型芯头与芯座装配间隙 S 等，具体数值与型芯的长度(高度)和直径有关，可查阅相关资料确定。

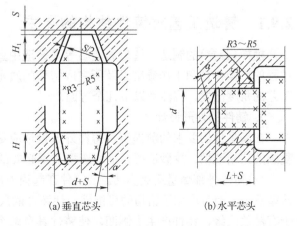

(a)垂直芯头　　　　　(b)水平芯头

图 2.27　型芯头的结构

2.8.5 铸造工艺图绘制

将上述铸造工艺设计的内容用图示的方法表达出来，就形成了铸造工艺图。铸造工艺图是指导铸造生产的基本技术文件，适用于各种批量的生产。图 2.28 即为某支架零件的铸造工艺图。

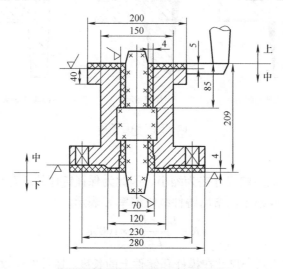

图 2.28　某支架零件的铸造工艺图

2.9　铸件结构工艺性设计

铸件结构工艺性也称为零件结构的铸造工艺性，是指铸件结构相对于铸造成形的可行性与合理性。也就是说，铸件结构应与相应的铸造工艺以及合金的铸造性能相适应。结构工艺性好的铸件，能够减少或避免铸造缺陷的产生，从而易于保证铸件的质量，同时能够简化铸造工艺，有利于提高生产率和降低生产成本。

2.9.1　铸造工艺对铸件结构的要求

模样(芯盒)的制造、造型和造芯等是铸造中重要的工艺环节，铸件的结构对于这些工艺过程的可操作性和工作难度以及所完成铸型的质量有很大影响。因此，在设计铸件时从铸造工艺的角度出发，应注意以下几个方面。

1. 铸件的外形设计

在满足使用要求的前提下，铸件外形设计应尽量简化，以使其便于起模。应避免操作较复杂的三箱造型、挖砂造型、活块造型及不必要的外型芯。

(1)铸件外部尽量避免侧凹。若铸件在起模方向侧凹，必将增加分型面的数量，这不仅使造型费工，而且增加了错箱的可能性，使铸件的尺寸误差增大。如图 2.29(a)所示的端盖，由于有法兰凸缘，铸件产生了侧凹，使铸件具有两个分型面，所以常需采用三箱造型，或增加环状外型芯，使造型工艺复杂。图 2.29(b)为改进设计后，取消了上部法兰凸缘，使铸件仅有一个分型面，因而便于造型。还有一些为了起吊方便而设计出来的凸台或吊钩等，设计不当也会增加铸造工艺的烦琐性。

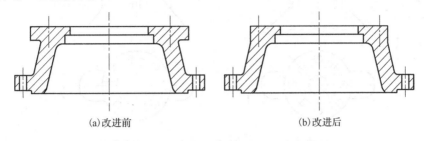

(a)改进前　　　　　　　　　　　(b)改进后

图 2.29　端盖铸件

(2)铸件分型面尽量平直。平直的分型面可避免操作费时的挖砂造型或假箱造型，同时，铸件的毛边少，便于清理，因此，应避免弯曲的分型面。如图 2.30(a)所示的托架，原设计忽略了分型面尽量平直的要求，在分型面上增加了外圆角，结果只能采用挖砂(或假箱)造型；图 2.30(b)为改进后的结构，便可采用简易的整模造型。

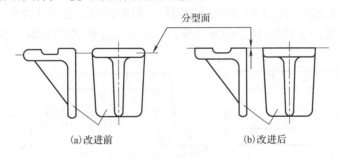

(a)改进前　　　　　　　　　　　(b)改进后

图 2.30　托架

(3)合理设计铸件的凸台和筋条。凸台和筋条是铸件结构的一大特点，但要设计合理，应考虑便于造型。如图 2.31(a)、图 2.31(b)所示的凸台均妨碍起模，需采用活块或增加型芯来造型。改成图 2.31(c)、图 2.31(d)所示的结构后，避免了活块和砂芯，起模方便，简化了造型工艺。

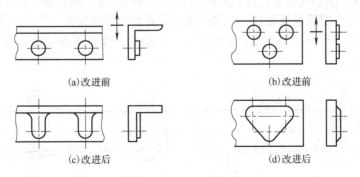

(a)改进前　　　　　　　　　　　(b)改进前

(c)改进后　　　　　　　　　　　(d)改进后

图 2.31　凸台的设计

如图 2.32(a)所示，四条筋的设计位置妨碍了填砂、舂砂和起模；改成图 2.32(b)所示的方案布置后，克服了上述困难，简化了铸造工艺。

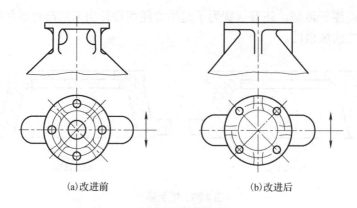

(a) 改进前   (b) 改进后

图 2.32   筋的布置

2. 铸件的内腔设计

铸件的内腔通常由型芯形成,设计时应考虑到方便型芯的制造、定位、安放和排气等;并应尽可能地不用或少用型芯,以节约芯盒和型芯制造的工时及材料消耗。

(1) 不用或少用型芯。图 2.33(a) 所示的铸件,因内腔出口处尺寸较小,必须用型芯才能铸出。若将内腔改成图 2.33(b) 所示的开口形式,则可用自带型芯(砂垛)构成铸件的内腔。

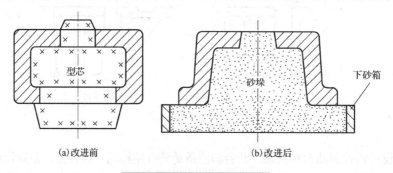

(a) 改进前   (b) 改进后

图 2.33   减少型芯的铸件结构

(2) 应考虑便于型芯的固定、排气和清理。图 2.34(a) 为一轴承架,其内腔需采用两个型芯,其中较大的一个型芯呈悬臂状,无法固定,需要型芯撑来加固。若改成图 2.34(b) 所示的整体型芯结构,既不影响使用性能,又减少了一个型芯,而且下芯简便、易于排气,型芯的稳定性得以提高。

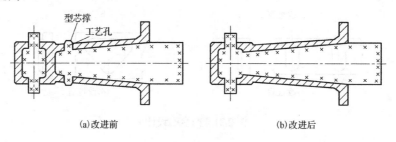

(a) 改进前   (b) 改进后

图 2.34   轴承架

2.9.2　铸造性能对铸件结构的要求

铸件的结构如果不能满足合金铸造性能的要求，容易产生浇不足、冷隔、缩孔、裂纹和变形等缺陷，因此必须合理设计铸件的壁厚和铸件壁的连接形式等。

1. 铸件的壁厚

1) 铸件的壁厚应合理

每一种铸造合金都有其适宜的铸件壁厚范围，过大或过小都会对铸件产生不利影响。若为了节约金属、减轻自重而不适当地降低壁厚，即使能满足零件力学性能的要求，也可能导致铸件产生浇不足、冷隔等铸造缺陷。因此，在设计铸件壁厚时要考虑最小壁厚的限制。表 2.7 为砂型铸造时铸件的最小壁厚允许值。

表 2.7　砂型铸造时铸件的最小壁厚允许值　　　　　　　　　　　（单位：mm）

合金种类	铸件轮廓尺寸(长×宽×高)			
	<200×200×200	200×200×200～400×400×400	400×400×400～800×800×800	>800×800×800
普通灰铸铁	3～4	4～5	5～6	6～12
孕育铸铁	5～6	6～8	8～10	10～20
球墨铸铁	3～4	4～5	8～10	10～16
可锻铸铁	3～5	4～6	5～8	—
碳素铸钢	8	9	11	14～20
铝合金	3～5	5～6	6～8	8～12
铜合金	4～6	6～7	8	—

另外，铸件壁也不能过厚，因为铸件的力学性能并不随壁厚的增加而成比例地增加。过大的壁厚将会导致结晶组织粗大，甚至产生缩孔、缩松缺陷，反而会破坏铸件性能。表 2.8 是常用铸造合金在砂型铸造条件下的最大临界壁厚值。

表 2.8　常用铸造合金砂型铸件的最大临界壁厚值　　　　　　　（单位：mm）

合金种类	铸件质量		
	0.1～2.5kg	2.5～10kg	>10kg
普通灰铸铁	8～10	10～15	15～20
孕育铸铁	12～18	15～18	18～25
铁素体球墨铸铁	10	15～20	50
珠光体球墨铸铁	14～18	2.5～10	60
碳素铸钢	15～18	20～25	—
铝合金	6～10	6～12	10～14
锡青铜	—	6～8	—

如果选定合金的适宜壁厚不能满足零件的力学性能要求，则应改选高强度的材料或选择更合理的截面形状(如 T 形、工字形、槽形或箱形等)以及采取增设加强肋等措施，如图 2.35 所示。

2) 铸件的壁厚应均匀

铸件各处的壁厚如果相差太大，必然会在厚壁处形成冷却较慢的热节，热节处容易产生缩孔、缩松、晶粒粗大等缺陷。同时，由于不同壁厚的冷却速度不一样，会在厚壁和薄壁之间产生热应力，有可能导致变形和裂纹产生。

由于上述原因，所以在设计铸件时，应该力求做到壁厚均匀。也就是说，铸件各部分应具有冷却速度相近的壁厚，铸件的内壁因冷却较慢，其壁厚应略小于外壁，如图2.36所示。

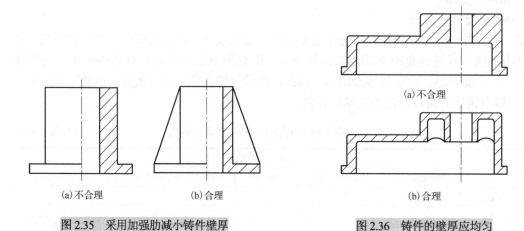

图2.35　采用加强肋减小铸件壁厚　　　　图2.36　铸件的壁厚应均匀

2. 铸件壁的连接形式

铸件的壁间连接、交叉应合理。铸件壁与壁的连接处应设有结构圆角，避免直角或锐角连接，以免造成应力集中而产生裂纹；当结构上确有要求厚、薄壁相连时，应采取逐步过渡，避免尺寸突变，以防产生铸造应力和出现应力集中；壁与壁应避免十字形交叉，交叉密集处金属液集聚较多，产生热节后易出现缩孔等铸造缺陷，可改为交错接头或环形接头，如图2.37所示。

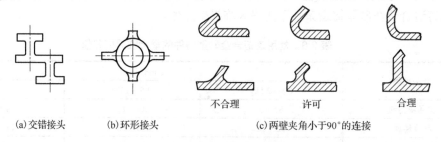

(a)交错接头　　　(b)环形接头　　　(c)两壁夹角小于90°的连接

图2.37　铸件壁与壁的连接与交叉设计

2.10　典型铸件工艺设计范例

以图2.38所示支座为例，简要讲述铸造工艺方案设计过程。

生产批量：单件、小批量或大批量生产。

工艺分析：图2.38(a)为一普通支座支承件，没有特殊质量要求的表面，同时，它的材料为铸造性能优良的灰铸铁(HT150)，无须考虑补缩。因此，在制定铸造工艺方案时，不必考虑浇注位置要求，主要着眼于工艺上的简化。

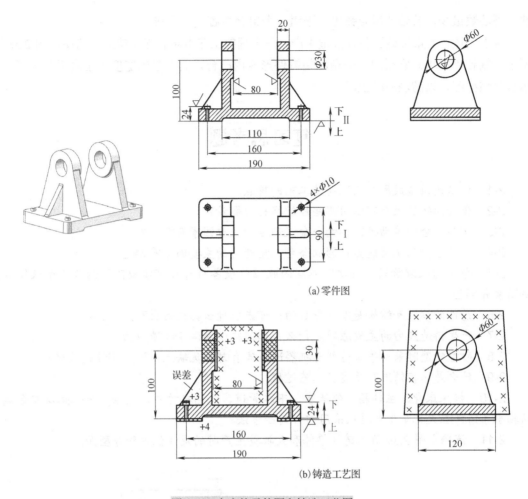

(a)零件图

(b)铸造工艺图

图 2.38　支座的零件图和铸造工艺图

支座虽属简单件，但底板上四个 10mm 孔的凸台及两个轴孔内凸台可能妨碍起模。同时，轴孔若铸出，还应考虑下芯的可能性。该铸件可供选择的主要铸造工艺方案有以下两种。

方案 1：采用分模造型，水平浇注。

优点：铸件沿底板中心线分型，即轴孔下芯方便。

缺点：底板上四个凸台必须采用活块。同时，铸件在上、下箱各半，容易产生错箱缺陷，飞边的清理工作量较大。

方案 2：采用整模造型，顶部浇注。

优点：铸件沿底面分型，铸件全部在下箱，不会产生错箱缺陷，铸件清理简便。

缺点：轴孔内凸台妨碍起模，必须采用活块或下芯来克服；当采用活块时，30mm 轴孔难以下芯。

相比之下，上述两个方案在单件、小批量生产中，由于轴孔直径较小，不须铸出，采用方案 2 已不存在下芯难的缺点，所以采用方案 2 进行活块造型较为经济合理。在大批量生产中，由于机器造型难以进行活块造型，所以宜采用型芯克服起模的困难。其中方案 2 下芯简便，型芯数量少，若轴孔需要铸出，采用一个组合型芯便可完成。

　　综上所述，方案2适于各种批量生产，是合理的工艺方案。支座铸造工艺图如图 2.38(b)所示，轴孔不铸出。它采用一个型芯使铸件形成内凸台，而型芯的宽度大于底板是为了使上箱压住该型芯，以防浇注时上浮。

复习思考题

2-1　什么是铸造成形？简述铸造工艺的特点。

2-2　合金的铸造性能可以用哪些性能指标来衡量？

2-3　何为合金的流动性？影响合金流动性的主要因素有哪些？

2-4　何为合金的充型能力？影响合金充型能力的主要因素有哪些？

2-5　合金的收缩阶段有哪些？不同的收缩阶段各自存在哪些缺陷？影响合金收缩的主要因素有哪些？

2-6　铸件的缩孔和缩松是怎么形成的？可采取什么措施防止？

2-7　产生铸造应力的主要原因是什么？如何减少和消除铸造应力？

2-8　砂型铸造时采用手工造型与机器造型各有哪些优缺点？适用条件是什么？

2-9　什么是熔模铸造？简述其工艺过程。

2-10　机床床身、主轴箱、铝活塞、下水管道、汽轮机叶片、飞轮、汽缸体及双金属滑动轴承等铸件在大批量生产时应采用何种铸造方法？

2-11　试确定图 2.39 所示铸件单件和大批量生产时的浇注位置和分型面。

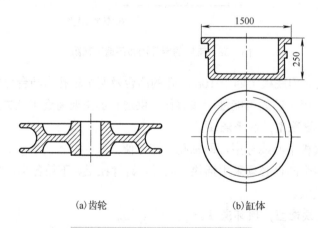

(a)齿轮　　　　　　　　(b)缸体

图 2.39　铸件浇注位置和分型面设计

2-12　冒口与冷铁的作用有何不同？

2-13　试分析图 2.40 所示铸件工艺设计是否合理，若不合理，请指出如何改进。

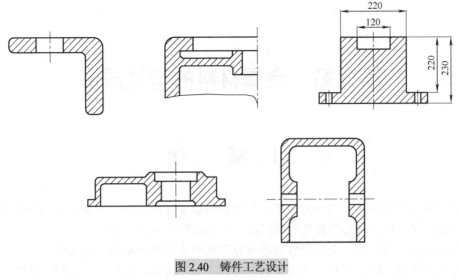

图 2.40　铸件工艺设计

第3章　金属材料的塑性成形

3.1　概　　述

金属塑性成形也称为金属压力加工，是指利用金属在外力作用下所产生的塑性变形，获得具有一定形状、尺寸和力学性能的原材料、毛坯或零件的加工方法。

根据坯料的几何特征，金属塑性成形可分为体积成形和板料成形两大类。其中，体积成形是指将金属块料、棒料、厚板料等在高温或室温下加工成形，主要包括锻造（自由锻和模锻）、轧制、挤压、拉拔等。板料成形则是指对较薄的金属板材在室温下的加工成形，如冲压。

与其他加工技术相比，塑性成形技术具有以下特点。

(1)具有较好的力学性能。锻造的毛坯内部缺陷(气孔、粗晶、缩松等)得以消除，使组织更致密，强度得到提高，但会使金属呈现力学性能的各向异性。

(2)节约材料。锻造毛坯是通过体积的再分配(非切削加工)获得的，且力学性能得以提高，故可减少切削废料和零件的用料。

(3)生产率高。与切削加工相比，其生产率高、成本低，适用于大批量生产。

(4)适用范围广。锻造的零件或毛坯的质量、体积范围大。

(5)锻件的结构工艺性要求高，难以锻造形状复杂的毛坯和零件。

(6)锻件的尺寸精度低，对于精度要求高的零件，往往还需经过切削加工来满足要求。

3.2　金属塑性成形基本原理

3.2.1　金属塑性成形性能

衡量金属通过压力加工获得零件难易程度的工艺性能称为金属的塑性成形性能。金属的塑性成形性能好，表明该金属适合压力加工。通常从金属材料的塑性和变形抗力两个方面来衡量金属的塑性成形性能，材料的塑性越好、变形抗力越小，则材料的塑性成形性能越好，越适合压力加工。在实际生产中，往往优先考虑材料的塑性。金属塑性是指金属材料在外力作用下，发生永久变形而不开裂的能力。常用伸长率 A 和断面收缩率 Z 两个指标来表示。针对各种塑性成形工艺，可以采用不同的试验方法(如弯曲、压缩等)和相应的塑性指标。

但是，材料塑性成形性能的好坏不仅与材料自身的性质有关，还与外在的变形条件(如变形温度、变形速度、应力状况)有关。不同材料在相同的变形条件下，表现出的塑性成形性能不同，而同一种材料在不同的变形条件下表现出的塑性成形性能也不同。

3.2.2　金属塑性变形的基本规律

金属塑性变形时遵循的基本规律主要有最小阻力定律、体积不变规律和加工硬化等。

1. 最小阻力定律

最小阻力定律是指金属在塑性变形过程中，如果金属质点有向几个方向移动的可能，则金属各质点将优先向阻力最小的方向移动。这是塑性成形加工中最基本的规律之一。

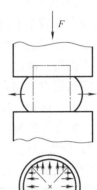

最小阻力定律可以用于分析各种压力加工工序的金属流动，并通过调整某个方向的流动阻力来改变某个方向上金属的流动量，以便合理成形，消除缺陷。例如，在模锻中增大金属流向分模面的阻力，或减小流向型腔某一部分的阻力，可以保证锻件充满模膛。

利用最小阻力定律可以推断，任何形状的坯料只要有足够的塑性，都可以在平锤头下镦粗，使断面逐渐接近于圆形。这是因为在镦粗时，金属流动距离越短，摩擦阻力就越小。图 3.1 所示的方形坯料镦粗时，沿垂直于四边方向的摩擦阻力最小，而沿对角线方向的摩擦阻力最大，金属在流动时主要沿垂直于四边方向流动，沿对角线方向流动很少，随着变形程度的增加，断面将趋于圆形。由于相同面积的任何形状总是圆形周边最短，因而最小阻力定律在镦粗中也称为最小周边法则。

图 3.1　镦粗时的变形趋向

2. 体积不变规律

体积不变规律是指金属材料在塑性变形前、后体积保持不变。金属塑性变形过程是通过金属流动而使坯料体积进行再分配的过程。由于钢锭在锻造时可消除内部的微裂纹、缩松等缺陷，这使金属的密度提高，因此体积总会有一些减小，只不过这种体积变化量极其微小，可忽略不计。体积不变规律对塑性成形有很重要的指导意义，例如，根据体积不变规律可以确定毛坯的尺寸和变形工序。

3. 加工硬化

加工硬化指在常温下随着变形量的增加，金属的强度、硬度提高，塑性和韧性下降。材料的加工硬化不仅使变形抗力增加，而且使继续变形受到影响。不同材料在相同变形量下的加工硬化程度不同，表现出的变形抗力也不同，加工硬化大，表明变形时硬化显著，对后续变形不利。

3.2.3　影响金属塑性成形性能的内在因素

(1) 化学成分。不同化学成分金属的塑性不同，塑性成形性能也不同。通常情况下，纯金属的塑性成形性能比合金要好。以钢为例，随着碳质量分数的增加，其塑性下降，变形抗力增大，塑性成形性能也变差。钢中加入合金元素，特别是加入钨、钼、钒、钛等强碳化物形成元素时，会使钢的塑性变形抗力增大，塑性下降，合金元素质量分数越高，钢的塑性成形性能越差。杂质元素也会降低钢的塑性成形性能，如磷使钢出现冷脆性，硫使钢出现热脆性。

(2) 金属组织。金属内部的组织结构不同，其塑性成形性能也不同，纯金属及单相固熔体合金的塑性成形性能较好，钢中有碳化物和多相组织时，塑性成形性能变差。通常，在常温下具有均匀细小等轴晶粒的金属，其塑性成形性能比具有晶粒粗大的柱状晶粒的金属要好。在工具钢中，如果存在网状二次渗碳体，钢的塑性将大大下降，从而导致其塑性成形性能显著恶化。

3.2.4　影响金属塑性成形性能的变形条件

(1)变形温度。随着变形温度的升高，金属原子动能增加，热运动加剧，这削弱了原子间的结合力，减小了滑移阻力，使金属的变形抗力减小，塑性提高，塑性成形性能得到改善。变形温度升高到再结晶温度以上时，加工硬化不断被再结晶软化消除，金属的塑性成形性能进一步提高。因此，加热往往是金属塑性变形中很重要的加工条件。但是，加热温度要控制在一定范围内，如果加热温度过高，会使金属晶粒急剧长大，导致金属塑性减小，塑性成形性能下降，这种现象称为过热。当加热温度过高接近金属熔点时，晶界会发生氧化甚至局部熔化，使金属的塑性变形能力完全消失，这种现象称为过烧，坯料如果过烧将会报废。

(2)变形速度。单位时间内变形程度的大小即为变形速度。变形速度对金属塑性成形性能的影响比较复杂，随着变形速度和变形程度的增大，加工硬化逐渐累积，使金属的塑性变形能力下降。另外，金属在变形过程中，会将消耗于塑性变形的一部分能量转化为热能，当变形速度很大时，热能来不及散发，会使变形金属的温度升高，这种现象称为热效应。这种效应有利于改善金属的塑性，使变形抗力下降，塑性变形能力提高。

变形速度与塑性的关系如图 3.2 所示。从图 3.2 中可以看出，当变形速度小于临界值 B 时，随着变形速度增大，塑性下降；但当变形速度大于临界值 B 时，随着变形速度增大，金属的塑性却增加。采用一般的锻压加工方法时，由于变形速度较低，在变形过程中产生的热效应不显著。当采用高速锻锤锻压时，可以利用热效应现象改善金属的塑性成形性能。加工塑性较差的合金钢或大截面锻件时，应采用较小的变形速度，若变形速度过快则会出现变形不均匀，容易造成局部变形过大而产生裂纹。

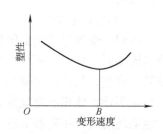

图 3.2　变形速度与塑性的关系

(3)应力状态。金属材料在塑性变形时的应力状态不同，对塑性的影响也不同。实践证明，在三向应力状态下，压应力的数目越多，塑性越好；拉应力的数目越多，塑性越差。因为拉应力易使滑移面分离，在材料内部的缺陷处产生应力集中而破坏，压应力状态则与之相反。压应力的数目越多，越有利于塑性的发挥。例如，铅在通常情况下具有极好的塑性，但在三向等拉应力状态下，铅会像脆性材料一样不产生塑性变形，而直接破裂。但是在压应力状态下发生塑性变形时，会使金属内部摩擦加剧，变形抗力增大，需要相应增加锻压设备的吨位。选择塑性成形加工时，应考虑应力状态对金属塑性变形的影响。当金属材料的塑性较小时，应尽量选择在压应力状态下进行塑性成形加工。

综上所述，金属的塑性成形性能既取决于金属的本质，又取决于变形条件。在塑性成形加工过程中，要根据具体情况，尽量创造有利的变形条件，充分发挥金属的塑性，降低其变形抗力，以达到塑性成形加工的目的。

3.2.5　金属塑性变形对组织和性能的影响

1. 变形程度的影响

压力加工时，塑性变形程度的大小对金属组织和性能有较大的影响。变形程度过小，不能达到细化晶粒、提高金属力学性能的目的；变形程度过大，不仅不会使力学性能再增高，还会出现纤维组织，使金属的各向异性增加，当超过金属允许的变形极限时，将会出现开裂等缺陷。对于不同的塑性成形工艺，可用不同的参数来表示其变形程度。

在锻造加工工艺中，常用锻造比 $Y_{锻}$ 来表示变形程度的大小，锻造比的计算方法与变形工序有关，拔长时的锻造比 $Y_{锻} = S_0 / S$（S_0、S 分别表示拔长前、后金属坯料的横截面积）；镦粗时的锻造比 $Y_{锻} = H_0 / H$（H_0、H 分别表示镦粗前、后金属坯料的高度）。显然，锻造比越大，毛坯的变形程度也越大。

生产中以铸锭为坯料进行锻造时，碳素结构钢的锻造比在 2～3 内选取，合金结构钢的锻造比在 3～4 内选取。高合金工具钢（如高速钢）组织中有大块碳化物，为了使钢中的碳化物分散细化，需要较大锻造比（$Y_{锻}=5～12$），常采用交叉锻。以型钢为坯料锻造时，因钢材轧制时组织和力学性能已经得到改善，锻造比一般取 1.1～1.3 即可。

2. 纤维组织的影响

金属铸锭组织中存在偏析夹杂物、第二相等，在热塑性变形时，其随金属晶粒的变形方向延伸呈条状、线状或破碎链状分布，金属再结晶后也不会改变，仍然保留下来，呈宏观流线状，从而使金属组织具有一定方向性，称为热变形纤维组织，即流线。纤维组织形成后，不能用热处理方法消除，只能通过塑性变形来改变纤维的方向和分布。

纤维组织的存在对金属的力学性能，特别是韧性有一定的影响，在设计和制造零件时，应注意以下两点。

(1)必须注意纤维组织的方向，要使零件工作时的正应力方向与纤维方向一致，切应力方向与纤维方向垂直。

(2)要使纤维的分布与零件的外形轮廓符合，尽量使纤维不被切断。

例如，锻造齿轮毛坯时，应对棒料进行镦粗加工，使其纤维在端面上呈放射状，有利于齿轮的受力；曲轴毛坯锻造时，应采用拔长后弯曲工序，使纤维组织沿曲轴轮廓分布，这样曲轴工作时不易断裂，如图 3.3 所示。

3. 变形温度的影响

由于金属在不同温度下变形后的组织和性能不同，通常将塑性变形分为冷变形和热变形。

在再结晶温度以下的塑性变形称为冷变形。因冷变形有加工硬化现象产生，故每次的冷变形程度不宜过大，否则会使金属产生裂纹。为防止裂纹产生，应在加工过程中增加中间再结晶退火工序，消除加

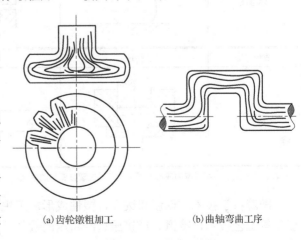

(a)齿轮镦粗加工　　　　(b)曲轴弯曲工序

图 3.3　纤维组织的分布比较

工硬化后，再继续冷变形，直至所要求的变形程度。冷变形加工的产品具有表面质量好、尺寸精度高、力学性能好等优点。常温下的冷镦、冷挤压、冷拔及冷冲压都属于冷变形加工。

热变形是在再结晶温度以上的塑性变形，热变形时加工硬化与再结晶过程同时存在，而加工硬化又几乎同时被再结晶消除。所以与冷变形相比，热变形可使金属保持较低的变形抗力和良好的塑性，可以用较小的力和能量产生较大的塑性变形而不会产生裂纹，同时还可获得具有较高力学性能的再结晶组织。但是，热变形是在高温下进行的，在加热过程中金属表面易产生氧化皮，精度和表面质量较低。自由锻、热模锻、热轧、热挤压等都属于热变形加工。

3.3　塑性成形方法分类

金属塑性成形加工的基本方法有锻造、冲压、挤压、拉拔和轧制等。

锻造是指通过对坯料锻打或锻压，使其产生塑性变形而得到所需制件的一种成形加工方法。根据变形时金属流动的特点不同，常见的基本锻造方法主要有自由锻、胎模锻和模锻。锻造主要用于生产各种性能要求高、承载能力强的机器零件或毛坯，例如，机床主轴、齿轮、连杆等关键零件的毛坯都是通过锻造加工获得的。

冲压生产广泛用于制造各类薄板结构零件，其制品具有强度高、刚性好、重量轻等特点。

挤压主要用于生产低碳钢和非铁金属的型材或零件。

拉拔主要用于生产低碳钢和非铁金属的细线材、薄壁管或特殊形状的型材等。

轧制主要用于生产板材、型材和无缝管材等原材料。

塑性成形方法的分类见表 3.1。

表 3.1　塑性成形方法的分类

成形方法	自由锻	模锻	冲压
示意图	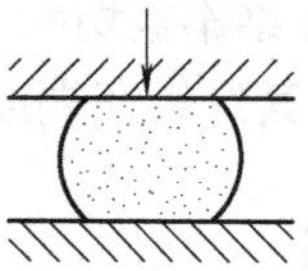	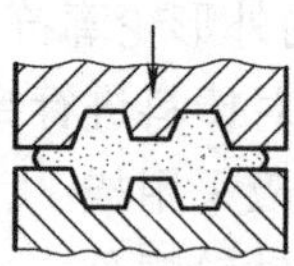	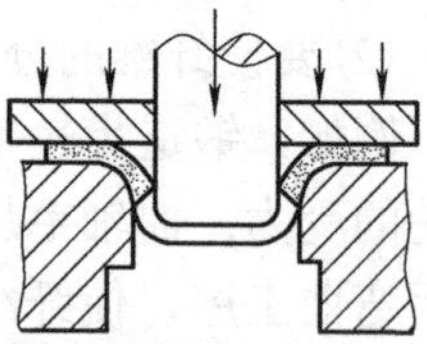
成形方法	挤压	拉拔	轧制
示意图	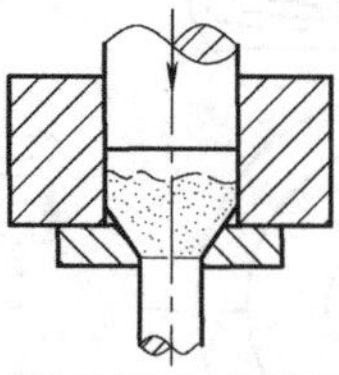	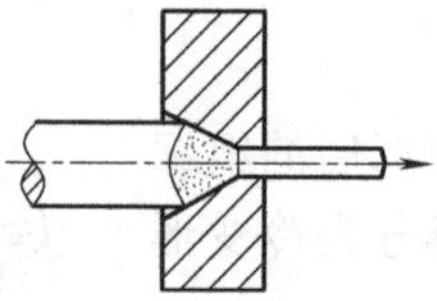	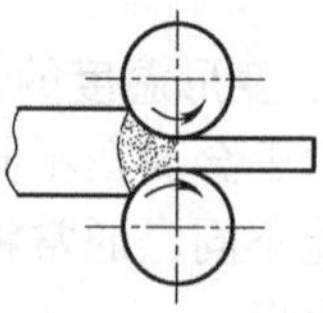

注：工件上的阴影区域为成形过程中正在发生塑性变形的区域

随着科学技术的创新和进步，塑性成形加工生产中引进了摆碾、超塑性成形、高能高速成形等工艺技术，冷镦、冷挤压、冷精压的锻件可以无须进行机械加工而直接使用，大大提高了生产率和材料利用率。

3.4　自　由　锻

自由锻是用简单工具或在锻造设备的上、下砧之间，使金属坯料受力变形而获得锻件的工艺方法。自由锻时，除与砧铁接触的部位外，坯料在其他方向的塑性流动都不受限制。

1. 自由锻的特点及应用

自由锻工艺灵活，所用设备和工具有很大的通用性，且工具简单；生产的锻件范围大，可锻造质量不到一千克至达几百吨的锻件；但生产率低，工人劳动强度大，对工人技术水平要求较高；锻件精度低，且只能锻造形状简单的工件。

自由锻主要用于单件和小批量生产中，用于生产形状简单、尺寸精度和表面质量要求不高的锻件。自由锻是生产大型锻件最主要的锻造方法。

2. 自由锻工序

自由锻的工序可分为基本工序、辅助工序、精整工序。

1) 基本工序

基本工序主要有镦粗、拔长、冲孔、弯曲、扭转、错移、切割等，如图 3.4 所示。

(1) 镦粗：使坯料高度减小、横截面积增大的工序，适用于块状、盘套类锻件的生产。

(2) 拔长：使坯料横截面积减小、长度增加的工序，适用于轴类、杆类锻件的生产，拔长和镦粗经常交替使用。

(3) 冲孔：在坯料上冲出通孔或不通孔的工序。对于圆环类锻件，冲孔后还需扩孔。

(4) 弯曲：使坯料轴线产生一定弯曲的工序。

(5) 扭转：使坯料的一部分相对于另一部分绕其轴线旋转一定角度的工序。

(6) 错移：使坯料的一部分相对于另一部分平移错开，但仍保持轴心平行。它是生产曲拐或曲轴类锻件所必需的工序。

(7) 切割：分割坯料或去除锻件余量的工序。

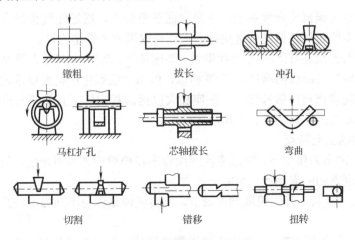

镦粗　　　　拔长　　　　冲孔

马杠扩孔　　芯轴拔长　　弯曲

切割　　　　错移　　　　扭转

图 3.4　自由锻的基本工序

2) 辅助工序

辅助工序指进行基本工序之前的预备性工序，如压钳口、倒棱、压肩等。

3) 精整工序

在完成基本工序之后，用以提高锻件尺寸及位置精度的工序，如校正、滚圆、平整等。

3.5　模　锻

利用锻模对金属坯料进行锻造成形的工艺方法称为模锻。模锻是在高强度金属锻模上预先制出与锻件形状一致的模膛。模锻时坯料在锻模模膛内受压变形。在变形过程中，由于模膛对金属坯料流动的限制，锻造终了时能得到和模膛形状一致的锻件。

与自由锻相比，模锻具有以下特点：

(1) 生产效率较高，模锻时金属变形在模膛内进行，故能较快获得所需要的形状；

(2) 模锻件尺寸精确，加工余量小，表面光洁，节约材料和切削加工工时；

(3) 可以锻造形状比较复杂的锻件，典型模锻件如图 3.5 所示。

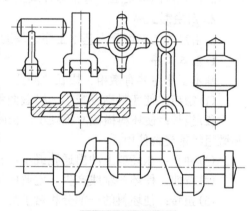

图 3.5　典型模锻件

但是，受模锻设备吨位的限制，模锻件质量不能太大，通常大多在 150kg 以下，而且因为模锻设备投资大和锻模制造成本高，所以比较适合于大批量生产。

模锻按所使用设备的不同，可分为锤上模锻和压力机模锻。锤上模锻对坯料施加的力为冲击力，而压力机模锻主要对坯料施加静压力。

3.5.1　锤上模锻

锤上模锻是将上模固定在锤头上，下模紧固在模垫上，通过随锤头做上下往复运动的上模，对置于下模中的金属坯料施以直接锤击，以获取锻件的锻造方法。

锤上模锻所用的设备有蒸汽-空气模锻锤、高速锤等。蒸汽-空气模锻锤是生产中应用最广的模锻锤，其结构与自由锻的蒸汽-空气锤相似，但由于模锻生产精度要求较高，模锻锤的锤头与导轨之间的间隙比自由锻锤要小，砧座加大以提高稳定性，且砧座与机架直接连接，这样可以使锤头运动精确，保证上、下模准确合模。

1. 锤上模锻的工艺特点

(1) 锻件是在冲击力作用下，经过多次连续锤击在模膛中逐步成形的。另外，因惯性力的作用，金属沿高度方向的流动和充填能力较强。

(2) 锤头的上下行程、打击速度均可调节，能实现轻重缓急不同力度的打击，因而也可进行制坯工作。

(3) 锤上模锻的适应性广，可生产多种类型的锻件，可以单膛模锻，也可以多膛模锻。

锤上模锻优异的工艺适应性使它在模锻生产中占据着重要地位，但由于打击速度较快，对于变形速度较敏感的低塑性材料(如镁合金等)，进行锤上模锻不如在压力机上模锻的效果好。另外，由于模锻锤锤头的导向精度不高，行程不固定，锻件出模无顶出装置，模锻斜度大，锤上模锻件的尺寸精度不如压力机模锻件。

锤上模锻用的锻模结构如图 3.6 所示，由带燕尾的上模 2 和下模 4 两部分组成，上、下模通过燕尾和楔铁分别紧固在锤头和模垫上，上、下模合在一起形成完整的模膛。

2. 模膛的分类

根据功能不同，模膛可分为制坯模膛和模锻模膛两大类。

1) 制坯模膛

对于形状复杂的模锻件，为了使坯料基本接近模锻件的形状，以便使模锻时金属能合理分布，并很好地充满模膛，必须预先在制坯模膛内制坯。制坯模膛有以下几种。

(1) 拔长模膛。其作用是减小坯料某部分的横截面积，以增加其长度，如图 3.7(a) 所示。拔长模膛可分为开式和闭式两种。

(2) 滚压模膛。其作用是减小坯料某部分的横截面积，

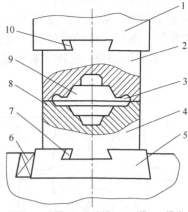

1-锤头；2-上模；3-飞边槽；4-下模；5-模垫；
6、7、10-紧固楔铁；8-分模面；9-模膛

图 3.6 锤上模锻用锻模结构

以增大另一部分的横截面积，从而使金属坯料能够按模锻件的形状来分布，如图 3.7(b) 所示。滚压模膛也分为开式和闭式两种。

(3) 弯曲模膛。其作用是使杆类模锻件的坯料弯曲，如图 3.7(c) 所示。

(4) 切断模膛。其作用是在上模与下模的角部组成一对刃口用来切断金属，也可用于多件锻造后分离成单个锻件，如图 3.7(d) 所示。

此外，还有镦粗和击扁面等制坯模膛。

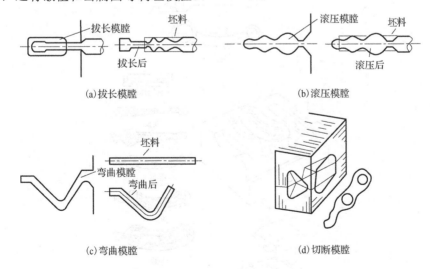

(a) 拔长模膛　　　　　　　　(b) 滚压模膛

(c) 弯曲模膛　　　　　　　　(d) 切断模膛

图 3.7 制坯模膛的种类

2) 模锻模膛

模锻模膛是指将模锻件成形为最终锻件的模膛。模锻模膛分为预锻模膛和终锻模膛。所有模锻件都要使用终锻模膛，预锻模膛则要根据实际情况来决定是否采用。

(1) 预锻模膛：是指将坯料成形为基本形状且接近于锻件形状的模膛。它可使终锻时的坯

料更容易变形充满模膛，减小终锻模膛的磨损，延长终锻模膛的使用寿命。预锻模膛比终锻模膛宽而低，圆角和斜度较大，没有飞边槽。形状复杂的锻件进行大批量生产时，常采用预锻模膛，形状简单的锻件可不设预锻模膛。

(2)终锻模膛：是指将锻件最终锻造成形的模膛。其形状必须和锻件一致，且模膛尺寸应

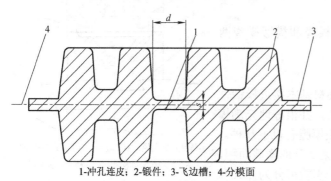

1-冲孔连皮；2-锻件；3-飞边槽；4-分模面

图 3.8　带有飞边槽与冲孔连皮的模锻件

比锻件尺寸放大一个收缩量（如钢件取 1.5%），并且沿模膛四周设有飞边槽，可以增加金属从模膛中流出的阻力，以保证金属充满模膛，同时可容纳多余的金属。对于具有通孔的锻件，由于不能靠上、下模的凸起部分把金属完全挤掉，故终锻后在孔内会留下一薄层金属，称为冲孔连皮。在冲模上把冲孔连皮和飞边冲掉后，才能得到有通孔的模锻件。图 3.8 为带有飞边槽与冲孔连皮的模锻件。

此外，根据模锻件的复杂程度不同、所需变形的模膛数量不等，可将锻模设计成单膛锻模或多膛锻模。单膛锻模是在一副锻模上只具有终锻模膛一个模膛。例如，齿轮坯模锻件就可将截下的圆柱形坯料，直接放入单膛锻模中成形。多膛锻模则是在一副锻模上具有两个及以上模膛的锻模。弯曲连杆模锻件所用多膛锻模与模锻工序如图 3.9 所示。

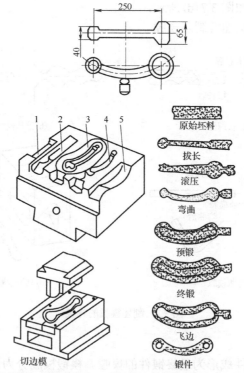

1-拔长模膛；2-滚压模膛；3-终锻模膛；4-预锻模膛；5-弯曲模膛

图 3.9　弯曲连杆多膛锻模（下模）与模锻工序

3.5.2　压力机模锻

锤上模锻目前虽然应用非常广泛，但模锻锤在工作中存在振动和噪声大、劳动条件差、能耗多、热效率低等缺点，因此，近年来大吨位模锻锤有被模锻压力机逐步取代的趋势。压力机模锻主要有热模锻曲柄压力机(又称热模锻压力机)上模锻、摩擦压力机上模锻和平锻压力机上模锻。

3.6　胎 模 锻

胎模锻是在自由锻设备上使用简单的模具(称为胎模)进行锻件生产的方法。锻造时胎模不固定在锤头或砧座上，根据加工过程需要，随时放在上、下砧铁上进行锻造。因此，胎模结构较简单，制造容易，如图3.10(a)所示。由于锻件形状不同，胎模的类型也有多种，图3.10(b)为用于终锻的合模结构，由上、下模块组成，合模后形成的空腔为模膛，模块上的导销和销孔可使上、下模块对准。锻造时，先把下模块放在下砧铁上，再把加热的坯料放在模膛内，然后合上上模块，用锻锤锻打上模块背部，待上、下模块接触，坯料便在模膛内形成锻件，锻件周围的一薄层飞边，在锻后予以切除。

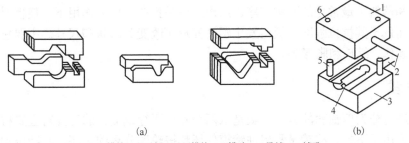

(a)　　　　　　　　　　　　(b)

1-上模块；2-手柄；3-下模块；4-模膛；5-导销；6-销孔

图 3.10　胎模结构

在制定胎模锻工艺规程时，分模面的选取可灵活一些，分模面的数量可不限于一个，且在不同工序中可选取不同的分模面，以便于制造胎模和使锻件成形。

胎模锻兼有自由锻和模锻的特点，比自由锻的锻件质量要好，生产效率高，能锻造形状较复杂的锻件；与模锻相比，不需要专用的模锻设备与价格昂贵的锻模，生产准备时间短，成本低。但胎模往往采用人工操作，劳动强度大，故胎模锻只适合于小批量生产小型锻件，特别适用于没有模锻设备的工厂。

3.7　冲 压 成 形

冲压成形是指利用安装在压力机上的模具对材料施加压力，使其产生分离或塑性变形，从而获得所需零件的一种压力加工方法。冲压成形通常在常温下进行，故又称为冷冲压。

冲压成形具有以下优点：

(1)可以冲压出形状复杂的零件，废料较少；

(2)产品具有足够高的精度和较小的表面粗糙度值，互换性能好；

(3)能获得质量轻、材料消耗少、强度和刚度较高的零件；

(4)冲压操作简单，工艺过程便于机械化和自动化，生产率很高，故零件成本低。

但是，由于冲压模具制造复杂，成本较高，故冲压成形适合于大批量生产，并已广泛用于工业生产各部门，特别是在汽车、拖拉机、航空、家用电器、仪器、仪表等工业中占有极其重要的地位。

冲压件的原材料可以是具有塑性的金属材料，如低碳钢、奥氏体不锈钢、铜和铝及其合金等，也可以是非金属材料，如胶木、云母、纤维板、皮革等。材料的形状有板料、条料、带料、块料等。

常用的冲压设备主要有剪板机和压力机两大类。剪板机用来把板料剪切成一定宽度的条料，为后续冲压生产准备坯料。压力机(冲床)用来实现冲压工序，制成所需形状和尺寸的成品零件。

冲压加工因制件的形状、尺寸和精度不同，所采用的工序也不同。根据材料的变形特点，可将板料冲压工序分为分离工序和成形工序两类。分离工序是指在冲压力作用下，使板料中的应力超过其强度极限，板料发生断裂而分离。主要包括切断、落料、冲孔、切口和切边等。其中，冲孔和落料是最常见的两种工序。成形工序是指在冲压力作用下，使板料中的应力超过其屈服点而低于其抗拉强度，板料发生塑性变形而改变其形状和尺寸。主要包括弯曲、拉深、翻边、起伏、缩口和胀形等。

3.7.1　冲裁

分离工序可分为剪裁和冲裁。剪裁是以两个互相平行或交叉的刀片对金属材料进行切断的工序，主要用于下料。冲裁是利用冲裁模使坯料按轮廓分离的工序，是冲压加工的最基本工序，它既可以直接冲制成品零件，又可为其他成形工序制备坯料。落料和冲孔是最常用的两种冲裁工序。落料和冲孔的工艺过程相同，当沿着封闭轮廓线冲切时，被冲下来部分为工件的工艺过程称为落料；被冲下来部分为废料的工艺过程称为冲孔，如图 3.11 所示。

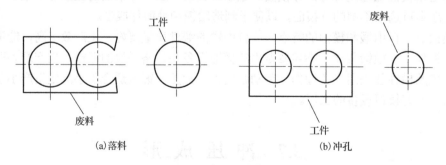

(a)落料　　　　　　　　　　　　　　　(b)冲孔

图 3.11　落料与冲孔示意图

1. 冲裁变形过程

如果冲裁凸模和凹模间隙正常，板料的冲裁过程可分为弹性变形、塑性变形、断裂分离三个阶段，如图 3.12 所示。

弹性变形阶段：当凸模接触板料下压时，板料在凸、凹模刃口处首先产生弹性变形而相对错移(图 3.12(a))。

塑性变形阶段：凸模继续下压，板料中的内应力达到材料的屈服强度时，产生塑性变形，这时凸模将板料压入凹模孔口，被压入的板料会形成小圆角和一段与板平面垂直的光面(图 3.12(b))。

断裂分离阶段：随着变形的增大，当板料中的内应力达到强度极限时，出现微裂纹，当凸模继续下压时，已形成的上、下微裂纹向内迅速扩展直至会合，板料发生断裂分离(图 3.12(c))。

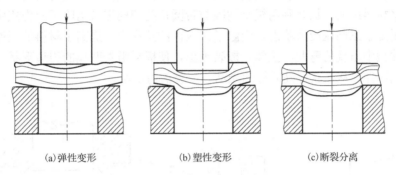

(a)弹性变形　　　　　(b)塑性变形　　　　　(c)断裂分离

图 3.12　板料的冲裁变形过程

2. 冲裁件的断面质量

根据冲裁变形的特点,冲裁件的断面明显地分为四个部分：圆角带、光亮带、断裂带和毛刺，如图 3.13 所示。圆角带小，光亮带宽，断裂带窄，毛刺高度低，则冲裁件的断面质量高;反之,则冲裁件的断面质量低。

在普通冲裁中，材料都是从模具刃口处产生裂纹而剪切分离的，其尺寸精度和断面质量都不太高。若要进一步提高冲裁件的质量，则要在冲裁后加整修工序或采用精密冲裁法。

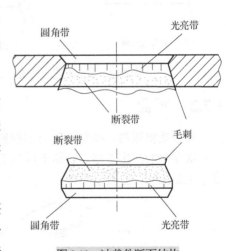

图 3.13　冲裁件断面结构

3. 整修

为满足较高精度零件的要求，冲裁后常需进行整修。整修是在整修模上利用切削的方法，将冲裁件的外缘或内缘切去一薄层金属，以除去普通冲裁时在冲裁件断面上存留的断裂带和毛刺，从而提高冲裁件的尺寸精度和表面质量，如图 3.14 所示。整修后工件的尺寸精度可达 IT6～IT7 级，表面粗糙度可达 $Ra = 0.4～0.8\mu m$。

4. 精密冲裁

精密冲裁是在普通冲裁的基础上，通过改进冲裁模具，使材料呈塑性剪切的形式进行冲裁，以提高制件的精度，改善断面质量。精密冲裁主要有光洁冲裁、带齿圈压板精冲、负间隙冲裁、往复冲裁等。

　　(1)光洁冲裁。光洁冲裁又称小间隙小圆角凸(或凹)模冲裁。与普通冲裁相比,其特点是采用了小圆角刃口和很小的冲裁间隙。冲裁时,由于刃口带有圆角及采用极小间隙,加强了变形区的静压力,提高了金属塑性;且刃口圆角有利于材料从模具端面向模具侧面流动,与模具侧面接触的材料的拉应力得到缓和,从而消除或推迟了裂纹的发生,使冲裁呈塑性剪切而形成光亮断面。

　　(2)带齿圈压板精冲。带齿圈压板精冲模具结构如图 3.15 所示,与普通冲裁模相比,模具结构上多了一个齿圈压板与顶出器,并且凸、凹模间隙极小,凹模刃口带有圆角。冲裁过程中,凸模接触材料前,齿圈压板将材料压紧在凹模上,从而在 V 形齿的内面产生横向侧压力,以阻止材料在剪切区内撕裂和金属的横向流动,在冲裁凸模压入材料的同时利用顶出器的反压力,将材料压紧,加之利用极小间隙与带圆角的凹模刃口消除了应力集中,从而使剪切区内的金属处于三向压应力状态,消除了该区内的拉应力,提高了材料的塑性,从根本上防止了普通冲裁中出现的弯曲、拉伸、撕裂现象,使板料沿着凹模的刃边形状,呈纯剪切的形式被冲裁成零件,从而获得高质量的光洁、平整的剪切面。

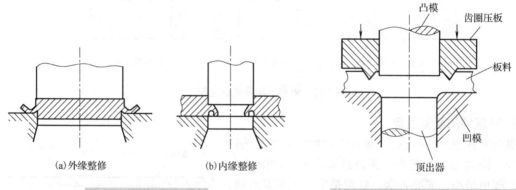

　　(a)外缘整修　　　　　　　(b)内缘整修

图 3.14　整修工艺示意图　　　　　　图 3.15　带齿圈压板精冲模具结构简图

3.7.2　弯曲

　　弯曲是将板料、型材、管材或棒料等按设计要求弯成一定的角度和一定的曲率,形成所需形状零件的冲压工序。它属于成形工序,在冲压零件生产中应用较普遍。图 3.16 为利用弯曲方法加工的一些典型零件。

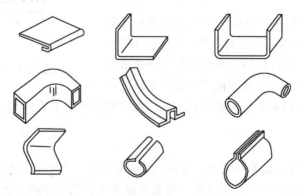

图 3.16　典型弯曲零件

根据所使用的工具与设备的不同，弯曲方法可分为在压力机上利用模具进行的压弯以及在专用弯曲设备上进行的折弯、滚弯、拉弯等，分别如图 3.17(a)～图 3.17(d)所示。各种弯曲方法尽管所用设备与工具不同，但其变形过程及特点具有共同规律。

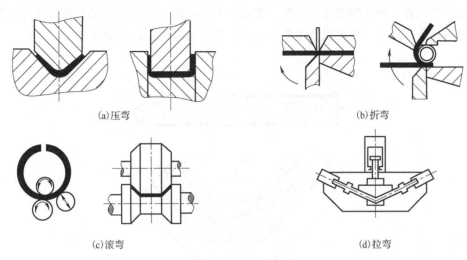

(a)压弯　　　　　　　　　　　　　　　　(b)折弯

(c)滚弯　　　　　　　　　　　　　　　　(d)拉弯

图 3.17　弯曲方法

弯曲变形过程如图 3.18 所示。弯曲开始时，凸模与板料接触产生弹性弯曲变形，随着凸模的下行，板料产生程度逐渐加大的局部塑性弯曲变形，直至板料与凸模完全贴合并压紧。

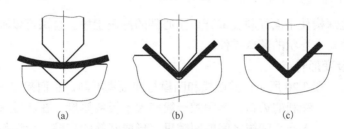

(a)　　　　　　　　　　(b)　　　　　　　　　　(c)

图 3.18　弯曲变形过程示意图

(1)最小弯曲半径。如图 3.19 所示，弯曲时，金属的塑性变形集中在弯曲中心角中对应的 *aa*—*bb* 范围内，靠近凸模一侧(内侧)*aa* 受压应力作用，产生压缩变形，靠近凹模一侧(外侧)*bb* 受拉应力作用，产生伸长变形。随着弯曲半径变小，外侧材料承受的拉应力与产生的伸长变形也增大，当此拉应力(或伸长变形)超过坯料的抗拉强度(或塑性变形极限)时，就会出现裂纹，产生弯裂现象。因此坯料存在着一个不会产生弯裂的最小弯曲半径 r_{min}，通常 $r_{min}=(0.25\sim1)t$，t 为板厚。而弯曲件的实际弯曲半径 r 应取 $r \geq r_{min}$。

材料的塑性好，其最小弯曲半径可减小。因此，经过退火的板料比加工硬化的板料，可有较小的最小弯曲半径。冷轧板料具有各向异性，沿纤维方向弯曲的最小弯曲半径可比沿垂直纤维方向弯曲的小。因板料表面及边缘粗糙易产生应力集中，须适当增大最小弯曲半径。

(2)中性层。在变形区的厚度方向，缩短和伸长的两个变形区之间，有一层金属在变形前后没有变化，这层金属称为中性层。中性层是计算弯曲件展开长度的依据。

(3)回弹。在弯曲变形过程结束时，外力去除，由于材料的弹性恢复，会使弯曲件的角度和弯曲半径与模具的尺寸和形状不一致，这种现象称为回弹。增大的角度称为回弹角，一般为 0°～10°。回弹在弯曲过程中不可避免，但可通过合理设计弯曲件结构、弯曲工艺及模具等减少或补偿回弹所产生的误差。例如，在设计弯曲模时，应使模具的弯曲角度比零件的弯曲角度减小一个回弹角。还可以采用校正弯曲代替自由弯曲，以减少回弹。

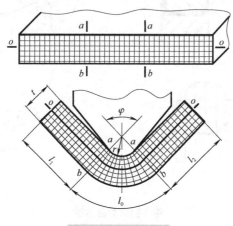

图 3.19 弯曲变形区

3.7.3 拉深

拉深是利用拉深模使平面坯料变成开口空心件的冲压工序。拉深可以制成筒形、盒形、球形、锥形及其他复杂形状的薄壁零件。

1. 拉深过程及变形特点

拉深变形过程如图 3.20 所示，其凸模和凹模与冲裁模不同，它们都有一定的圆角而不是锋利的刃口，其间隙一般稍大于板料厚度。在凸模作用下，板料被拉入凸、凹模之间的间隙里，形成圆筒的直壁。拉深件的底部一般不变形，只起传递拉力的作用，厚度基本不变。零件直壁由毛坯的环形凸缘部分(即毛坯外径与凹模洞口直径间的一圈)转化而成，主要受拉力作用，厚度有所减小。而直壁与底部之间的过渡圆角处被拉薄最严重。拉深件的凸缘部分切向受压应力作用，厚度有所增大。拉深时，金属材料产生很大的塑性流动，坯料直径越大，拉深时，金属材料产生的塑性流动越大。

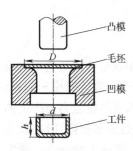

图 3.20 拉深变形过程

2. 拉深件的质量

拉深件常见的质量问题有拉裂和起皱，如图 3.21 所示。拉深件最危险的部位是直壁与底部的过渡圆角处，当拉应力超过材料的强度极限时，材料会被拉裂。当凸缘部分压力过大时，会造成失稳起皱。拉深件严重起皱后，凸缘部分的金属不能进入凸、凹模间隙，致使坯料被拉断而成为废品。轻微起皱，凸缘部分勉强进入间隙，但也会在产品侧壁留下起皱痕迹，影响产品质量。因此，拉深过程中不允许出现拉裂和起皱现象。

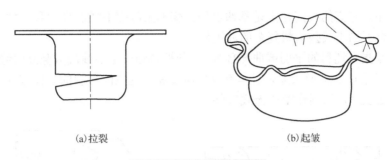

(a)拉裂　　　　　　　　　　　　　　　　(b)起皱

图 3.21　拉深件的质量问题

影响拉深件质量的主要因素有如下几种。

(1)拉深系数。拉深件直径 d 与坯料直径 D 的比值称为拉深系数，用 m 表示，即 $m=d/D$。它是衡量拉深变形程度的指标。拉深系数越小，表明拉深件直径越小，变形程度越大，坯料被拉入凹模越困难，因此越容易产生拉裂。一般情况下，拉深系数不小于极限拉深系数 $m_{\min}$，即能保证拉深正常进行的最小拉深系数，其值可查阅相关手册。

(2)拉深模参数，包括凸、凹模的圆角半径和间隙。

① 凸、凹模的圆角半径。为了减少坯料流动阻力和弯曲处的应力集中，凸、凹模必须要有一定的圆角。一般凹模圆角半径为 $r_{凹}=(5\sim10)t$，凸模圆角半径为 $r_{凸}=(0.7\sim1)t$。凸、凹模圆角半径不宜过小，否则产品容易产生拉裂。

② 凸、凹模间隙。拉深模凸、凹模间隙比冲裁模的间隙大。一般取 $Z=(1.1\sim1.2)t$，其中 t 为板料厚度值。间隙过小，模具与拉深件间的摩擦力增大，容易拉裂工件，擦伤模具工作表面，降低模具寿命。间隙过大，又容易使拉深件起皱，影响拉深件的精度。

(3)润滑。为了减小摩擦，以降低拉深件壁部的拉应力，减少模具的磨损，拉深时通常要加润滑剂。

(4)压边力。通过采用设置压边圈的方法，对凸缘部分施加压力防止其起皱，如图 3.22所示。

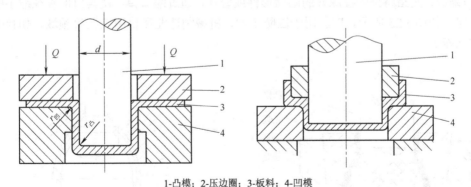

1-凸模；2-压边圈；3-板料；4-凹模

图 3.22　有压边圈的拉深

3.7.4　其他冲压成形工序

在板料冲压工艺中，除冲裁、弯曲、拉深等工序外，还有翻边、胀形、缩口、起伏、压印、旋压等工序。它们的共同特点是都通过局部变形来改变毛坯的形状和尺寸，这些工序相互间的不同组合可加工某些形状复杂的冲压件。

（1）翻边：是指在坯料的平面或曲面部分上，使板料沿一定曲线翻成竖立边缘的成形方法，如图 3.23 所示。它可加工形状复杂且具有良好刚度和合理空间形状的立体零件。生产中常用于代替拉深切底工序，以制作空心无底零件。

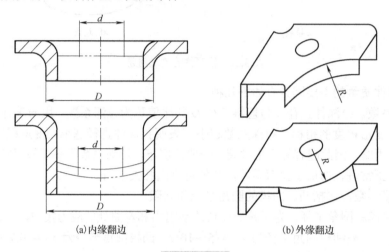

(a)内缘翻边　　　　　　　(b)外缘翻边

图 3.23　翻边

（2）胀形：是指利用压力通过模具将空心工件或管状毛坯由内向外扩张的成形方法。它可制出各种形状复杂的零件。一般有机械胀形、橡胶胀形和液压胀形三种方法。图 3.24 为橡胶胀形示意图。它以橡胶作为凸模，橡胶在压力作用下变形，使工件沿凹模胀出所需形状。由于聚氨酯橡胶比天然橡胶强度高、弹性好、耐油性好、寿命长，因此近年来广泛使用聚氨酯橡胶进行胀形，如高压气瓶、自行车架上的冲接头(五通)以及火箭发动机上的一些异型空心件等。

（3）缩口：是指将预先拉深好的圆筒形件或管件，通过缩口模，使其口部直径缩小的一种成形工序，如图 3.25 所示。广泛用于国防工业、机械制造业和日用工业等领域，如弹壳、消声器和水壶等。

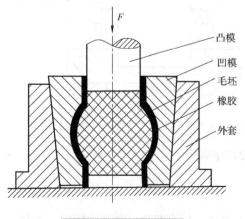

图 3.24　橡胶胀形示意图

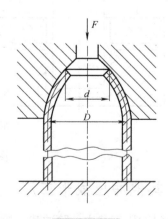

图 3.25　缩口

(4)起伏：是指在板料或制件表面通过局部变薄获得各种形状的凸起与凹陷的成形工序，实质上是一种局部胀形的冲压工序。起伏成形既可增加工件刚度，还可起装饰美观的作用，已经在生产中广泛应用。根据具体要求，起伏成形可有压肋、压字、压花，如图 3.26 所示。

(5)压印：是指用模具中带有成形标记的反压板或凸模对材料施加一定的压力，利用金属的塑性变形使材料厚度发生变化，在制件表面上压出花纹或字样的工序。一般凹下深度或凸起高度为 0.1～0.3mm。硬币、证章和各种标牌是典型的压印零件。

(6)旋压：是一种成形金属空心回转体的工艺方法，包括普通旋压和变薄旋压，如图 3.27 所示。旋压成形所使用的设备和模具比较简单，各种形状的回转体拉深、翻边和胀形件都适用。其特点为：机动性大，加工范围广，但生产率低，劳动强度大，对操作者的技术水平要求较高，产品质量不稳定。因此，旋压成形适于单件、小批量生产。

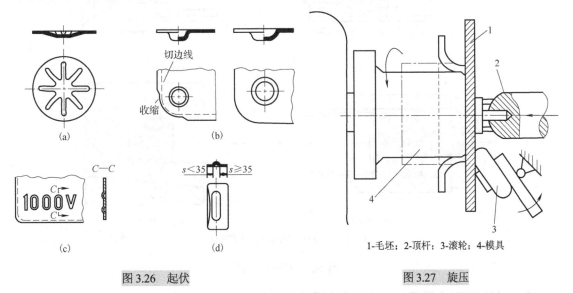

图 3.26　起伏　　　　　　　　　　　　　　　　　　图 3.27　旋压

1-毛坯；2-顶杆；3-滚轮；4-模具

旋压成形中的变薄旋压又称强力旋压，是在普通旋压基础上发展起来的。经变薄旋压后，材料晶粒细化，强度、硬度和疲劳极限均有所提高，零件表面质量好。因此，变薄旋压已在导弹及喷气发动机的生产中广泛应用。变薄旋压需要专门的旋压机，要求旋压机功率大、刚性好，适用于中小批量生产。

3.8　其他塑性成形方法

为了满足人们对金属塑性成形加工越来越高的要求，除锻造和冲压成形方法外，其他塑性成形方法在生产实践中也得到了迅速的发展和应用。

3.8.1　挤压

挤压是使金属坯料在三向不均匀压力作用下发生塑性变形，从模具的孔口中挤出，或充满凹、凸模型腔，而获得所需形状与尺寸工件的成形方法。

1. 根据挤压时金属流动方向和凸模运动方向的不同来分类

（1）正挤压：金属流动方向与凸模运动方向相同，如图 3.28（a）所示。

（2）反挤压：金属流动方向与凸模运动方向相反，如图 3.28（b）所示。

（3）复合挤压：挤压过程中坯料的一部分金属流动方向与凸模运动方向相同，而另一部分金属流动方向与凸模运动方向相反，如图 3.28（c）所示。

（4）径向挤压：金属流动方向与凸模运动方向成 90°，如图 3.28（d）所示。

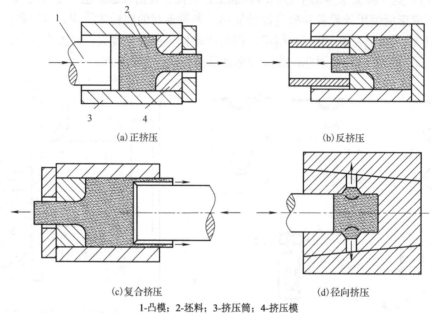

(a)正挤压　　　　　　　　　　　　　(b)反挤压

(c)复合挤压　　　　　　　　　　　　　(d)径向挤压

1-凸模；2-坯料；3-挤压筒；4-挤压模

图 3.28　挤压示意图

2. 根据挤压时金属坯料加热的温度不同来分类

（1）热挤压。热挤压时坯料变形温度高于金属的再结晶温度，金属变形抗力较小，塑性较好，但产品尺寸精度较低，表面较粗糙。热挤压广泛应用于生产铜、铝、镁及其合金的型材和管材等，也可挤压尺寸较大的中碳钢、高碳钢、合金结构钢、不锈钢等零件。

（2）冷挤压。冷挤压是指坯料变形温度低于材料再结晶温度(通常是室温)的挤压工艺。冷挤压时金属的变形抗力比热挤压大得多，但产品尺寸精度较高，生产率高，材料消耗少。目前可对非铁金属及中、低碳钢的小型零件进行冷挤压成形。在冷挤压前通常要对坯料进行退火处理，以减小变形抗力。冷挤压时，为了降低挤压力，防止模具损坏，提高零件表面质量，必须采取润滑措施。对于钢质零件还须采用磷化处理，使坯料表面呈多孔结构，以储存润滑剂，在高压下起到润滑作用。

（3）温挤压。温挤压是指将坯料加热到再结晶温度以下且高于室温的某个合适温度进行挤压的方法。温挤压可挤压中碳钢，而且可用于挤压合金钢零件。温挤压时材料一般不需要预先软化退火、表面处理和工序间退火。温挤压零件的精度和力学性能略低于冷挤压零件。

3.8.2　拉拔

在拉力作用下,迫使金属坯料通过拉拔模孔,以获得相应形状与尺寸制品的塑性加工方法,称为拉拔,如图 3.29 所示。拉拔是管材、棒材、异型材以及线材的主要生产方法之一。

拉拔方法按制品截面形状可分为实心材拉拔与空心材拉拔。实心材拉拔主要包括棒材、实心异型材及线材的拉拔。空心材拉拔主要包括管材和空心异型材的拉拔。

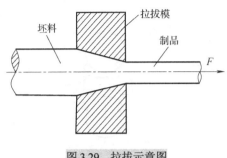

图 3.29　拉拔示意图

拉拔一般在冷态下进行,但是对一些在常温下塑性较差的金属材料则可以采用加热后温拔。采用拉拔技术可以生产直径大于 500mm 的管材,也可以拉制出直径仅为 0.002mm 的细丝,而且性能符合要求,表面质量好。

3.8.3　轧制

金属坯料在旋转轧辊的作用下产生连续塑性变形,从而获得所需截面形状并改变坯料性能的加工方法,称为轧制。常用的轧制工艺有辊轧、横轧和斜轧等。

1. 辊轧

辊轧又称辊锻,是使坯料通过装有圆弧形模块的一对相对旋转的轧辊,受轧压产生塑性变形,从而获得所需截面形状的锻件或锻坯的工艺方法,如图 3.30 所示。这种方法属于纵轧,它既可以作为模锻前的制坯工序,也可以直接辊轧锻件。目前,辊轧适用于生产以下三种类型的锻件。

(1)扁断面的长杆件,如扳手、链轨节等。

(2)带有不变形头部,且沿长度方向横截面积递减的锻件,如叶片等。叶片辊轧工艺和铣削工艺相比,材料利用率可提高 4 倍,生产率可提高 2.5 倍,而且质量大为提高。

(3)连杆类锻件。采用辊轧方法锻制连杆,生产率高,简化了工艺过程,但锻件还需要用其他锻压设备进行精整。

2. 横轧

横轧是轧辊轴线与轧件轴线互相平行,且轧辊与轧件做相对转动的轧制方法,如齿轮轧制。直齿轮和斜齿轮均可用横轧方法制造,这是一种少、无切削加工齿轮的新工艺。

齿轮的横轧如图 3.31 所示。在轧制前,齿轮坯料外缘经高频感应器加热,然后将带有齿形的轧辊做径向进给,迫使轧辊与齿轮坯料对碾。在对碾过程中,毛坯上一部分金属受轧辊齿顶挤压成齿谷,相邻的部分被轧辊齿部"反挤"而上升,形成齿顶。

3. 斜轧

斜轧又称螺旋斜轧。斜轧时,两个带有螺旋槽的轧辊相互倾斜放置,轧辊轴线与坯料轴线相交成一定的角度,以相同的方向旋转。坯料在轧辊的作用下绕自身轴线反向旋转,同时还做轴向向前运动,即螺旋运动,坯料受压后产生塑性变形,最终得到所需制品,例如,钢球轧制、周期轧制均采用斜轧方法，如图3.32所示。斜轧还可直接热轧出带有螺旋线的高速钢滚刀麻花钻、自行车后闸壳以及冷轧丝杠等。

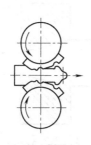

图 3.30　辊轧齿轮示意图

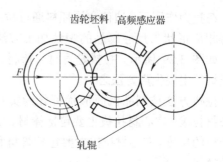

图 3.31　横轧齿轮示意图

3.8.4　摆碾

摆碾是利用一个绕中心轴摆动的圆锥形模具对坯料局部加压的工艺方法，如图3.33所示。具有圆锥面的上模1的中心线与机器主轴中心线相交成α角，称此角为摆角。当主轴旋转时，上模绕主轴摆动。与此同时，滑块3在油缸作用下上升，对坯料2施压。这样上模母线在坯料表面连续不断地滚动，最后达到使坯料整体变形的目的。若上模母线是一直线，则碾压的工件表面为平面；若上模母线为一曲线，则能碾压出上表面形状较复杂的曲面锻件。

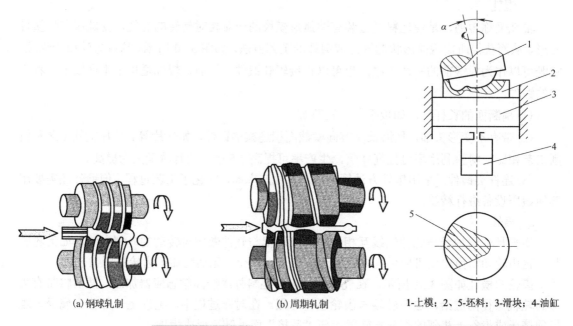

(a)钢球轧制　　　　(b)周期轧制

图 3.32　斜轧示意图

1-上模；2、5-坯料；3-滑块；4-油缸

图 3.33　摆碾工作原理

3.8.5　精密模锻

精密模锻是指在模锻设备上锻造出形状复杂、高精度锻件的模锻工艺，如精密模锻伞齿轮，其齿形部分可直接锻出而不必再经过切削加工。精密模锻件的余量和公差小，尺寸精度

可达 IT12～IT15 级，表面粗糙度为 $Ra1.6～3.2\mu m$，能部分或全部代替机械加工，提高劳动生产率和材料利用率，降低零件成本。

精密模锻主要用于成批生产形状复杂、使用性能高的短轴线回转体零件和某些难以用机械加工方法制造的零件，如齿轮、叶片、航空零件和电器零件等。

3.8.6　超塑性成形

超塑性成形是指金属或合金在低的变形速率($g=10^{-4}～10^{-2}s^{-1}$)、一定的变形温度(约为熔点温度的 1/2)和均匀的细晶粒度(晶粒平均直径为 0.2～5μm)条件下，伸长率 A 超过 100% 的塑性变形。

在超塑性状态下的金属极易成形，可采用多种工艺方法成形各种形状复杂的零件。超塑性成形在锻造、拉深、挤压、拉拔等工艺中都得到了有效的应用。超塑性成形可获得尺寸精确、形状复杂、晶粒细小的薄壁零件，其力学性能均匀一致，加工余量小，甚至不需切削加工即可使用。因此，超塑性成形是实现少、无切削加工和精密成形的新途径。

1. 超塑性模锻

超塑性模锻的总压力只需普通模锻的几十分之一到几分之一，因此可在吨位小的锻压设备上模锻出较大的锻件。例如，一般情况下钛合金和镍基高温合金由于塑性差、变形抗力大而难于锻造成形，若采用超塑性模锻成形，则可锻造出叶片、涡轮等形状复杂的零件，且零件具有较高的精度和较好的力学性能。

2. 超塑性冲压

(1)超塑性拉深。板料的超塑性拉深是在具有特殊加热和加压装置的模具内进行的，如图 3.34 所示。其深径比(H/d)是普通拉深的 10 倍以上，拉深质量很好，零件无方向性。

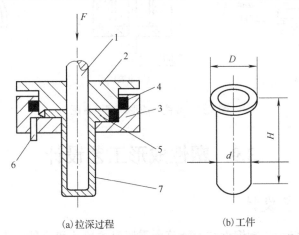

(a)拉深过程　　　　(b)工件
1-凸模；2-压板；3-凹模；4-电热元件；5-板料；6-高压油孔；7-工件

图 3.34　超塑性拉深

(2)超塑性胀形。金属在常温状态下的液压胀形，由于受材料塑性的限制，较难用于成形复杂的壳体类零件。超塑性胀形工艺用气体作为加压介质，利用超塑性材料低的流动应力和高达百分之几百的伸长率及良好的复制性，可以成形钛合金、铝合金、锌合金的形状复杂的壳体类零件，已应用于航空航天器制造、机电产品生产、工艺美术品加工等许多领域。

3.8.7　高能率成形

高能率成形是一种在极短时间内释放高能量而使金属变形的成形方法。高能率成形可完成多种冲压工序，如板料的拉深、翻边、弯曲等，以及管类零件的缩口、扩口、胀形等，也能用于零件的连接及装配工艺。

(1)爆炸成形。工作原理如图 3.35(a)所示。坯料固定在压边圈和凹模之间，以水作为成形的介质。爆炸时形成的高速、高压冲击波在水中传播，使毛坯在极短时间内成形。爆炸成形可以用于板材剪切、冲孔、弯曲、拉深、翻边、胀形、扩口、缩口、压花等工艺，也可用于爆炸焊接、表面强化、构件装配及粉末压制等。

(2)电液成形。工作原理如图 3.35(b)所示。将高压电加到两电极上产生高压放电，于是在放电回路中形成强大的冲击电流，在电极周围的液体介质中产生冲击波及液流冲击，使毛坯成形。电液成形可以对板材等进行拉深、胀形、校形和冲孔。但加工能力受设备容量的限制，一般仅用于加工直径在 400mm 以下的形状简单的零件。

(3)电磁成形。电磁成形是利用脉冲磁场对金属坯料进行高能率成形的一种加工方法。图 3.35(c)为电磁管材胀形原理。成形线圈放电时，管坯内表面的感应电流与线圈内的放电电流方向相反，这两种电流产生的磁场在线圈内部空间因方向相反而抵消，在线圈和管坯之间因方向相同而加强，其结果是管坯内表面受到强大的磁场压力，使管坯胀形。

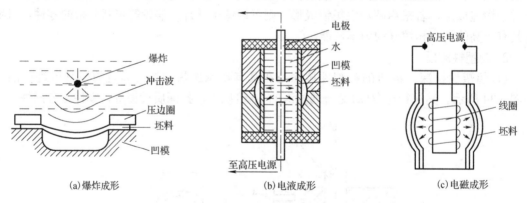

(a)爆炸成形　　　　　　　(b)电液成形　　　　　　　(c)电磁成形

图 3.35　高能率成形原理示意图

3.9　塑性成形工艺设计

3.9.1　自由锻工艺设计

自由锻工艺设计包括绘制锻件图、计算所需坯料的尺寸和质量、选择锻造工序以及选择锻造设备等。

1. 绘制锻件图

锻件图是以零件图为基础结合自由锻的工艺特点绘制而成的，绘制锻件图一般应考虑敷料、锻件余量和锻件公差。

(1)敷料。为简化锻件形状，便于进行锻造而增加的一部分金属，称为敷料，如图 3.36 所示。

(2) 锻件余量。由于自由锻锻件的尺寸精度低、表面质量较差、需再经切削加工制成零件，所以应在零件的加工表面上增加供切削加工用的金属，称为锻件余量，如图 3.36 所示。其大小与零件的形状、尺寸等因素有关。零件越大，形状越复杂，则余量越大。具体数值结合生产的实际条件查相关手册确定。

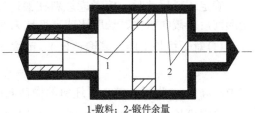

1-敷料；2-锻件余量

图 3.36　锻件余量及敷料

(3) 锻件公差。锻件公差是锻件名义尺寸的允许变动量，其值的大小根据锻件的形状、尺寸并考虑实际生产加工的具体情况加以选取。一般，锻件公差为锻件余量的 1/5～1/4。

图 3.37 为某典型锻件图。为了便于生产人员了解零件的形状和尺寸，在锻件图上用双点画线画出零件主要轮廓形状，并在锻件尺寸线的下面用带括号的数字标注出零件尺寸。对于大型锻件，必须在同一个坯料上锻造出做性能检验用的试样。该试样的形状和尺寸也应该在锻件图上表示出来。

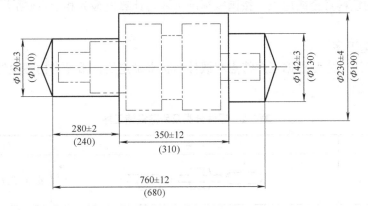

图 3.37　典型锻件图

2. 计算所需坯料的质量和尺寸

1) 坯料质量

中、小型锻件一般用型钢做坯料，其质量可按下式计算：

$$m_{坯料} = m_{锻件} + m_{烧损} + m_{料头}$$

式中，$m_{坯料}$ 为坯料质量；$m_{锻件}$ 为锻件质量；$m_{烧损}$ 为加热时坯料表面氧化而烧损的质量，第一次加热取被加热金属的 2%～3%，以后各次加热取 1.5%～2.0%；$m_{料头}$ 为在锻造过程中被冲掉或被切掉的金属质量，如冲孔时坯料中部的料芯、修切端部产生的料头等。

当锻造大型锻件采用钢锭作坯料时，还要考虑切掉的钢锭头部和钢锭尾部的质量。

2) 坯料尺寸

根据坯料质量和密度即可确定坯料的体积，然后再确定坯料的尺寸，即

$$v_{坯料} = m_{坯料} / \rho$$

式中，$v_{坯料}$ 为坯料的体积；ρ 为坯料密度。

确定坯料尺寸时，应考虑坯料在锻造过程中必需的变形程度，即锻造比的问题。通常用变形前后横截面积比、长度比或高度比来衡量。锻造比用 $Y_{锻}$ 表示。

(1) 对于拔长工序，其锻造比 $Y_{锻}$ 可按下式计算：

$$Y_{锻} = A_0 / A_1 (\text{或} L_1 / L_0)$$

式中，A_0、A_1 为拔长前、后坯料的横截面积；L_0、L_1 为拔长前、后坯料的长度。

确定拔长坯料的尺寸时，坯料的横截面积应大于锻件最大截面处的面积；当采用钢锭时，锻造比取 2.0～3.0；坯料为轧材时，锻造比取 1.3～1.5。

(2) 对于镦粗工序，其锻造比 $Y_{锻}$ 可按下式计算：

$$Y_{锻} = A_1 / A_0 (\text{或} H_0 / H_1)$$

式中，A_0、A_1 为镦粗前、后坯料的横截面积；H_0、H_1 为镦粗前、后坯料的高度。

确定镦粗坯料的尺寸时，应满足对锻件的锻造比要求，并应考虑变形工序对坯料尺寸的限制。采用镦粗法锻造时，为避免镦弯，坯料的高径比 $H_0 / D_0 < 2.5$，但为下料方便，坯料高径比还应大于 1.25。

根据求出的坯料直径或边长，按国家标准选取与计算值最为相近(或略大于计算值)的标准型材尺寸。

3. 选择锻造工序

自由锻的锻造工序是根据工序特点和锻件形状来确定的。常见自由锻锻件的分类及所需锻造工序见表 3.2。

表 3.2　锻件分类及所需锻造工序

类别		图例	所需锻造工序
I	盘类零件		镦粗(或拔长-镦粗)、冲孔等
II	轴类零件		拔长(或镦粗-拔长)、切肩、锻台阶等
III	筒类零件		镦粗(或拔长-镦粗)、冲孔、在芯轴上拔长等
IV	环类零件		镦粗(或拔长-镦粗)、冲孔、在芯轴上扩孔等
V	弯曲零件		拔长、弯曲等

自由锻工序的选择与整个锻造工艺过程中的火次(即坯料加热次数)和变形程度有关。所需火次与每一火次中坯料成形所经历的工序都应明确规定出来，写在工艺卡片上。

4. 选择锻造设备

一般根据锻件的变形面积、锻件的质量、锻件材质、变形温度及锻造基本工序等因素，并结合生产实际条件选择锻造设备及吨位。

用铸锭或大截面毛坯作为大型锻件的坯料时，可能需要多次镦、拔操作，在锻锤上操作比较困难，并且心部不易锻透。而在水压机上操作因其行程较大，且下砧可前后移动，镦粗时可换用镦粗平台，所以大多数大型锻件都在水压机上生产。

5. 确定锻造温度范围

锻造温度范围是指始锻温度和终锻温度之间的温度。

锻造温度范围应尽量选宽一些，以减少锻造火次，提高生产率。加热的始锻温度一般取固相线以下 100～200℃，以保证金属不发生过热与过烧。终锻温度一般高于金属再结晶温度 50～100℃，以保证锻后再结晶完全，锻件内部得到细晶粒组织。碳素钢和低合金结构钢的锻造温度范围一般以铁碳平衡相图为基础，且其终锻温度选在高于 A_{r3} 点，以避免锻造时由相变引起裂纹。其中，A_{r3} 点是铁碳平衡相图中冷却时奥氏体开始析出游离铁素体的温度。高合金钢因合金元素的影响，始锻温度下降，终锻温度提高，锻造温度范围变窄，锻造难度增加。部分金属材料的锻造温度范围见表 3.3。

表 3.3　部分金属材料的锻造温度范围

材料类型	锻造温度/℃		保温时间 /(min/mm)
	始锻	终锻	
10、15、20、25、30、35、40、45、50 号钢	1200	800	0.25～0.7
15CrA、16Cr2MnTiA、38CrA、20MnA、20CrMnTiA	1200	800	0.3～0.8
12CrNi3、12CrNi4A、38CrMoAlA、25CrMnNiTiA、30CrMnSiA、50CrVA、18Cr2Ni4WA、20CrNi3A	1100	850	0.3～0.8
40CrMnA	1150	800	0.3～0.8
铜合金	800～900	650～700	—
铝合金	450～500	350～380	—

6. 填写工艺卡片

以半轴的自由锻为例，工艺卡片如表 3.4 所示。

表 3.4　半轴自由锻工艺卡片

锻件名称	半轴	图例
坯料质量	25kg	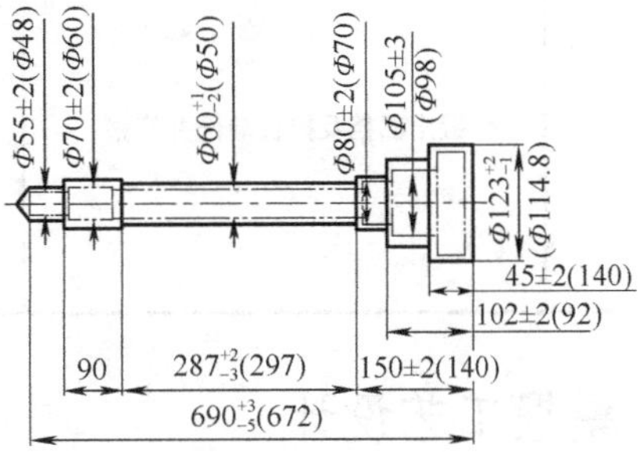
坯料尺寸 （直径×高度）	Φ130mm ×240mm	
材料	18CrMnTi	

火次	工序内容	图例
1	锻出头部	
	拔长	
	拔长及修整台阶	
2	拔长并留出台阶	
	锻出凹挡及拔长端部并修整	

3.9.2　模锻工艺设计

模锻工艺设计主要包括绘制模锻件图、确定模锻基本变形工序、计算坯料质量与尺寸、选择模锻设备、确定锻造温度、确定锻后工序等。

1. 绘制模锻件图

模锻件图是以零件图为基础，结合模锻的工艺特点绘制而成的，它是设计和制造锻模、计算坯料以及检验模锻件的依据。绘制模锻件图时，应考虑以下几个问题。

(1)分模面。分模面即上、下锻模在模锻件上的分界面。模锻件分模面选择得合适与否关系到模锻件成形、出模、材料利用率等一系列问题。分模面的选择原则如下。

① 要保证模锻件能从模膛中顺利取出，这是确定分模面的最基本原则。通常情况下，分模面应选在模锻件最大水平投影尺寸的截面上。如图 3.38 所示，若选 *a—a* 面为分模面，则无法从模膛中取出锻件。

② 分模面应尽量选在能使模膛深度最浅的位置上，以便金属容易充满模膛，并有利于锻模制造。如图 3.38 所示的 *b—b* 面就不适合作为分模面。

③ 应尽量使上、下两模沿分模面的模膛轮廓一致，以便在锻模安装及锻造过程中容易发现错模现象，以保证锻件质量。如图 3.38 所示，若选 *c—c* 面为分模面，出现错模就不容易发现。

④ 分模面尽量采用平面，并使上、下锻模的模膛深度基本一致，以便均匀充型，并利于锻模制造。

⑤ 使模锻件上的敷料最少，模锻件形状尽可能与零件形状一致，以降低材料消耗，并减少切削加工工作量。如图 3.38 所示，若将 *b—b* 面选作分模面，零件中的孔不能锻出，只能采用敷料，既耗料又增加切削工时。

按上述原则综合分析，图 3.38 所示的 *d—d* 面为最合理分模面。

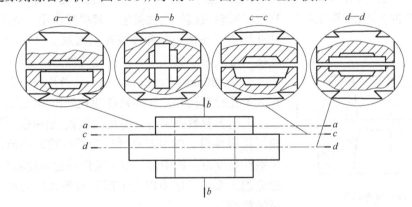

图 3.38　分模面的选择示意图

(2)加工余量和锻造公差。模锻件是在锻模模膛内成形的，因此其尺寸较精确，加工余量、锻造公差和敷料均比自由锻锻件要小得多。模锻件的加工余量和锻造公差与工件形状/尺寸、精度要求等因素有关。一般单边余量为 1～8mm，公差为 0.3～5.3mm，具体值可查阅相关手册。成品零件中的各种细槽、轮齿、横向孔以及其他妨碍出模的凹部应加敷料，直径小于 30mm 的孔一般不锻出。

(3)模锻斜度。为便于模锻件从模膛中取出，垂直于分模面的模锻件表面(侧壁)必须有一定的斜度，称为模锻斜度，如图 3.39 所示。模锻斜度和模膛深度有关，通常模膛深度与宽度的比值(*h/b*)较大时，模锻斜度取较小值。对于锤上模锻，模锻件外壁(冷却收缩时离开模壁，出模容易)的斜度 α 常取 7°，特殊情况下可取 5°或 10°。内壁(冷却收缩时夹紧模壁，出模困难)的斜度一般比外壁大 2°～5°，常取 10°，特殊情况下可取 7°、12° 或 15°。

（4）模锻圆角半径。为了便于金属在模腔内流动，避免锻模内尖角处产生裂纹，减缓锻模外尖角处的磨损，提高锻模使用寿命，模锻件上所有平面的交界处均须为圆角，如图 3.40 所示。模腔深度越深，圆角半径取值越大。一般外圆角（凸圆角）半径 r 等于单边余量加成品零件圆角半径，钢的模锻件外圆角半径 r 一般取 1.5～12mm，内圆角（凹圆角）半径根据 $R=(2～3)r$ 计算所得，为了便于制模和模锻件检测，圆角半径需圆整为标准值，以便使用标准刀具加工。

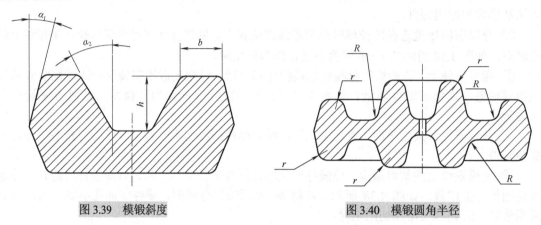

图 3.39　模锻斜度　　　　　　　图 3.40　模锻圆角半径

（5）冲孔连皮。具有通孔的零件，锤上模锻时不能直接锻出通孔，孔内还留有一定厚度的金属层，称为冲孔连皮（图 3.41）。它可以减轻锻模的刚性接触，起缓冲作用，避免锻模损坏。

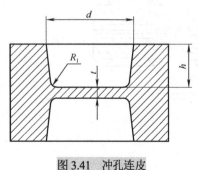

图 3.41　冲孔连皮

冲孔连皮需在切边时冲掉或在机械加工时切除。常用冲孔连皮的形式是平底连皮，冲孔连皮的厚度 s 与孔径 d 有关，当 $d=30～80mm$ 时，$s=4～8mm$。当孔径小于 30mm 或孔深大于孔径 2 倍时，往往只在冲孔处压出凹穴。

上述各参数确定后，便可绘制模锻件图。图 3.42 为齿轮坯模锻件图。图中双点画线为零件轮廓外形，分模面选在锻件高度方向的中部。由于轮毂外径与轮辐部分不加工，故无加工余量。图中内孔中部的两条直线为冲孔连皮切掉后的痕迹。

2. 确定模锻基本变形工序

模锻变形工序主要根据模锻件的形状与尺寸来确定。根据已确定的工序即可设计出制坯模腔、预锻模腔及终锻模腔。模锻件按形状可分为两类：长轴类零件与盘类零件，如图 3.43 所示。长轴类零件的长度与宽度之比较大，如台阶轴、曲轴、连杆、弯曲摇臂等；盘类零件在分模面上的投影多为圆形或近于矩形，如齿轮、法兰盘等。

1）长轴类模锻件基本变形工序

常用的工序有拔长、滚压、弯曲、预锻和终锻等。拔长和滚压时，坯料沿轴线方向流动，金属体积重新分配，使坯料的各横截面积与模锻件相应的横截面积近似相等。坯料的横截面积大于模锻件最大横截面积时，可只选用拔长工序；当坯料的横截面积小于模锻件最大横截面积时，应采用拔长和滚压工序。模锻件的轴线为曲线时，还应选用弯曲工序。

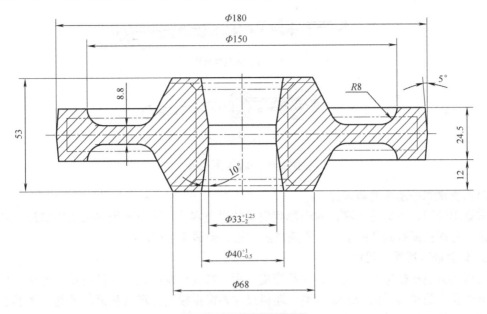

图 3.42　齿轮坯模锻件图

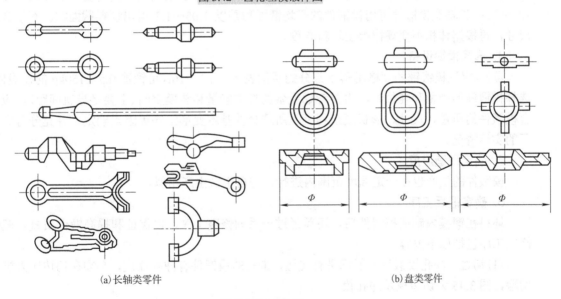

(a) 长轴类零件　　　　　　　　　　　　　　　(b) 盘类零件

图 3.43　模锻件

　　对于小型长轴类模锻件，为了减少钳口料和提高生产率，常采用一根棒料上同时锻造数个锻件的锻造方法，因此应增设切断工序，将锻好的工件分离。

　　当大批量生产形状复杂、终锻成形困难的模锻件时，还需选用预锻工序，最后在终锻模膛中模锻成形。

　　某些模锻件选用周期轧制材料作为坯料时，可省去拔长、滚压等工序，以简化锻模，提高生产率，如图 3.44 所示。

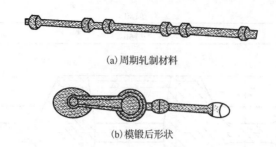

(a) 周期轧制材料

(b) 模锻后形状

图 3.44　轧制坯料模锻

2) 盘类模锻件基本变形工序

常选用镦粗、终锻等工序。对于形状简单的盘类零件，可只选用终锻工序成形。对于形状复杂、有深孔或有高肋的锻件，则应增加镦粗、预锻等工序。

3. 计算坯料质量与尺寸

坯料质量包括模锻件、飞边、冲孔连皮、钳口料头以及氧化皮等的质量。通常，氧化皮占模锻件和飞边总质量的 2.5%～4%。坯料尺寸要根据模锻件形状和采用的基本变形工序计算。例如，盘类模锻件采用镦粗制坯，坯料截面积应符合镦粗规则，其高度与直径比一般为1.8～2.2；长轴类模锻件可用模锻件的平均截面积乘以 1.05～1.2 得出坯料截面积。有了截面尺寸，再根据体积不变规律得出坯料长度。

4. 选择模锻设备

蒸汽-空气模锻锤的规格用落下部分的质量表示，为 1～16t，可锻造 0.5～150kg 的模锻件。选择模锻锤的类型和吨位时，主要考虑设备的打击能量和装模空间(主要是导轨间距)，应结合模锻件的质量、尺寸、形状复杂程度及所选择的基本变形工序等因素确定，并充分考虑工厂的实际情况。

5. 确定锻造温度

模锻件的生产也在一定温度范围内进行，与自由锻生产相似。

6. 确定锻后工序

坯料在锻模内制成模锻件后，还需经过一系列修整工序，以保证和提高锻件质量。锻后修整工序包括以下内容。

(1)切边。冲孔模锻件一般都带有飞边，带孔的模锻件有冲孔连皮，必须在切边压力机上切除，图 3.45 为切边模及冲孔模。

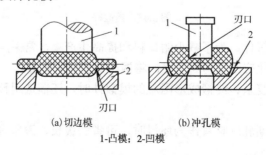

(a) 切边模　　　　　　(b) 冲孔模

1-凸模；2-凹模

图 3.45　切边模及冲孔模

（2）校正。对于细长、扁薄和形状复杂的模锻件，在切边、冲孔及其他工序中都可能引起变形，需要进行压力校正。

（3）清理。为了提高模锻件的表面质量，改善其切削加工性能，模锻件需要进行表面清理，去除在生产中产生的氧化皮、所沾油污及其他表面缺陷等。

（4）精压。对于尺寸精度高和表面粗糙度小的模锻件，还应在精压机上进行精压。精压分为平面精压和体积精压两种，如图 3.46 所示。

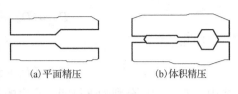

(a) 平面精压　　(b) 体积精压

图 3.46　精压

3.9.3　冲裁工艺设计

冲裁工艺设计的内容主要有冲裁间隙的选择、冲裁模刃口尺寸的确定、冲裁力的计算和排样设计等。

1. 冲裁间隙的选择

冲裁间隙 z 是指凸模和凹模刃口部分之间的双边间隙。冲裁间隙的大小，直接影响冲裁件的断面质量，影响模具的寿命和冲裁力的大小。冲裁间隙增大，则冲裁件断面斜度大，毛刺高粗，光亮带窄，冲裁件平整度差；但冲裁力下降，模具寿命增加。冲裁间隙减小，则冲裁件光亮带宽，毛刺细长；但使冲裁力增大，并对模具寿命不利。

合理的冲裁间隙应该是：既能保证冲裁件的质量，又能延长模具的寿命和降低冲裁力。合理的间隙值可查相关手册选取或按下式计算：

$$z = mt$$

式中，t 为材料的厚度，mm；m 为与材料性能、厚度有关的系数（当 $t<3$mm 时，低碳钢和纯铁 $m=0.06\sim0.09$；铜和金 $m=0.06\sim0.10$；高碳钢 $m=0.08\sim0.12$）。

2. 冲裁模刃口尺寸的确定

冲裁模的刃口尺寸取决于冲裁件尺寸和冲裁间隙。对于形状简单（如方形、圆形等）的冲裁件，凸、凹模可采用分开加工的方法制造，其刃口尺寸的确定有以下原则。

（1）落料时，落料件的尺寸是由凹模刃口尺寸决定的，因此，应以落料凹模为设计基准，即按落料件尺寸确定凹模刃口尺寸。考虑到凹模磨损后会使落料件的尺寸增大，为提高模具使用寿命，凹模刃口的基本尺寸应接近于落料件的最小极限尺寸。而凸模的刃口尺寸等于凹模刃口尺寸减去最小合理间隙。

（2）冲孔时，孔的尺寸是由凸模刃口尺寸决定的，因此，应以冲孔凸模为设计基准，即按孔的尺寸确定凸模刃口尺寸。模具使用过程中，凸模磨损会使冲出孔的尺寸减小，故凸模刃口的基本尺寸应接近于孔的最大极限尺寸。而凹模的刃口尺寸等于凸模刃口尺寸加上最小合理间隙。

（3）凸、凹模的制造偏差一般为冲裁件公差的 1/4～1/3。此外，当凸、凹模分开加工时，其制造偏差之和应小于或等于最大与最小合理间隙之差的绝对值，即满足

$$\delta_{凹} + \delta_{凸} \leqslant |z_{max} - z_{min}|$$

根据上述尺寸计算原则，冲裁模刃口尺寸的计算公式如下：

落料　　　　　　　　　　　　$D_{凹} = (D - X\Delta)_0^{+\delta_{凹}}$

$$D_{凸} = (D_{凹} - z_{\min}) = (D - X\Delta - z_{\min})_{-\delta_{凸}}^0$$

冲孔　　　　　　　　　　　　$d_{凸} = (d + X\Delta)_{-\delta_{凸}}^0$

$$d_{凹} = (d_{凸} + z_{\min}) = (d + X\Delta + z_{\min})_0^{+\delta_{凹}}$$

式中，$D_{凹}$、$D_{凸}$ 分别为落料凹、凸模的基本尺寸，mm；$d_{凸}$、$d_{凹}$ 分别为冲孔凸、凹模的基本尺寸，mm；$\delta_{凹}$、$\delta_{凸}$ 为凹、凸模的制造偏差，mm；D 为落料件的公称尺寸，mm；d 为冲孔件孔的公称尺寸，mm；Δ 为冲裁件的公差，mm；X 为磨损系数，其值在 0.5～1.0，与冲裁件精度有关。可查有关手册或按冲裁件的公差等级选取：当冲裁件公差为 IT10 级以上时，取 $X=1$；为 IT11～IT13 级时，取 $X=0.75$；为 IT14 级以下时，取 $X=0.5$。

3. 冲裁力的计算

冲裁时材料对凹模的最大抗力称为冲裁力。它是合理选择冲压设备和检验模具强度的一个重要依据。冲裁力大小与材质、料厚及冲裁件周边长度有关。平刃冲裁模冲裁力的计算公式如下：

$$F_{冲}=KLtT \quad 或 \quad F_{冲}=LtR_{m}$$

式中，F 为冲裁力，N；L 为冲裁件周边长度，mm；K 为系数，常取 $K=1.3$；t 为板料厚度，mm；T 为材料的抗剪强度，MPa；R_{m} 为材料的抗拉强度，MPa。

4. 排样设计

冲裁件在板料或条料上排列布置的方式称为排样。排样设计应使废料最少，以提高材料的利用率。对于冲裁件来说，材料费用通常占制造总成本的 60%以上，因此，材料利用率是一个重要的经济指标。排样合理，可在有限的材料面积上冲出最多数量的冲裁件，废料最少，材料利用率最高，冲裁件成本最低。根据材料的利用情况，排样方法可分为三种。

(1) 有废料排样。沿工件全部外形冲裁，其周边都有搭边(即各冲裁件之间及冲裁件与条料侧边均留有一定尺寸的余量)，如图 3.47(a) 所示。其优点是毛刺小，冲裁尺寸准确，质量高，模具寿命长，但材料消耗多。

(2) 少废料排样。沿工件部分外形冲裁，只有局部搭边(或没有搭边)和余料，如图 3.47(b) 所示。

(3) 无废料排样。无任何搭边和余料，如图 3.47(c) 所示。

采用少、无废料排样时，虽可提高材料利用率，但冲裁件的尺寸精度和质量不易保证，主要用于质量要求不高的冲裁件。此外，由于是单边剪切，也会影响模具的寿命。

　　(a)有废料排样　　　　　　　(b)少废料排样　　　　　　(c)无废料排样

图 3.47　几种排样方式

3.9.4　弯曲工艺设计

弯曲工艺设计包括弯曲件下料毛坯长度计算、弯曲力的计算和弯曲工序安排等。

1. 弯曲件下料毛坯长度计算

下料毛坯长度实际上是弯曲件中性层长度，以图 3.48 所示弯曲件为例，计算公式为

$$l = l_1 + l_2 + l_0 = l_1 + l_2 + \pi\varphi(r + kt)/180$$

式中，l_1 和 l_2 为直边长；l_0 为弯曲圆弧部分中性层长度；φ 为中心角；r 为弯曲半径；t 为坯料板厚；k 为中性层系数，与变形程度有关，其值可查表 3.5。

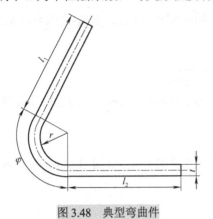

图 3.48　典型弯曲件

表 3.5　中性层系数 k 值

r/t	0～0.5	0.5～0.8	0.8～2	2～3
k	0.16～0.25	0.25～0.30	0.30～0.35	0.35～0.40
r/t	3～4	4～5	5	
k	0.40～0.45	0.45～0.50	0.50	

2. 弯曲力的计算

弯曲力是设计弯曲模和选择压力机的主要依据，它与坯料板厚、材料、弯曲部位面积等有关。

3. 弯曲工序安排

对于形状简单的弯曲件，如 V 形、U 形、Z 形等，只需一次弯曲就可以成形。对于形状复杂的弯曲件，则要两次或多次弯曲成形，多次弯曲成形时，一般先弯两端的形状，后弯中间部分的形状，如图 3.49 所示。对于精度要求较高或特别小的弯曲件，尽可能在一副模具上完成多次弯曲成形。

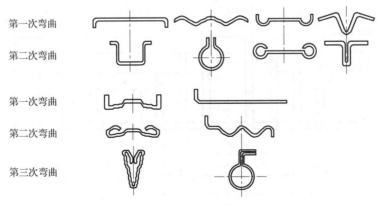

图 3.49　多次弯曲成形

3.9.5　拉深工艺设计

拉深工艺设计包括拉深件毛坯尺寸计算、拉深次数和拉深系数的确定以及拉深力的计算等。下面以圆筒形件的拉深工艺设计为例进行介绍。

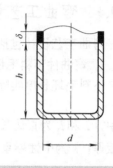

1. 拉深件毛坯尺寸计算

对于不变薄拉深,毛坯的尺寸按变形前后表面积相同、形状相似的原则确定。为了补偿在变形时由材料的各向异性引起的变形不均匀,在计算毛坯尺寸时应加修边余量 δ,如图 3.50 所示,δ 的数值可查阅模具设计手册。

图 3.50　圆筒形拉深件的修边余量

圆筒形拉深件毛坯直径 D 的计算公式如下:

$$D = \sqrt{d^2 + 4dh - 1.72dr - 0.56r^2}$$

式中,D 为毛坯直径,mm;d 为工件直径,mm;h 为工件高度,mm;r 为工件底部圆角半径,mm。

2. 拉深次数的确定

如果拉深系数过小,不能一次拉深成形,则可采用多次拉深工艺(图 3.51)。板料各次的拉深系数分别如下:

第 1 次拉深系数 $m_1 = d_1 / D$

第 2 次拉深系数 $m_2 = d_2 / d_1$

$$\vdots$$

第 n 次拉深系数 $m_n = d_n / d_{n-1}$

式中,D 为毛坯直径,mm;d_1、d_2、d_{n-1}、d_n 为各次拉深后的平均直径,mm;n 为拉深次数。

当 $d_n \leqslant d$ 时,n 即为所求的拉深次数。总的拉深系数 $m_{总} = m_1 \times m_2 \times \cdots \times m_n$。在多次拉深中,拉深系数应 $m_1 < m_2 < \cdots < m_{n-1} < m_n$,以确保拉深件顺利进行。

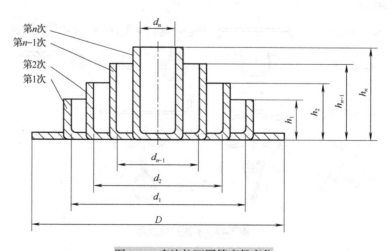

图 3.51　多次拉深圆筒直径变化

此外，多次拉深过程中，必然产生加工硬化现象。为了保证坯料具有足够的塑性，生产中坯料经过一两次拉深后，应安排工序间的退火处理。

3.10　塑性成形零件的结构工艺性

3.10.1　自由锻锻件的结构工艺性

设计自由锻锻件结构和形状时，除应满足使用要求外，还必须考虑自由锻设备、工具和工艺特点，符合自由锻的工艺性要求，使之易于锻造，减少材料和工时的消耗，提高生产效率并保证锻件质量。

1. 尽量避免锥体或斜面结构

锻造具有锥体或斜面结构的锻件时，需制造专用工具，锻件成形也比较困难，从而使工艺过程复杂，不便于操作，影响设备使用效率，应尽量避免，如图 3.52 所示。

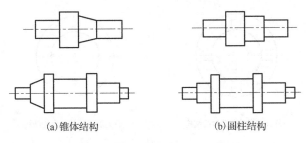

(a)锥体结构　　　　　　　　(b)圆柱结构

图 3.52　避免锥体的轴类锻件结构

2. 避免几何体的交接处形成空间曲线

如图 3.53(a)所示的圆柱面与圆柱面或圆柱面与平面交接，锻造成形十分困难。若改成如图 3.53(b)所示的平面与平面交接，可消除空间曲线，使锻造成形容易。

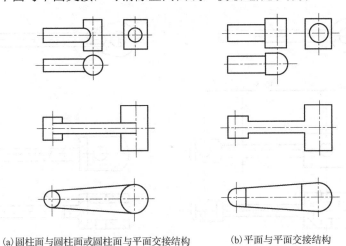

(a)圆柱面与圆柱面或圆柱面与平面交接结构　　　　(b)平面与平面交接结构

图 3.53　避免空间交接曲线的杆类锻件结构

3. 避免加强肋、凸台，工字形、椭圆形或其他非规则截面及外形

如图 3.54(a)所示的锻件结构，难以用自由锻方法获得，若采用特殊工具或特殊工艺来生产，会降低生产率，增加产品成本。可将其改进，如图 3.54(b)所示。

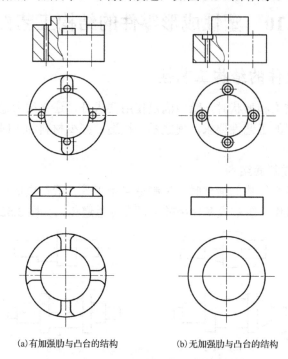

(a)有加强肋与凸台的结构　　　　　　(b)无加强肋与凸台的结构

图 3.54　避免加强肋与凸台的盘类锻件结构

4. 合理采用组合结构

锻件的横截面积有急剧变化或形状较复杂时，可设计成由几个简单件构成的组合体，如图 3.55 所示。每个简单件锻造成形后，再用焊接或机械连接的方法构成整体零件。

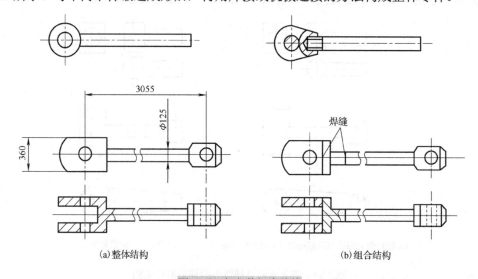

(a)整体结构　　　　　　　　　　(b)组合结构

图 3.55　复杂件组合结构

3.10.2　模锻件的结构工艺性

模锻主要依靠锻模模膛使坯料成形,因此模锻件形状较复杂。但为便于生产和降低成本,根据模锻的特点和工艺要求,设计模锻件时,应使其结构符合以下原则。

(1)具有合理的分模面。便于使金属充满模膛,模锻件易于从锻模中取出,且敷料最少,锻模容易制造。

(2)具有合理的模锻圆角与模锻斜度。模锻零件上,除与其他零件配合的表面外,均应设计为非加工表面。模锻件非加工表面之间形成的角应设计为模锻圆角,与分模面垂直的非加工表面应设计出模锻斜度。

(3)零件外形力求简单。尽量平直、对称,避免零件横截面积差别过大,不应具有薄壁、高肋等不良结构。零件的凸缘太薄、太高或中间凹挡太深,金属不易充型,一般来说零件的最小截面与最大截面的高度比应小于 0.5,否则难以用模锻方法成形(图 3.56(a))。若零件上存在过于扁薄的部分,模锻时该部分金属容易冷却,不利于变形流动和受力,对保护设备和锻模也不利(图 3.56(b))。图 3.56(c)所示零件有一个高而薄的凸缘,使锻模的制造和锻件的取出都很困难,若改成如图 3.56(d)所示的形状则较易锻造成形。

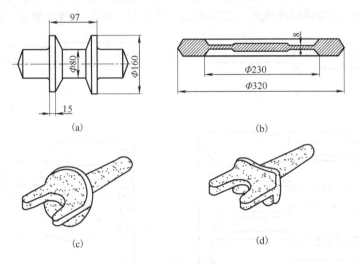

图 3.56　模锻件结构工艺性

(4)尽量避免深孔或多孔结构。当孔径小于 30mm 或孔深大于直径两倍时锻出较困难。如图 3.57 所示的齿轮零件,为保证纤维组织的连贯性以及更好的力学性能,常采用模锻方法生产,但齿轮上的四个 Φ20mm 的孔不方便锻造,只能采用机械加工成形。

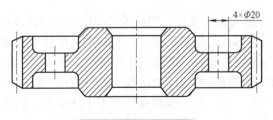

图 3.57　模锻齿轮零件

(5)采用组合结构。对复杂锻件，为减少敷料，简化模锻工艺，在可能的条件下，应采用锻造-焊接或锻造-机械连接组合工艺，如图 3.58 所示。

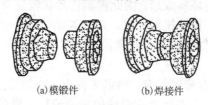

(a)模锻件　　　　　(b)焊接件

图 3.58　锻焊结构零件

3.10.3　冲裁件的结构工艺性

冲裁件的结构工艺性是指冲裁件的结构对冲裁加工工艺的适应性。影响冲裁件结构工艺性的主要因素有冲裁件的形状、尺寸、精度和表面质量要求等。

(1)冲裁件的形状。冲裁件的形状应力求简单、对称，有利于排样时合理利用材料，如图 3.59 所示。尽量避免长槽和细长悬臂结构，其许可值如图 3.60 所示。在冲裁件的转角处，除无废料冲裁或采用镶拼模冲裁外，都应有适当的圆角，转角处圆角半径一般为 $R > 0.5t$ 。

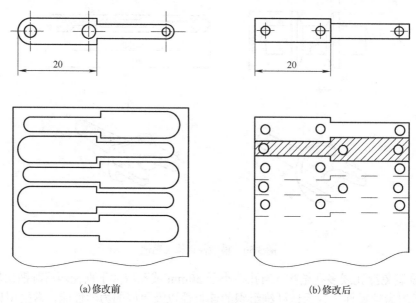

(a)修改前　　　　　　　　　　　　　(b)修改后

图 3.59　零件形状不同对材料利用率的影响

(2)冲裁件的尺寸。冲裁时由于受凸、凹模强度和模具结构的限制，对冲裁件的最小尺寸有一定限制。其大小与孔的形状、材料的厚度、材料的力学性能及冲孔方式有关。对冲孔的最小尺寸，孔与孔、孔与边缘之间的距离等尺寸都有一定的限制，如图 3.60 所示。

(3)冲裁件的精度和表面质量。冲裁件的精度一般为 IT10～IT14 级，较高时可达 IT8～IT10 级，冲孔比落料的精度约高一级。若冲裁件精度高于上述要求，则冲裁后需通过整修或采用精密冲裁等工序，使产品成本大为提高。对于冲裁件表面质量所提出的要求，一般不要高于原材料所具有的表面质量，否则将增加切削加工等工序，增加生产成本。

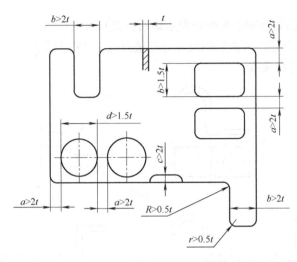

图 3.60 冲裁件结构尺寸要求

3.10.4 弯曲件的结构工艺性

(1)弯曲件的弯曲半径。弯曲件的最小弯曲半径 $r_{\min}$ 不能小于材料允许的最小弯曲半径,否则将弯裂。但 $r_{\min}$ 过大时回弹增大,不能保证弯曲件的精度。

(2)弯曲件的直边高度。弯曲件的直边高度 $H>2t$。若 $H<2t$,则应增加直边高度,弯好后再切掉多余材料,如图 3.61(a)所示。

(3)弯曲件的孔边距。弯曲预先已冲孔的毛坯时,必须使孔位于变形区以外,如图 3.61(a)所示,以防止孔在弯曲时产生变形,并且孔边到弯曲半径中心的距离应根据料厚取值:

当 $t<2$ mm 时,$L \geq t$;

当 $t \geq 2$ mm 时,$L \geq 2t$。

若孔边至弯曲半径中心的距离过小,为防止弯曲时孔变形,可在弯曲线处冲出凸缘形缺口或冲出工艺孔,以转移变形区,如图 3.61(b)、图 3.61(c)所示。

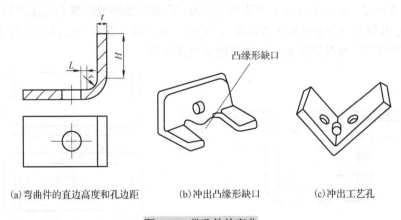

(a)弯曲件的直边高度和孔边距   (b)冲出凸缘形缺口   (c)冲出工艺孔

图 3.61 带孔件的弯曲

(4)弯曲件的形状。弯曲件的形状应尽量对称,弯曲半径应左右一致,保证板料受力时平衡,防止产生偏移。当弯曲不对称制件时,也可考虑成对弯曲后再切断,如图 3.62

所示(图 3.62(b)所示的俯视图中剖面处表示切断位置)。

(5)弯曲件的尺寸公差。弯曲件的尺寸公差最好在 IT13 级以下，角度公差大于 15′，否则会增加修整工作量，提高成本。

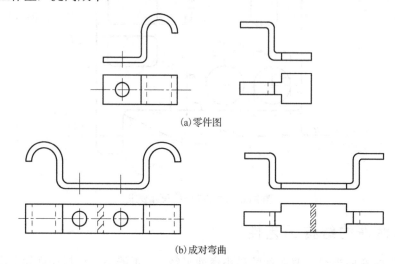

(a)零件图

(b)成对弯曲

图 3.62　不对称制件的成对弯曲

3.10.5　拉深件的结构工艺性

(1)拉深件的形状应力求简单、对称。拉深件的形状有回转体形状、非回转体对称形状和非对称空间形状三类。其中以回转体形状，尤其是直径不变的圆筒形件最易拉深，模具制造也方便。

(2)尽量避免直径小而深度过大，否则不仅需要多副模具进行多次拉深，而且容易出现废品。

(3)拉深件的底部与侧壁、凸缘与侧壁交接处应有足够的圆角，如图 3.63 所示，一般应满足 $r_a \geqslant 2t$，$R \geqslant (2\sim4)t$，且 $R > r_a$，方形件 $r_a \geqslant 3t$。拉深件底部或凸缘上的孔边到侧壁的距离，应满足 $B \geqslant r_a + 0.5t$ 或 $B \geqslant R + 0.5t$(t 为板厚)。另外，带凸缘拉深件的凸缘尺寸要合理，不宜过大或过小，否则会造成拉深困难或导致压边圈失去作用。

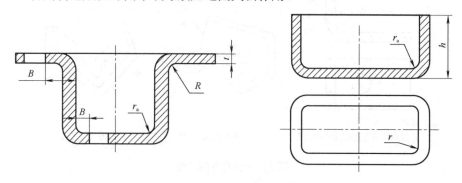

图 3.63　拉深件的结构尺寸要求

(4)拉深件直径尺寸的公差等级为 IT9～IT10 级，高度尺寸的公差等级为 IT8～IT10 级，经整形工序后公差等级可达 IT6～IT7 级。拉深件的表面质量取决于原材料的表面质量，一般不应要求过高，以免增加成本。

3.11　典型塑性成形工艺设计范例

3.11.1　典型锻件工艺设计范例

请进行某齿轮零件自由锻工艺设计，零件图如图 3.64 所示。

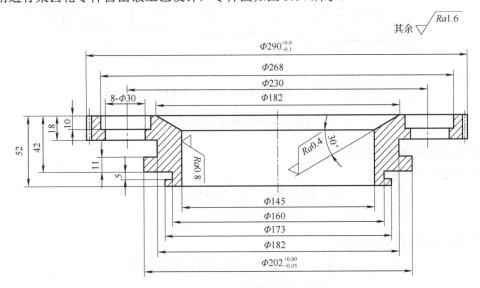

图 3.64　齿轮零件图

(1)设计、绘制锻件图，如图 3.65 所示。

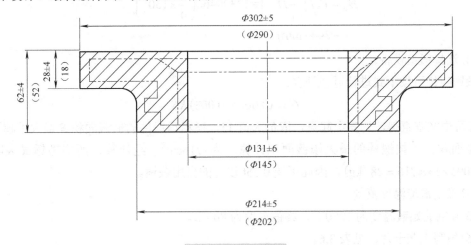

图 3.65　齿轮锻件图

(2)确定锻造工序：垫环局部镦粗—冲孔—冲子扩孔，如图 3.66 所示。

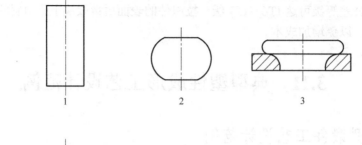

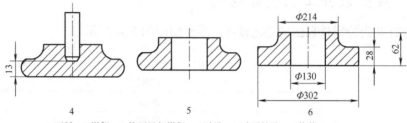

1-下料；2-镦粗；3-垫环局部镦粗；4-冲孔；5-冲子扩孔；6-修整

图 3.66　齿轮锻造工艺过程

(3)计算原始坯料体积与尺寸。

① 原始坯料体积：

$$V_0 = (V_{锻件} + V_{芯料}) \times (1 + \delta)$$

$$V_0 = 3239046 \mathrm{mm}^3$$

② 原始坯料直径和高度：

$$D_0 = (0.8 \sim 1.0)^3\sqrt{V_0} = (0.8 \sim 1.0) \times \sqrt[3]{3239046}$$

$$= 118.4 \sim 148 (\mathrm{mm})$$

$$D_0' = 130 \mathrm{mm}$$

$$H_0 = V_0 \bigg/ \left(\frac{\pi}{4} D_0'^2 \right) = 3239046 \bigg/ \left(\frac{\pi}{4} \times 130^2 \right)$$

$$= 244 (\mathrm{mm})$$

(4)选择锻造设备。

锻锤吨位可按下式进行近似计算：

$$G = (0.002 \sim 0.003) KS$$

K 可由文献查得，为安全起见，取最大值 13，镦粗后锻件的横截面积 S 最大不超过锻件的横截面积，可按锻件的最大横截面积计算，为 716cm²。经计算，所需锻锤最大吨位为 $G = 0.003 \times 13 \times 716 = 28 (\mathrm{kg})$，因此可选 0.25t 以上的自由锻锤。

(5)确定锻造温度范围。

45 号钢的始锻温度为 1200℃，终锻温度为 800℃。

(6)填写工艺卡片，见表 3.6。

表 3.6　锻件工艺卡片

锻件名称	齿轮坯		工艺类别	自由锻
材料	45 号钢		设备	0.5t 蒸汽-空气锤
加热火次	1		锻造温度范围	1200～800℃
锻件图				坯料图

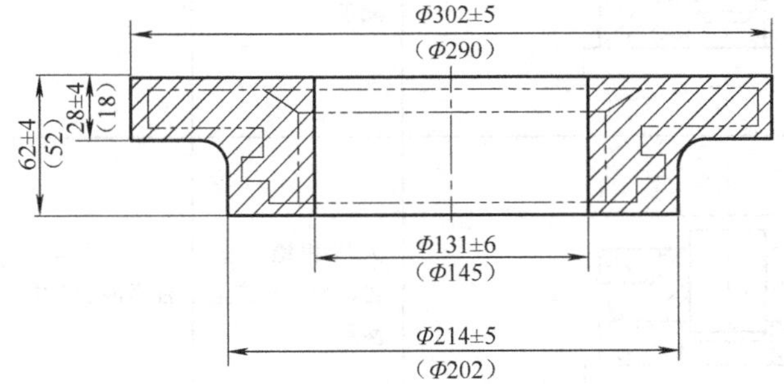

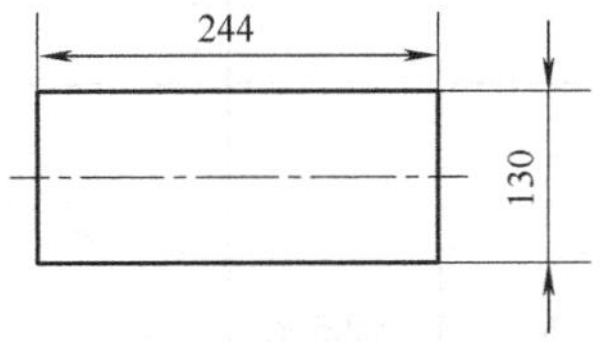

序号	工序名称	工序简图	使用工具	操作要点
1	自由镦粗	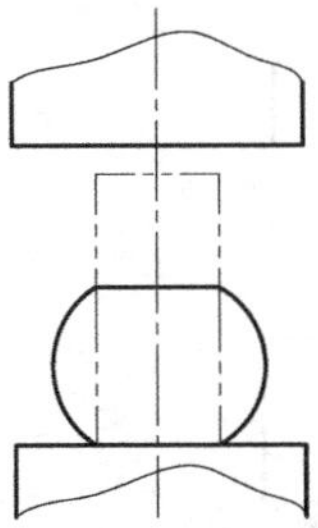	火钳	镦粗后的高度为 90mm
2	局部镦粗	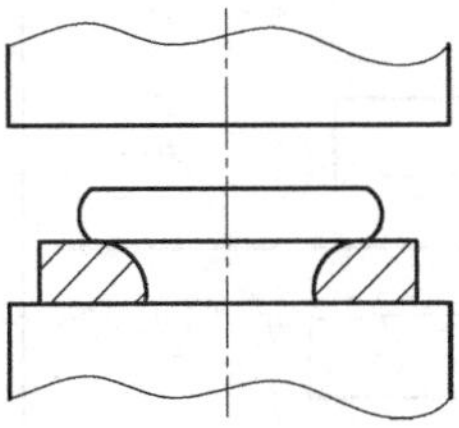	火钳和镦粗漏盘	控制镦粗后的高度为 62mm
3	冲孔	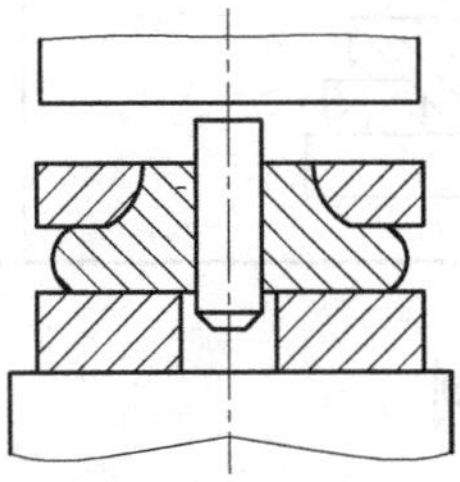	火钳和镦粗漏盘、冲子和冲孔漏盘	(1)注意冲子对中; (2)采用双面冲孔,左图为工件翻转后将孔冲透的情况
4	一次扩孔	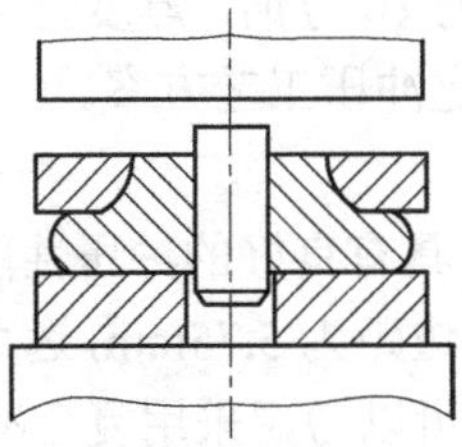	火钳和镦粗漏盘、冲子和扩孔漏盘	注意冲子对中

序号	工序名称	工序简图	使用工具	操作要点
5	二次扩孔		火钳和镦粗漏盘、冲子和扩孔漏盘	注意冲子对中
6	三次扩孔		火钳和镦粗漏盘、冲子和扩孔漏盘	注意冲子对中
7	修整外圆		火钳和冲子	边轻打边旋转锻件，使外圆消除弧形并达到直径为 302mm±5mm
8	修整平面		火钳和镦粗漏盘	轻打(若砧面不平还要边轻打边转动锻件)，使锻件厚度达到62mm±4mm

3.11.2　典型冲压件工艺设计范例

图 3.67 所示的连接板冲裁零件，材料为 10 号钢，厚度为 2mm，该零件年产 10 万件，冲压设备初选为 250kN 开式压力机，要求制定冲压工艺方案。

1. 分析零件的冲压工艺性

(1)材料。10 号钢是优质碳素结构钢，具有良好的冲压性能。

(2)工件结构。该零件形状简单。工件孔边距为 5.75mm，远大于凸凹模允许的最小壁厚(经查相关手册，该最小壁厚值为 4.9mm)，故可以考虑采用复合冲压工序。

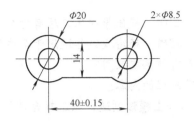

图 3.67　连接板冲裁零件

(3)尺寸精度。零件图上孔心距 40mm±0.15mm 属于 IT12 级，其余尺寸未注公差，属自由尺寸，按 IT14 级确定工件的公差，一般冲压均能满足其尺寸精度要求。

(4)结论。可以冲裁。

2. 确定冲压工艺方案

该零件包括落料、冲孔两个基本工序，可有以下三种工艺方案。

方案一：先落料，后冲孔，采用单工序模生产。

方案二：落料-冲孔复合冲压，采用复合模生产。

方案三：冲孔-落料连续冲压，采用级进模生产。

方案一模具结构简单，但需两道工序两副模具，生产率较低，难以满足该零件的年产量要求。方案二只需一副模具，冲压件的形位精度和尺寸精度容易保证，且生产率也高。尽管模具结构较方案一复杂，但由于零件的几何形状简单、对称，模具制造并不困难。方案三也只需要一副模具，生产率也高，但零件的冲压精度稍差。欲保证冲压件的形位精度，需要在模具上设置导正销导正，故模具制造、安装较复合模复杂。通过对上述三种方案的分析比较，该零件的冲压生产采用方案二为佳。

复习思考题

3-1　什么是金属塑性成形？主要可分为哪几类？有哪些工艺特点？

3-2　锻造比对锻件质量有何影响？锻造比越大，锻件质量是否就越好？

3-3　什么是冷变形和热变形？冷变形和热变形对金属的组织和性能有哪些影响？

3-4　什么是自由锻？自由锻有何工艺特点？

3-5　自由锻可分为哪些工序？

3-6　与自由锻相比，模锻具有哪些特点？

3-7　锻模模镗有哪些类型？

3-8　为什么胎模锻只适用于小批量生产？

3-9　冲压工序可分为哪几类？各类有哪些特点和应用范围？

3-10　冲裁变形过程有哪些阶段？冲裁件的断面有什么特征？

3-11　简述弯曲时应如何选择弯曲半径。

3-12　简述回弹现象对弯曲件质量的影响。

3-13　拉深工序中，易出现哪些质量问题？如何防止？

3-14 翻边、胀形、起伏、压印、旋压等冲压工序有什么共同点？各适用于哪些场合？

3-15 挤压、拉拔、轧制、摆碾、精密模锻各适用于哪些场合？

3-16 什么是超塑性成形？有何主要应用？

3-17 说明自由锻锻造工艺规程的内容。

3-18 图 3.68 所示零件采用锤上模锻制造，试选择合适的分模面位置。

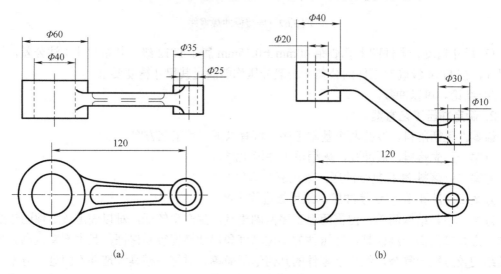

图 3.68 锤上模锻零件

3-19 图 3.69 所示垫圈零件，材料为 10 号钢，板厚 $t=2\text{mm}$，试计算落料和冲孔凸、凹模刃口部分的尺寸，并进行排样设计。

3-20 已知图 3.70 所示拉深件的材料为 10 号钢，板料厚度 $t=2\text{mm}$。试对拉深件进行工艺设计。

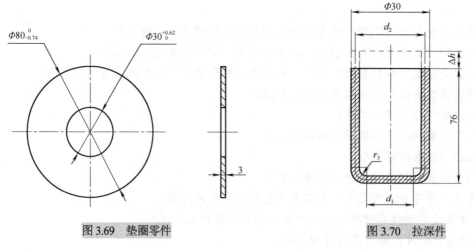

图 3.69 垫圈零件   图 3.70 拉深件

3-21 图 3.71 所示零件的结构是否适合于选择自由锻进行生产？为什么？有哪些需要改进的地方？

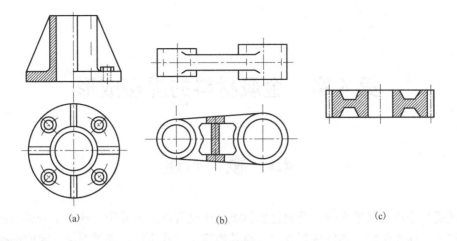

(a)　　　　　　　　　　(b)　　　　　　　　　　(c)

图 3.71　零件

3-22　图 3.72 所示冲压件的结构设计是否合理？如果不合理，请指出如何修改。

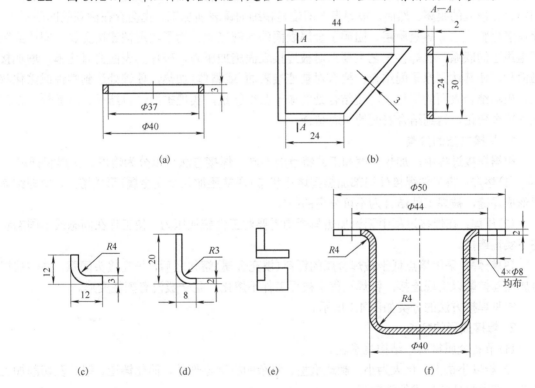

图 3.72　冲压件

第4章　金属材料的焊接成形

4.1　概　述

焊接通常是指金属的焊接,是通过加热或加压也可以两者并用,使两个分离的物体产生原子间结合力而连接成一体的成形方法。与其他连接方式不同,通过焊接实现的连接不仅是一种宏观且永久的连接,而且被连接件之间在微观上建立了组织上的联系。要想使被连接金属之间达到微观组织上的联系,实质上就是要使被连接表面的距离接近,接近到使表面原子间结合力最大的距离。然而,被焊表面即使是精细的镜表面加工,也会存在微观的凹凸不平,存在氧化膜、水分等吸附层,阻碍了金属表面的紧密接触。为了实现被连接金属之间达到微观组织上的联系,在焊接工艺上要么对被连接表面施加压力,破坏其表面的氧化膜,增加接触面积,使其达到原子间结合;要么对被连接表面(或整体)加热,使该处达到塑性或熔化状态,破坏结合表面的氧化膜,使结合处的原子获得能量,实现扩散、再结晶、结晶等一系列化学冶金变化,达到结合表面的微观结合。

1. 焊接方法的分类

根据焊接过程中,加热程度和工艺特点的不同,焊接方法可以分为熔焊、压焊和钎焊。

(1)熔焊:将工件焊接处局部加热到熔化状态(通常还加入填充金属)形成熔池,冷却结晶后形成焊缝,被焊工件结合为不可分离的整体。

(2)压焊:在焊接过程中无论加热与否均需要对工件施加压力,使工件在固态或半固态状态下实现连接。

(3)钎焊:采用熔点低于被焊金属的钎料(填充金属)熔化之后,填充接头间隙,并与被焊金属相互扩散以实现连接。钎焊过程中被焊工件不熔化,且一般没有塑性变形。

常见焊接方法的分类如图 4.1 所示。

2. 焊接成形的特点

(1)节省金属材料,结构重量轻。

(2)能以小拼大,化大为小,制造重型、复杂的机器零部件,简化铸造、锻造及切削加工工艺,获得最佳的技术经济效果。

(3)焊接接头不仅具有良好的力学性能,还具有良好的密封性。

(4)能够制造双金属结构,使材料性能得到充分利用。

焊接成形广泛应用于机器制造、造船工业、建筑工程、电力设备、航空航天等行业中。

焊接成形也存在一些不足之处,如焊接结构不可拆卸,会给维修带来不便;焊接结构中会存在焊接应力和变形;焊接接头的组织和性能往往不均匀,会产生焊接缺陷等。

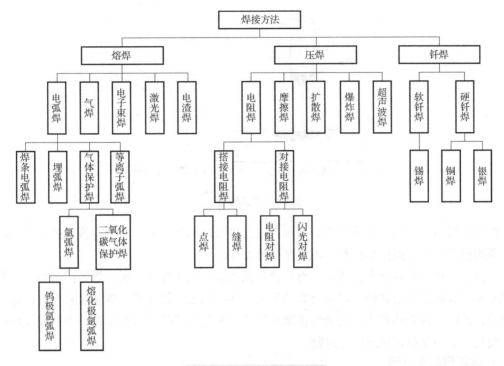

图 4.1　常见焊接方法的分类

4.2　焊接成形基本原理

4.2.1　焊接电弧与电弧焊冶金过程

1. 焊接电弧

电弧焊的热源是焊接电弧，它是在电极与工件之间强烈而持久的气体放电现象，即在电极与工件间的气体介质中有大量电子流过的导电现象。如焊条电弧焊，引弧时先将焊条与工件(两极)瞬时接触短路，造成接触点处形成很大的电流并产生大量的热，再迅速将两极升温至熔化甚至气化状态，随即轻轻抬起焊条使两极分离一定的距离，两极间便产生电子发射，阴极电子射向阳极，同时两极间气体介质电离，形成电弧。电弧形成后，只要维持两极间具有一定的电压，即可维持电弧的稳定燃烧。

电弧具有电压低、电流大、温度高、能量密度大、移动性好等特点，所以是较理想的焊接热源。一般 20～30V 的电压即可维持电弧的稳定燃烧，而电弧中的电流可以从几十安到几千安，以满足不同工件的焊接要求，电弧的温度可达 5000K 以上，可以熔化各种金属。

当使用直流电焊接时，焊接电弧由阴极区、阳极区、弧柱区三个部分组成，如图 4.2 所示。阴极区发射电子，要消耗一定的能量，温度稍低；阳极区因接受高速电子的撞击而获得较高的能量，因而温度升高；在弧柱中从阴极奔向阳极的高速电子与粒子产生强烈碰撞，将大量的热释放给弧柱区，所以弧柱区具有很高的温度。钢焊条焊接钢材时，阴极区平均温度为 2400K，阳极区平均温度为 2600K。弧柱区的长度几乎等于电弧长度，温度可达 6000～8000K。

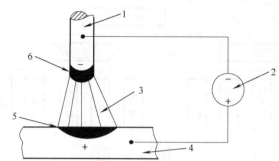

1-电极；2-直流电源；3-弧柱区；4-工件；5-阳极区；6-阴极区

图 4.2　电弧的构造

焊接电弧所使用的电源称为弧焊电源，是由电弧焊机提供的。根据电流种类的不同，焊条电弧焊机可分为交流弧焊机和直流弧焊机两大类。

采用直流弧焊机进行电弧焊时，有两种极性接法：当工件接阳极，焊条接阴极时，称为直流正接，此时工件受热较大，适合焊接厚大工件；当工件接阴极，焊条接阳极时，称为直流反接，此时工件受热较小，适合焊接薄小工件。采用交流弧焊机焊接时，因两极极性不断交替变化，故不存在正接或反接问题。

2. 电弧焊冶金过程

在焊接电弧作用下，母材和焊条不断熔化形成熔池，在高温下，液态金属、熔渣和周围气体之间会发生一系列冶金反应，与普通冶金(炼钢)过程类似，也是金属再冶炼的过程。但由于焊接条件的特殊性，焊接冶金过程又有着与普通冶炼过程不同的特点，主要是焊接冶金温度高，反应激烈，当电弧中有空气侵入时，液态金属会发生强烈的氧化、氮化反应，空气中的水分以及工件表面的油、锈、水在电弧高温下分解出的氢原子会溶入液态金属，导致接头塑性和韧性降低(氢脆)，甚至产生裂纹；在高温下会出现大量金属蒸发以及合金元素烧损现象，导致接头力学性能下降；焊接熔池小，冷却速度快，使各种冶金反应难以达到平衡状态，焊缝中的化学成分不均匀，且熔池中气体、氧化物等来不及浮出，容易形成气孔、夹渣等缺陷，降低接头性能。

综上所述，为了使焊接冶金朝着有利的方向进行，以保证焊缝的质量，在电弧焊过程中通常会采取以下措施。

(1)在焊接过程中，对熔化金属进行机械保护，使之与空气隔绝。保护方式有三种：气体保护、熔渣保护和气渣联合保护。

(2)对焊接熔池进行冶金处理，主要通过在焊接材料(焊条药皮、焊丝、焊剂)中加入一定量的脱氧剂(主要是锰铁和硅铁)和一定量的合金元素，在焊接过程中排除熔池中的 FeO，同时补偿合金元素的烧损。

4.2.2　焊接接头的组织和性能

焊接时，随着焊接热源向前移动，后面的熔池金属迅速冷却结晶而形成焊缝。与此同时，与焊缝相邻两侧一定范围内的金属受到焊缝热传导的作用，被加热至不同温度，离焊缝越近，被加热的温度越高,反之越低。因此,在焊接过程中,靠近焊缝的金属相当于受到一次不同规范的热处理,组织、性能发生了变化,形成了热影响区。焊缝和热影响区统称焊接接头。图 4.3 为低碳钢焊接接头温度分布与组织变化示意图。

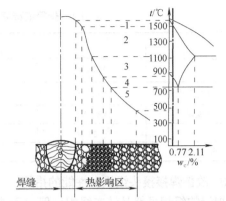

1-熔合区;2-过热区;3-正火区;4-不完全重结晶区;5-再结晶区

图 4.3　低碳钢焊接接头温度分布与组织变化示意图

1. 焊缝的组织和性能

焊缝组织是由熔池金属冷却结晶后得到的铸态组织。熔池金属的结晶一般从液-固交界处形核,垂直于熔池侧壁向熔池中心生长成为柱状晶粒。虽然焊缝是铸态组织,但由于熔池冷却速度较快,所以柱状晶粒并不粗大,加上焊条杂质含量低及其合金化作用,使焊缝化学成分优于母材,所以焊缝金属的力学性能一般不低于母材。

2. 焊接热影响区的组织和性能

根据焊接热影响区各点受热温度的不同,可分为熔合区、过热区、正火区、不完全重结晶区等区域。

(1)熔合区,是焊缝和母材金属的交界区。此区受热温度处于液相线与固相线之间,熔化金属与未熔化的母材金属共存;冷却后,其组织为部分铸态组织和部分过热组织,化学成分和组织极不均匀,因而塑性差、强度低、脆性大。这一区域很窄,只有 0.1~0.4mm,是焊接接头中力学性能最薄弱的部位。

(2)过热区。此区的受热温度为固相线至 1100℃,奥氏体晶粒严重膨大,冷却后得到晶粒粗大的过热组织,塑性、韧性差。过热区也是热影响区中性能最差的部位。

(3)正火区。此区的受热温度为 1100℃~A_{c3}(其中,A_{c3} 是加热时转变为奥氏体的终了温度),焊后空冷使该区内的金属相当于进行了正火处理,故其组织为均匀而细小的铁素体和珠光体组织,塑性、韧性较高,是热影响区中力学性能最好的区域。

(4)不完全重结晶区,也称部分正火区。此区的受热温度为 A_{c3}~A_{c1}(其中,A_{c1} 是加热时珠光体向奥氏体转变的温度),只有部分组织转变为奥氏体,冷却后可获得细小的铁素体和珠光体,部分铁素体未发生相变,因此该区域晶粒大小不均匀,力学性能比正火区差。

(5)再结晶区。此区的受热温度为 A_{c1}~450℃,只有焊接前经过冷塑性变形(如冷轧、冲压等)的母材金属,才会在焊接过程中出现再结晶现象。如果焊前未经过冷塑性变形,则热影响区中就没有再结晶区。

根据焊接热影响区的组织和宽度,可以间接判断焊缝的质量。一般焊接热影响区宽度越小,焊接接头的力学性能越好。热影响区宽度的影响因素有加热的最高温度、相变温度以上的停留时间等。如果被焊工件大小、厚度、材料、接头形式一定,焊接方法的影响也是很大的,表 4.1 将电弧焊与其他熔焊方法的热影响区作了比较。

表 4.1　焊接低碳钢时热影响区的平均尺寸　　　　　　　　　　(单位：mm)

焊接方法	各区平均尺寸			总宽度
	过热区	正火区	部分正火区	
焊条电弧焊	2.2～3.0	1.5～2.5	2.2～3.0	5.9～8.5
埋弧焊	0.8～1.2	0.8～1.7	0.7～1.0	2.3～3.9
气焊	21	4.0	2.0	27
电子束焊	—	—	—	0.05～0.75

3. 改善焊接接头组织和性能的措施

焊缝的组织虽然是铸态组织，但由于按等强度原则选择焊条，所以焊缝金属的强度一般不低于母材，其韧性也接近母材，只是塑性略有降低。焊接接头中塑性和韧性最低的区域为热影响区的熔合区和过热区，这主要是由粗大的过热组织造成的，又由于在这两个区域中，拉应力最大，所以它们是焊接接头中最薄弱的部位，往往成为裂纹发源地。

改善焊接接头特别是热影响区组织和性能的主要措施是：合理选择焊接方法、接头形式与焊接规范，控制合适的焊后冷却速度，以尽量减小热影响区范围，细化晶粒，降低脆性，并可进行焊后热处理(退火或正火)，改善热影响区的组织和性能。另外，应尽量选择低碳且硫、磷含量低的钢材作为焊接结构材料，避免焊接工件表面的油污、水分等，并合理选择焊条等焊接材料。

4.2.3　焊接应力与变形

焊接过程对焊件的不均匀加热除了会引起焊接接头金属组织、性能的变化，还会产生焊接应力和变形。焊接应力和变形会降低焊接结构的使用性能，引起焊接结构形状和尺寸的改变，甚至引起焊接裂纹，导致整个焊接结构破坏。减小焊接应力和变形，可以改善焊接质量，大大提高焊接结构的承载能力。

1. 焊接应力和变形产生的原因

产生焊接应力和变形的根本原因是在焊接过程中工件的不均匀加热和冷却。下面以低碳钢平板的对接焊为例，说明焊接应力和变形的形成过程，如图 4.4 所示。

焊接加热时，钢板上各部位的温度不均匀，焊缝区温度最高，离焊缝越远，温度越低。钢板各区因温度不同将产生大小不等的纵向膨胀。图 4.4(a)所示的虚线表示钢板各区若能自由膨胀的伸长量分布，但钢板是个整体，各区无法自由膨胀，只能使钢板在长度方向上整体伸长 Δl，高温焊缝及邻近区域的伸长受到两侧低温区金属的阻碍而产生压应力(用符号 "–" 表示)，两侧低温区金属则产生拉应力(用符号 "+" 表示)。在焊缝及邻近区域自由伸长受阻产生的压缩变形中，图 4.4(a)所示虚线包围部分的变形量是由于该区温度高、屈服强度低，所受压应力超过金属的屈服强度，而产生的压缩塑性变形。

由于焊缝及邻近区域在高温时已产生了压缩塑性变形，而两侧区域未产生塑性变形，因此在随后的冷却过程中，钢板各区若能自由收缩，焊缝及邻近区域将会缩至图 4.4(b)所示的虚线位置，两侧区域则恢复到焊接前的原长。但这种自由收缩同样无法实现，由于整体作用，钢板的端面将共同缩短至比原始长度短的位置。这样，焊缝及邻近区域收缩受阻而受拉应力作用，其两侧则受到压应力作用。

　　综上所述，低碳钢平板对接焊后的结果是：焊缝及邻近区域产生拉应力，两侧产生压应力，平板整体缩短 $\Delta l'$。这种室温下保留在结构中的焊接应力和变形，称为焊接残余应力和变形。

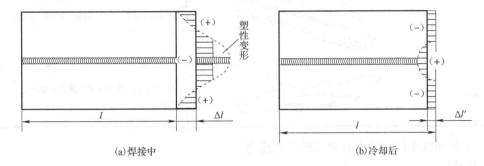

　　(a)焊接中　　　　　　　　　　　　　　　　　　(b)冷却后

图 4.4　低碳钢平板对接焊时应力和变形的形成

　　焊接应力和变形往往是同时存在的，焊接结构中不会只有应力或只有变形。当母材塑性较好且结构刚度较小时，焊接结构在焊接应力的作用下会产生较大的变形而残余应力较小；反之则变形较小而残余应力较大。焊接结构内部的拉应力和压应力总是保持平衡的，当平衡被破坏时(如车削加工)，结构内部的应力会重新分布，变形的情况也会发生变化，从而使预想的加工精度不能实现。

　　焊接变形的本质是焊缝区的压缩塑性变形，而工件因焊接接头形式、焊接位置、钢板厚度、装配焊接顺序等因素的不同，会产生各种不同形式的变形。常见焊接变形的基本形式大致有五种，见表 4.2。

表 4.2　常见焊接变形的基本形式

变形形式	示意图	产生原因
收缩变形	纵向收缩　横向收缩	由焊接后焊缝的纵向(沿焊缝长度方向)和横向(沿焊缝宽度方向)收缩引起
角变形	α	焊缝横截面形状上下不对称，由焊缝横向收缩不均引起
弯曲变形	挠度	T 形梁焊接时，焊缝布置不对称，由焊缝纵向收缩引起

续表

变形形式	示意图	产生原因
扭曲变形		工字梁焊接时，由于焊接顺序和焊接方向不合理而使结构出现扭曲
波浪变形		薄板焊接时，焊接应力使薄板局部失稳而引起波浪变形

2. 预防和减小焊接应力和变形的工艺措施

1) 焊前预热

减小工件上各部分的温差，降低焊缝区的冷却速度，从而减小焊接应力和变形，预热温度一般为400℃以下。

2) 选择合理的焊接顺序

(1) 尽量使焊缝能自由收缩，以减小焊接残余应力。图4.5为一大型容器底板的焊接顺序，若先焊纵向焊缝③，再焊横向焊缝①和②，则焊缝①和②在横向和纵向的收缩都会受到阻碍，焊接应力增大，焊缝交叉处和焊缝上都极易产生裂纹。因此先焊焊缝①和②，再焊焊缝③比较合理。

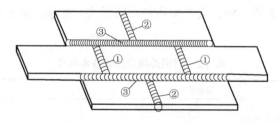

图4.5　大型容器底板的焊接顺序

(2) 对称焊缝采用分散对称焊工艺。长焊缝尽可能采用分段退焊或跳焊的方法进行焊接，以缩短加热时间，降低接头区温度，并使温度分布均匀，从而减小焊接应力和变形，如图4.6、图4.7所示。

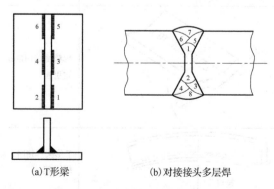

(a) T形梁　　　　　　(b) 对接接头多层焊

图4.6　分散对称的焊接顺序

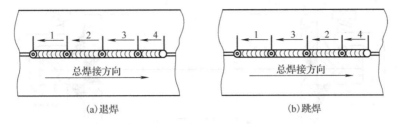

(a)退焊　　　　　　　　　　　　　(b)跳焊

图 4.7　长焊缝的分段焊

3)加热减应区法

铸铁补焊时，在补焊前可对铸件上的适当部位进行加热，以减小对焊接部位伸长的约束；焊后冷却时，加热部位与焊接处一起收缩，从而减小焊接应力。被加热的部位称为减应区，这种方法称为加热减应区法，如图 4.8 所示。利用这个原理也可以焊接一些刚度比较大的工件。

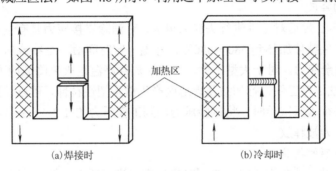

(a)焊接时　　　　　　　　　　　　(b)冷却时

图 4.8　加热减应区法

4)反变形法

焊接前预测焊接变形量和变形方向，在焊前组装时将被焊工件向焊接变形相反方向进行人为变形，以达到抵消焊接变形的目的，如图4.9所示。

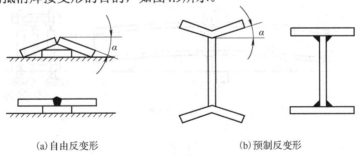

(a)自由反变形　　　　　　　　　　(b)预制反变形

图 4.9　反变形法

5)刚性固定法

利用夹具等强制手段，以外力固定被焊工件来减小焊接变形，如图 4.10 所示。该法能有效减小焊接变形，但会产生较大的焊接应力，所以一般只用于塑性较好的低碳钢结构。

对大型或结构较为复杂的工件，也可以先组装后焊接，即先将工件用点焊或分段焊定位后，再进行焊接。这样可以利用工件整体结构之间的相互约束来减小焊接变形。但这样做也会产生较大的焊接应力。

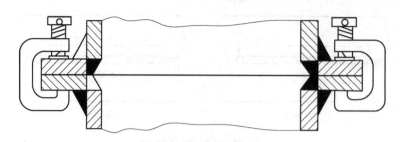

图 4.10　刚性固定法

3. 消除焊接应力和矫正焊接变形的方法与措施

1) 消除焊接应力的方法

(1) 锤击焊缝。焊后用圆头小锤对红热状态下的焊缝进行锤击,可以延展焊缝,从而使焊接应力得到一定的释放。

(2) 焊后热处理。焊后对工件进行去应力退火,对消除焊接应力具有良好效果。将碳素钢或低合金结构钢工件整体加热到 580~680℃,保温一定时间后,空冷或随炉冷却,一般可消除 80%~90% 的残余应力。对于大型工件,可采用局部高温退火来降低应力峰值。

(3) 机械拉伸法。对工件进行加载使焊缝区产生微量塑性拉伸,可以使残余应力降低。例如,压力容器在进行水压试验时,将试验压力加到工作压力的 1.2~1.5 倍,这时焊缝区发生微量塑性变形,应力被释放。

2) 矫正焊接变形的措施

当焊接变形超过设计允许量时,必须对焊件变形进行矫正。矫正变形的基本原理是产生新的变形抵消原来的焊接变形。

(1) 机械矫正变形。利用压力机加压或锤击等机械力产生塑性变形来矫正焊接变形,如图 4.11 所示。这种方法适用于塑性较好、厚度不大的工件。

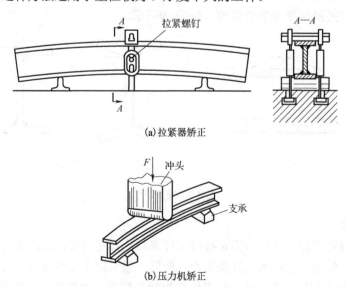

(a) 拉紧器矫正

(b) 压力机矫正

图 4.11　工字梁弯曲变形的机械矫正

(2) 火焰矫正变形。利用金属局部受热后的冷却收缩来抵消已发生的焊接变形。这种方法主要用于低碳钢和低淬硬倾向的低合金钢。火焰矫正一般采用气焊焊炬，无需专门设备，其效果主要取决于火焰加热位置和加热温度。加热方式通常以点状、线状和三角形加热，使金属冷却产生收缩变形，以达到矫正的目的，加热温度通常为 600～800℃。图 4.12 为 T 形梁上拱变形的火焰矫正。

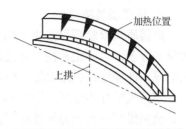

图 4.12　T 形梁上拱变形的火焰矫正

4.2.4　焊接缺陷与检验

1. 焊接缺陷

在焊接生产过程中，由于设计、工艺、操作中各种因素的影响，往往会产生各种焊接缺陷。焊接缺陷不仅会影响焊缝的美观，还有可能会减小焊缝的有效承载面积，造成应力集中，引起断裂，直接影响焊接结构使用的可靠性。表 4.3 列出了常见的焊接缺陷及其产生的原因。

表 4.3　常见的焊接缺陷及其产生的原因

缺陷名称	示意图	特征	产生原因
气孔		焊接时，熔池中过饱和的 H、N 以及冶金反应产生的 CO，在熔池凝固时未能逸出，在焊缝中形成的空穴	焊接材料不清洁；弧长太长，保护效果差；焊接规范不恰当，冷却速度太快；焊前清理不当
裂纹		热裂纹：沿晶界开裂，具有氧化色泽，多在焊缝上，焊后立即开裂；冷裂纹：穿晶开裂，具有金属光泽，多在热影响区，有延时性，可发生在焊后任何时刻	热裂纹：母材硫、磷质量分数高；焊缝冷速太快，焊接应力大；焊接材料选择不当；冷裂纹：母材淬硬倾向大；焊缝含氢量高；焊接残余应力较大
夹渣		焊后残留在焊缝中的非金属夹杂物	焊道间的熔渣未清理干净；焊接电流太小，焊接速度太快；操作不当
咬边		在焊缝和母材交界处产生的沟槽和凹陷	焊条角度和摆动不正确；焊接电流太大，电弧过长
焊瘤		焊接时，熔化金属流淌到焊缝区之外的母材上所形成的金属瘤	焊接电流太大，电弧过长，焊接速度太慢；焊接位置和运条不当
未焊透		焊接接头的根部未完全熔透	焊接电流太小，焊接速度太快；坡口角度太小，间隙过窄，钝边太厚

2. 焊接质量检验

焊接质量检验是焊接生产的重要环节，在焊接之前和焊接过程中，应认真检查影响焊接质量的因素，以防止和减少焊接缺陷的产生；焊后应根据产品的技术要求，对焊接接头的缺陷情况和性能进行成品检验，以确保使用安全。

成品检验分为破坏性检验和非破坏性检验两类。破坏性检验主要包括焊缝的化学成分分析、金相组织分析和力学性能试验，主要用于科研和新产品试生产；非破坏性检验的方法很多，由于不会对产品产生损害，因而在焊接质量检验中占有很重要的地位，常用的非破坏性检验方法如下。

1) 外观检验

用肉眼或借助样板、低倍放大镜(5～20 倍)检查焊缝成形、焊缝外形尺寸是否符合要求，焊缝表面是否存在缺陷，所有焊缝在焊后都要经过外观检验。

2) 致密性检验

对于储存气体、液体、液化气体的各种容器、反应器和管路系统，都要对焊缝和密封面进行致密性试验。

(1)水压试验。主要用于承受较高压力的容器和管道。这种试验不仅用于检查有无穿透性缺陷，也可检验焊缝强度。试验时，先将容器中灌满水，然后将水压提高至工作压力的 1.2～1.5 倍，并保持 5min 以上，再降压至工作压力，并用圆头小锤沿焊缝轻轻敲击，检查焊缝的渗漏情况。

(2)气压试验。用于检查低压容器、管道和船舶舱室等的密封性。试验时将压缩空气注入容器或管道，在焊缝表面涂抹肥皂水，以检查渗漏位置。也可将容器或管道放入水槽，然后向工件中通入压缩空气，观察是否有气泡冒出。

(3)煤油试验。用于不受压的焊缝及容器的检验。在焊缝一侧涂上白垩粉水溶液，待干燥后，在另一侧涂刷煤油。若焊缝有穿透性缺陷，则会在涂有白垩粉的一侧出现明显的油斑，由此可确定缺陷的位置。若在 15～30min 内未出现油斑，即认为合格。

3) 表面缺陷检验

(1)磁粉检验。用于检验铁磁性材料工件表面或近表面处的缺陷(裂纹、气孔、夹渣等)。其原理是将工件放置在磁场中磁化，使其内部通过分布均匀的磁力线，并在焊缝表面撒上细磁铁粉，若焊缝表面无缺陷，则磁铁粉均匀分布，若表面有缺陷，则一部分磁力线会绕过缺陷，暴露在空气中，形成漏磁场，该处会出现磁粉集聚现象。根据磁粉集聚的位置、形状、大小可判断出缺陷的情况。

(2)渗透探伤。该法只适用于检查工件表面难以用肉眼发现的缺陷，对于表层以下的缺陷无法检出。常用荧光检验和着色检验两种方法。

荧光检验是把荧光液(含 MgO 的矿物油)涂在焊缝表面，荧光液具有很强的渗透能力，能够渗入表面缺陷中，然后将焊缝表面擦净，在紫外线的照射下，残留在缺陷中的荧光液会出现黄绿色反光。根据反光情况，可以判断焊缝表面的缺陷状况。荧光检验一般用于非铁合金工件表面的探伤。

着色检验是将着色剂(含有苏丹红染料、煤油、松节油等)涂在焊缝表面，遇到表面裂纹，着色剂会渗透进去。经过一定时间后，将焊缝表面擦净，喷上一层白色显像剂，保持 15～30min

后，若白色底层上显现红色条纹，即表示该处有缺陷存在。

4) 内部缺陷无损探伤

(1) 超声波探伤。该法用于探测材料内部缺陷。超声波具有光波的反射性，在两种介质的界面上会发生反射。当超声波通过探头从工件表面进入内部遇到缺陷和工件底面时，分别发生反射。反射波信号被接收后在荧光屏上出现脉冲波形，根据脉冲波形的高低、间隔、位置，可以判断出缺陷的有无、位置和大小，但不能确定缺陷的性质和形状。超声波探伤主要用于检查表面光滑、形状简单的厚大工件，且常与射线探伤配合使用，用超声波探伤确定有无缺陷，发现缺陷后用射线探伤确定其性质、形状和大小。

(2) 射线探伤。利用 X 射线或γ射线照射焊缝，根据底片感光程度不同检查焊接缺陷。由于焊接缺陷的密度比金属小，故在有缺陷处底片感光度大，显影后底片上会出现黑色条纹或斑点，根据底片上黑色条纹或斑点的位置、形状、大小即可判断缺陷的位置、大小和种类。X 射线探伤宜用于厚度为 50mm 以下的工件，γ射线探伤宜用于厚度为 50～150mm 的工件。

4.3　电　弧　焊

电弧焊是熔焊的一种。利用电弧作为热源的熔焊方法称为电弧焊，简称弧焊。电弧焊是目前应用最广泛的焊接方法，包括焊条电弧焊、埋弧焊、气体保护焊、等离子弧焊等。

4.3.1　焊条电弧焊

焊条电弧焊如图 4.13 所示，它由焊工手工操作焊条进行焊接，是应用最为广泛的金属焊接方法。

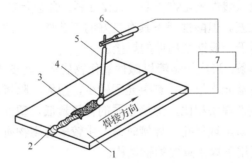

1-工件；2-焊缝；3-渣壳；4-电弧；5-焊条；6-焊钳；7-电源

图 4.13　焊条电弧焊示意图

1. 焊条电弧焊的特点

焊条电弧焊所用焊接设备简单，应用灵活方便，可以进行各种位置及各种不规则焊缝的焊接；焊条产品系列完整，可以焊接大多数常用金属材料。但焊条载流能力有限（20～500A），焊接厚度一般为 3～20mm，生产率较低。由于是手工操作，焊接质量很大程度上取决于焊工的操作技能，且焊工需要在高温、尘雾环境下工作，劳动条件差，强度大。另外，焊条电弧焊不适合焊接一些活泼金属、难熔金属及低熔点金属。

2. 焊条

1)焊条的组成与作用

焊条是焊条电弧焊所使用的熔化电极与焊接材料,它由芯部的金属焊芯和表面药皮涂层组成。

(1)焊芯。其作用一是作为电极,导电产生电弧,形成焊接热源;二是熔化后作为填充金属成为焊缝的一部分,其化学成分和质量直接影响焊缝质量。几种焊接常用钢丝的牌号和化学成分见表4.4。牌号中"H"是"焊"字拼音首位大写,后面的两位数字表示碳质量分数的万分数,尾部字母"A""E"分别表示优质钢、高级优质钢。焊条直径用焊芯直径表示,一般为1.6~8.0mm,其中以3.2~5.0mm的焊条应用最广,焊条长度通常为300~450mm。

表4.4　焊接常用钢丝的牌号和化学成分(摘自 GB/T 14957—1994)

牌号	质量分数 w/%							
	w_C	w_{Mn}	w_{Si}	w_{Cr}	w_{Ni}	w_{Cu}	w_S	w_P
H08A	≤0.10	0.30~0.55	≤0.03	≤0.20	≤0.30	≤0.20	≤0.030	≤0.030
H08E	≤0.10	0.30~0.55	≤0.03	≤0.20	≤0.30	≤0.20	≤0.020	≤0.020
H08MnA	≤0.10	0.80~1.10	≤0.07	≤0.20	≤0.30	≤0.20	≤0.030	≤0.030

(2)药皮。药皮在焊接过程中的主要作用是保证电弧稳定燃烧;造气、造渣以隔绝空气,保护熔化金属;对熔化金属进行脱氧、去硫、渗入合金元素等。将各种原料粉末如碳酸钾、碳酸钠、大理石、萤石、锰铁、硅铁、钾钠水玻璃等,按其作用以一定比例配成涂料,压涂在焊芯表面以形成药皮。

2)焊条的种类

焊条按熔渣性质的不同分为酸性焊条和碱性焊条两大类。

酸性焊条形成的熔渣以酸性氧化物居多,氧化性强,合金元素烧损大,焊缝中含氢量高,塑性和韧性不高,抗裂性差。但酸性焊条具有良好的工艺性,对油污、水、锈不敏感,交直流电源均可用,广泛应用于一般钢结构件的焊接。

碱性焊条又称低氢焊条,形成的熔渣以碱性氧化物居多,药皮成分主要为大理石和萤石,并含有较多铁合金,其有益元素较多,有害元素较少,脱氧、除氢、渗合金作用强,使焊缝力学性能得到提高,与酸性焊条相比,焊缝金属的含氢量低,塑性与抗裂性好。但碱性焊条对油污、水、锈较敏感,易出现气孔,焊接时易产生较多有毒物质,且电弧稳定性差,一般要求采用直流电源,主要用于焊接重要的钢结构。

焊条按用途及成分的分类见表4.5。

表4.5　焊条类别

焊条按用途分类(行业标准)			焊条按成分分类(国际标准)		
类别	名称	代号	国家标准编号	名称	代号
一	结构钢焊条	J(结)	GB/T 5117—2012	非合金钢及细晶粒钢焊条	E
二	钼和铬钼耐热钢焊条	R(热)	GB/T 5118—2012	热强钢焊条	
三	低温钢焊条	W(温)			
四	不锈钢焊条	G(铬)A(奥)	GB/T 983—2012	不锈钢焊条	

续表

	焊条按用途分类(行业标准)			焊条按成分分类(国际标准)	
类别	名称	代号	国家标准编号	名称	代号
五	堆焊焊条	D(堆)	GB/T 984—2001	堆焊焊条	ED
六	铸铁焊条	Z(铸)	GB/T 10044—2022	铸铁焊条及焊丝	EZ
七	镍及镍合金焊条	Ni(镍)	GB/T 13814—2008	镍及镍合金焊条	ENi
八	铜及铜合金焊条	T(铜)	GB/T 3670—2021	铜及铜合金焊条	ECu
九	铝及铝合金焊条	L(铝)	GB/T 3669—2001	铝及铝合金焊条	EL
十	特殊用途焊条	TS(特)	—	—	—

3)焊条的牌号与型号

焊条型号是国家标准中的焊条代号，如 E4303、E5015、E5016 等，见国家标准 GB/T 5117—2012。焊条牌号是焊条行业统一的焊条代号，如 J422(结 422)、Z248(铸 248)等，牌号中，以大写拼音字母或汉字表示焊条的类别，如"J"(结)表示结构钢焊条，"Z"(铸)表示铸铁焊条。后面的三位数字中，前两位表示焊缝金属的强度、化学成分、工作温度等性能，如"42"表示结构钢焊缝金属的抗拉强度(R_m)不低于 420MPa，"24"表示铸铁焊缝金属主要化学成分的组成类型与牌号编号；第三位表示焊条药皮的类型和焊接电源，如"2"表示氧化钛钙型药皮，交流、直流电源均可使用，"7"表示石墨型药皮，交流、直流电源均可使用。

焊条药皮类型及焊接电源种类编号见表4.6。

表 4.6　焊条药皮类型及焊接电源种类编号

编号	0	1	2	3	4	5	6	7	8
药皮类型	不规定	氧化钛型酸性	氧化钛钙型酸性	钛铁矿型酸性	纤维素型酸性	低氢钾型碱性	低氢钠型碱性	石墨型	盐基型
电源种类	—	交直流	交直流	交直流	交直流	交流/直流反接	直流反接	交直流	直流反接

3. 焊接成形工艺设计

焊接成形工艺设计是根据被焊工件的结构尺寸、技术要求、生产批量及使用性能等，合理确定焊缝空间位置、接头和坡口形式，绘制焊接工艺图，并选择焊条种类，确定焊接工艺参数，绘出焊接接头及坡口形式简图和装焊顺序简图。

1)焊缝空间位置、接头和坡口形式

(1)焊缝空间位置。焊缝有平焊缝、横焊缝、立焊缝和仰焊缝四种，如图 4.14 所示。其中平焊缝的施焊操作最方便，焊接质量最容易保证，应尽量采用。

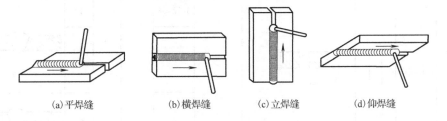

(a)平焊缝　　　　(b)横焊缝　　　　(c)立焊缝　　　　(d)仰焊缝

图 4.14　焊缝空间位置

(2) 接头。基本形式有对接接头、角接接头、T 形接头和搭接接头四种，如图 4.15(a)所示。其中对接接头是焊接结构中使用最多的一种形式，其热影响区小，应力分布比较合理，施焊方便，焊接质量容易保证，应尽量采用。

(3) 坡口。基本形式有 I 形(不开坡口)、V 形、双 V 形、U 形、双 U 形，如图 4.15(b)所示。通常，焊条电弧焊且对接板厚为 6mm 以下时可不开坡口。

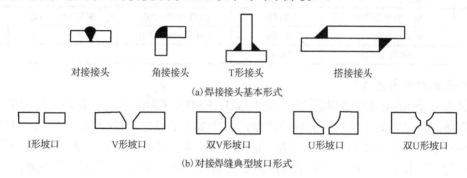

对接接头　　　角接接头　　　T形接头　　　　　搭接接头

(a)焊接接头基本形式

I形坡口　　　V形坡口　　　双V形坡口　　　U形坡口　　　双U形坡口

(b)对接焊缝典型坡口形式

图 4.15　接头与坡口基本形式

2)焊接工艺图

焊接工艺图是根据焊接结构设计图，使用规定的焊缝符号、画法、标注等画出的图形，图中必须表达出对焊缝的工艺要求。

(1)焊缝符号。为使图样清晰，并减轻绘图工作量，一般采用一些符号对焊缝进行标注，见表 4.7。焊缝符号通过指引线标注在焊缝位置上，如图 4.16 所示，指引线包括箭头线和基准线，箭头线指在焊缝处。对单面坡口焊缝，箭头线指向焊缝带有坡口的一侧，基准线则由一条实线和一条虚线组成，虚线可以画在实线的下方或上方，表示焊缝横截面形状的尺寸(如对接缝宽 b 等)标在基准线的实线上；对双面坡口焊缝，基准线则只有一条实线。

(2)焊接工艺图的内容。其主要表达出各构成件的形状及构成件间的相互关系；各构成件的焊接装配尺寸及有关板厚、型材规格；焊缝的图形符号和尺寸；焊接工艺要求等。

表 4.7　对接焊缝符号标注举例(摘自 GB/T 985.1—2008)

母材厚度 t/mm	坡口/接头种类	基本符号	横截面示意图	坡口角α/坡口倒角β	间隙 b	钝边 c	坡口深度 h	适合的焊接方法	焊缝示意图	备注
$3<t\leqslant8$	I 形坡口	‖		—	$3\leqslant b\leqslant8$	—		13		必要时加衬垫
					$\approx t$			141		
$\leqslant15$				—	0	—		52		—

续表

母材厚度 t/mm	坡口/接头种类	基本符号	横截面示意图	尺寸				适合的焊接方法	焊缝示意图	备注
				坡口角α/坡口倒角β	间隙b	钝边c	坡口深度h			
5≤t≤40	V形坡口			α≈60°	1≤b≤4	2≤c≤4	—	111 13 141		—
>12	U形坡口			8°≤β≤12°	b≤4	≤3	—	111 13 141		—
					1≤b≤3	≈5	—	111 13		封底
>12	V-V形组合坡口			60°≤α≤90° 10°≤β≤15°	2≤b≤4	>2	—	111 13 141		

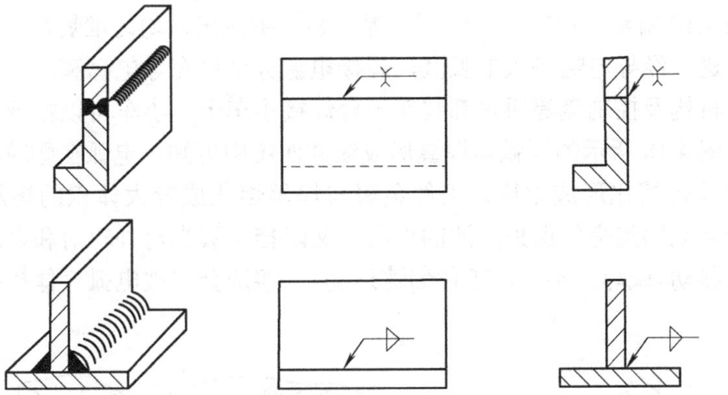

(a)焊缝　　　(b)焊缝正面标注方法　　　(c)焊缝剖面标注方法

图 4.16　焊缝符号标注方法

3)焊条的选用

焊条的选用直接影响焊接质量和经济效益,应主要保证焊缝和母材具有相同水平的使用性能,具体应遵循以下原则。

(1)考虑母材的力学性能和化学成分。焊接低碳钢和低合金结构钢时,应根据焊接件的抗拉强度选择相应强度等级的焊条,即等强度原则;焊接耐热钢、不锈钢等材料时,应选择与焊接件化学成分相同或相近的焊条,即等成分原则。

(2)考虑焊接结构的使用条件和特点。对于承受动载荷或冲击载荷的焊接件或结构复杂、大厚度的焊接件,为保证焊缝具有较高的塑性和韧性,应选择碱性焊条。

(3)考虑焊条的工艺性。对于焊前清理困难,且容易产生气孔的焊接件,应当选择酸性焊条；如果母材中碳、硫、磷含量较高，则应选择抗裂性较好的碱性焊条。

（4）考虑焊接设备条件。如果没有直流弧焊机，则只能选择交直流两用的焊条。

4）焊接工艺参数

焊接工艺参数主要包括焊条直径、焊接电流、电弧长度、焊接速度等，工艺参数的选择会严重影响焊接质量与生产率。

（1）焊条直径，主要根据工件厚度来选择，一般工件越厚，焊条直径应越大。另外，选择时还需考虑接头形式、焊缝空间位置和焊接层数等因素。

（2）焊接电流，是焊条电弧焊最重要的工艺参数，直接影响焊接质量。焊接电流主要根据焊条直径来选择，焊条直径越大，焊接电流也越大。另外，还需考虑药皮类型、工件厚度、焊缝空间位置、接头形式等因素。

此外，电弧长度、焊接速度等由操作者根据实际情况灵活掌握。

4.3.2 埋弧焊

电弧埋在焊剂层下燃烧进行焊接的方法称为埋弧焊，其引弧、焊丝送进、移动电弧、收弧等动作一般由机械自动完成，故通常又称埋弧自动焊。

1. 埋弧焊的焊接原理与特点

1）埋弧焊的焊接原理

埋弧焊如图 4.17 所示，焊接时，焊剂从焊剂漏斗中流出，均匀堆敷在工件表面，焊丝由送丝机构自动送进，经导电嘴进入电弧区，焊接电源分别接在导电嘴和工件上以产生电弧，焊剂漏斗、送丝机构及控制盘等通常都装在一台焊接小车上，小车可以按调定的速度沿着焊缝自动行走。由图 4.18 所示的埋弧焊焊缝形成纵截面图中可知，电弧在颗粒状的焊剂层下燃烧，电弧周围的焊剂熔化形成熔渣，工件金属与焊丝熔化成较大体积的熔池，熔池被熔渣覆盖，熔渣既能起到隔绝空气保护熔池的作用，又阻挡了弧光对外辐射和金属飞溅，焊机带着焊丝均匀向前移动(或焊机不动，工件匀速运动)，熔池金属被电弧气体排挤向后堆积形成焊缝。

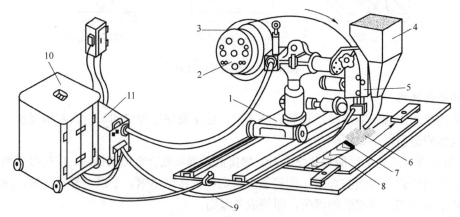

1-焊接小车；2-控制盘；3-焊丝盘；4-焊剂漏斗；5-焊接机头；
6-焊剂；7-渣壳；8-焊缝；9-焊接电缆；10-焊接电源；11-控制箱

图 4.17　埋弧焊示意图

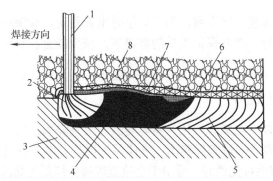

1-焊丝；2-电弧；3-工件；4-熔池；5-焊缝；6-渣壳；7-液态熔渣；8-焊剂

图 4.18　埋弧焊焊缝形成纵截面图

2) 埋弧焊的特点

与焊条电弧焊相比，埋弧焊具有如下优点。

(1) 生产率高。焊接电流高达 1000A，比焊条电弧焊大得多，一次熔深大，焊接速度快，且焊接过程可连续进行，无须频繁更换焊条，因此生产率比焊条电弧焊高 5~20 倍。

(2) 焊接质量好。熔渣对熔化金属的保护严密，冶金反应较彻底，且焊接工艺参数稳定，焊缝成形美观，焊接质量稳定。

(3) 节省焊接材料。电弧能量集中，飞溅小，厚度为 24mm 以下的钢板焊接时可不开坡口，无焊条头的浪费，多余焊剂可回收使用。

(4) 劳动条件好。焊接时没有弧光辐射，焊接烟尘小，焊接过程自动进行。

但埋弧焊也有一定的局限性，只适于平焊焊接以及批量生产的中厚板(厚度为 6~60mm)结构的长直焊缝和直径为 250mm 以上的环形焊缝。对于一些形状不规则的焊缝及薄板，无法焊接，也难以焊接铝、钛等氧化性强的金属和合金。适焊材料主要是碳素钢、低合金结构钢、不锈钢和耐热钢以及镍、铜合金等。

2. 焊接材料与焊接工艺

1) 焊接材料

焊接材料包括焊剂和焊丝。

(1) 焊剂的作用与焊条药皮相似，按熔渣性质分为酸性、中性和碱性焊剂三大类，酸性和碱性焊剂的特点与焊条药皮类似，中性焊剂介于两者之间。焊剂品牌有高锰高硅型、中锰中硅型、低锰型、无锰型、硅锰烧结型等。

(2) 焊丝的作用与焊芯相似，常用焊丝直径为 1.6~6mm，它除作为电极和填充金属外，还具有脱氧、去硫、渗合金等冶金处理作用。其牌号有 H08MnA、H08Mn2、H08A 等。

2) 焊接工艺

为提高焊接质量，埋弧焊要求比焊条电弧焊更仔细地准备坡口并清理油污、锈蚀、氧化皮和水分。焊接装配时要求工件间隙均匀、高低平整不错边。为易于焊透，减小焊接变形，应尽量采用双面焊；在只能采用单面焊时，为防止烧穿并保证焊缝的反面成形，应采用反面衬垫。

埋弧焊时，必须根据焊接工件材料和厚度，正确选配焊丝和焊剂，合理选择焊丝直径、焊接电流和焊接速度等焊接工艺参数,保证焊接时电弧稳定、焊缝成形好、内部无缺陷,以获得高质量的埋弧焊焊缝,并在保证质量的前提下,减少能量和材料消耗,降低成本,提高生产率。

4.3.3 气体保护电弧焊

气体保护焊是用气体将电弧、熔化金属与周围的空气隔离,防止空气与熔化金属发生冶金反应,以保证焊接质量。与埋弧焊相比,气体保护焊具有以下特点。

(1)采用明弧焊,熔池可见性好,适用于全位置焊接,焊后无熔渣,有利于焊接过程实现机械化、自动化。

(2)电弧在保护气流压缩下燃烧,热量集中,焊接热影响区窄,工件变形小,尤其适用于薄板焊接。

(3)可焊材料广泛,可用于各种黑色金属和非铁合金的焊接。气体保护电弧焊的保护气体有两种:一种是惰性气体,如氩气(Ar)、氦气(He)等;另一种是活性气体,如 CO_2 气体等。

1. 氩弧焊

氩弧焊是利用氩气(Ar)作为保护气体的电弧焊。高温下,氩气不与金属发生化学反应,也不溶入金属,因此机械保护作用好,电弧稳定性好,金属飞溅小,焊接质量高。但氩弧焊设备较复杂,且氩气成本高,故氩弧焊成本较高。其主要用于易氧化的非铁合金和合金钢的焊接,如铝、镁、钛及其合金以及不锈钢、耐热钢等。氩弧焊按所用电极的不同,可分为钨极(非熔化极)氩弧焊和熔化极氩弧焊两种,如图4.19所示。

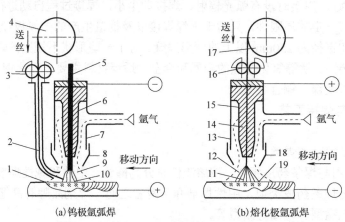

(a)钨极氩弧焊   (b)熔化极氩弧焊

1、19-熔池；2、15-焊丝；3、16-送丝滚轮；4、17-焊丝盘；5-钨极；
6、14-导电嘴；7、13-焊炬；8、18-喷嘴；9、12-氩气流；10、11-电弧

图4.19 氩弧焊示意图

1)钨极氩弧焊

如图4.19(a)所示,以高熔点的钍钨棒或铈钨棒作电极。焊接时,钨极与焊件之间产生电弧,熔化金属。由于钨的熔点高达3410℃,焊接时钨棒基本不熔化,只是作为电极起导电作用,填充金属需另外添加,故又称为非熔化极氩弧焊。氩气通过喷嘴进入电弧区将电极、工件、焊丝端部与空气隔绝开。

采钨极氩弧焊焊接钢、钛及铜合金时，应采用直流正接，这样可使钨极处在温度较低的负极，减小其熔化烧损，同时也有利于工件的熔化；但在焊接铝、镁合金时，只有在工件接负极，工件表面受正离子的撞击时，才能使工件表面的 Al_2O_3、MgO 等氧化膜被击碎，从而保证工件的焊合。但这样会使钨极烧损严重，因此通常采用交流电源，可在工件接正极时(即交流电的正半周)使钨极得到一定的冷却，从而减少其烧损。另外，为了减少钨极的烧损，焊接电流不宜过大，所以钨极氩弧焊通常只适用于厚度为 0.5～6mm 的薄板焊接。

钨极氩弧焊的焊接工艺参数主要包括钨极直径、焊接电流、电源种类和极性、喷嘴直径和氩气流量、焊丝直径等。

2) 熔化极氩弧焊

如图 4.19(b)所示，以连续送进的焊丝作为电极并兼作填充金属，焊丝在送丝滚轮的输送下，进入导电嘴，与工件之间产生电弧，并不断熔化，形成很细小的熔滴，以喷射形式进入熔池，与熔化的母材一起形成焊缝。

与钨极氩弧焊不同，熔化极氩弧焊均采用直流反接，以提高电弧的稳定性，因此可采用较大的电流焊接 25mm 以下厚度的工件。直流反接对铝件的焊接十分有利，例如，以 450A 电流焊接铝合金时，不开坡口可一次焊透20mm，而同样厚度用钨极氩弧焊时，要焊 6～7 层。

熔化极氩弧焊的焊接工艺参数主要有焊丝直径、焊接电流、电弧电压、送丝速度、保护气体的流量等。

2. 二氧化碳气体保护焊

二氧化碳气体保护焊是以 CO_2 为保护气体的熔化极电弧焊，如图 4.20 所示。采用 CO_2 作为保护气，一方面，CO_2 可以将电弧、熔化金属与空气机械地隔离；另一方面，在电弧的高温作用下，CO_2 会分解为 CO 和 O_2，因而具有较强的氧化性，会使 Mn、Si 等合金元素烧损，焊缝增氧，力学性能下降，还会形成气孔。另外，由于 CO_2 气流的冷却作用及强烈的氧化反应，会产生电弧稳定性差、金属飞溅大、弧光强、烟雾大等问题，因此二氧化碳气体保护焊不宜用于焊接高合金钢和非铁合金，主要用于焊接低碳钢和低合金结构钢。为补偿合金元素烧损和充分脱氧防止气孔，需采用含 Si、Mn 等合金元素的焊丝，如 H08Mn2Si、H08Mn2SiA 等。为减小飞溅，保持电弧稳定，宜使用直流反接。

二氧化碳气体保护焊所用 CO_2 气体价格低，因而焊接成本低，仅为焊条电弧焊和埋弧焊的 40%～50%；而且 CO_2 电弧穿透能力强，熔深大，焊接速度快，生产率比焊条电弧焊高 1～4 倍。

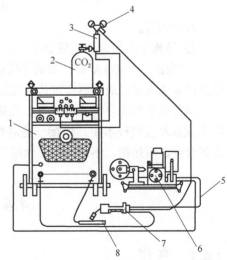

1-焊接电源及控制箱；2-CO_2气瓶；3-预热干燥器；
4-气阀；5-焊丝；6-送丝机构；7-焊枪；8-工件

图 4.20　CO_2 气体保护焊示意图

CO_2 气体保护焊的焊接工艺参数包括焊丝直径、焊接电流、电弧电压、送丝速度、电源极性、焊接速度和保护气体的流量等。直径为 0.6～1.2mm 的细焊丝，适合焊接 0.8～4mm 厚的薄板，生产中应用较多；直径为 1.6～4mm 的粗焊丝，适合焊接 3～25mm 厚的中厚板，生产中应用较少。

4.3.4 等离子弧焊

等离子弧发生装置如图 4.21 所示，在钨极 1 与焊件 5 之间加一高压产生电弧后，电弧通过水冷喷嘴产生机械压缩效应，在一定压力和流量的冷气流（氩气）的均匀包围下产生热压缩效应，以及在带电粒子流自身磁场电磁力的作用下产生电磁收缩效应，弧柱被压缩，截面减小，电流密度提高，使弧柱气体完全处于电离状态，这种完全电离的气体称为等离子体，被压缩的能量高度集中的电弧称为等离子弧，其温度可达 30000K。等离子弧被广泛应用于焊接、切割等领域。

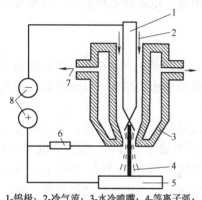

1-钨极；2-冷气流；3-水冷喷嘴；4-等离子弧；
5-焊件；6-电阻；7-冷却水；8-直流电源

图 4.21 等离子弧发生装置原理图

利用电弧压缩效应，获得较高能量密度的等离子弧进行焊接的方法，称为等离子弧焊接，它实际上是一种具有压缩效应的钨极氩弧焊。它除具有钨极氩弧焊的一些特点外，还具有以下特点。

(1) 等离子弧能量密度大，弧柱温度高，电弧挺直度好，一次熔深大，生产率高。焊接 12mm 以下钢板可不开坡口、装配不留间隙，焊接时不加填充金属，可单面焊、双面成形。

(2) 等离子弧稳定，热量集中，热影响区小，焊接变形小，焊接质量高。

(3) 电流小到 0.1A 时，等离子弧仍能稳定燃烧，并保持良好的挺直度和方向性，因而可以焊接金属薄箔，最小厚度可达 0.025mm。

但等离子弧焊存在设备复杂、投资高、气体消耗量大等问题，目前生产上主要应用于国防工业以及尖端技术中，焊接一些难熔、易氧化、热敏感性强的材料，如 Mo、W、Cr、Ti 及其合金、耐热钢、不锈钢等，也用于焊接质量要求较高的一般钢材和非铁合金。

4.4 非电弧熔焊

4.4.1 气焊

气焊是利用可燃气体在氧气中燃烧时所产生的热量，将母材焊接处熔化而实现连接的一种熔焊方法。

生产中常用的可燃气体有乙炔、液化石油气等。以乙炔为例，其在氧气中燃烧时的火焰温度可达 3200℃。氧乙炔火焰有中性焰、碳化焰和氧化焰三种。

(1) 中性焰。氧气与乙炔体积混合比为 1～1.2。乙炔充分燃烧，焰内无过量氧和游离碳，适用于焊接低、中碳钢和纯铜、青铜、铝合金等材料。

(2)碳化焰。氧气和乙炔体积混合比小于 1。乙炔过剩，适用于焊接高碳钢、铸铁等材料。

(3)氧化焰。氧气与乙炔体积混合比大于 1.2。氧气过剩，对熔池有氧化作用，一般不宜采用，只适用于黄铜等材料的焊接。

气焊时，应根据工件材料选择焊丝和气焊熔剂。气焊的焊丝只作为填充金属，与熔化的母材一起组成焊缝金属。焊接低碳钢时，常用的焊丝有 H08、H08A 等，焊丝直径根据工件厚度选择，一般与工件厚度不宜相差太大。气焊熔剂的作用是保护熔化金属，去除焊接过程中形成的氧化物，增加液态金属的流动性。

与电弧焊比较，气焊火焰温度低，加热速度慢，焊接热影响区宽，焊接变形大；且在焊接过程中，熔化金属受到的保护差，焊接质量不易保证，因而其应用已很少。但气焊具有无需电源、设备简单、费用低、移动方便、通用性强等特点，因而在无电源场合和野外工作时具有一定的实用价值。目前，主要用于碳钢薄板(厚度为 0.5～3mm)、黄铜的焊接和铸铁的补焊。

4.4.2　电子束焊

电子束焊是一种高效率的熔焊方法，即经过聚焦的高速运动的电子束，在撞击工件时，动能转化为热能，从而使工件连接处熔化形成焊缝，如图 4.22 所示。

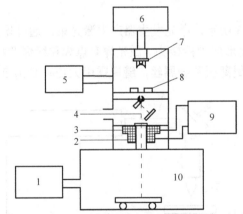

1-工作室真空系统；2-偏转线圈；3-聚焦线圈；4-光学观察系统；5-电子枪室真空系统；
6-高压电源；7-阴极；8-阳极；9-聚焦、偏转电源；10-工作台及转动系统

图 4.22　电子束焊示意图

电子束焊机的核心是电子枪，完成电子的产生、电子束的形成和汇聚，主要由灯丝、阴极、阳极、聚焦线圈等组成。灯丝通电升温并加热阴极，当阴极温度达到 2400K 左右时即发射电子，在阴极和阳极之间的高压电场作用下，电子被加速(约为 1/2 光速)，穿过阳极孔射出，然后经聚焦线圈，汇聚成直径为 0.8～3.2mm 的电子束射向工件，并在工件表面将动能转化为热能，使工件连接处迅速熔化，经冷却结晶后形成焊缝。

一般按焊接工作室(工件放置处)真空度的不同，分为真空电子束焊和非真空电子束焊(另加惰性气体保护罩或喷嘴)，以真空电子束焊应用最多。

真空电子束焊具有如下优点。

(1) 在真空环境下焊接，金属不与空气作用，保护作用好，适于化学活泼性强的金属焊接，且接头强度高。

(2) 电子束能量密度大，最高可达 $5×10^8 W/cm^2$，为普通电弧的 5000~10000 倍，热量集中，热效率高，焊接速度快，焊缝窄而深，热影响区小，焊接变形极小。

(3) 接头不开坡口，装配不留间隙，焊接时不加填充金属，接头光滑整洁。

(4) 电子束焦点半径可调节范围大、控制灵活、适应性强，可焊接 0.05mm 的薄件，也可进行其他焊接方法难以进行的深入、穿入成形焊接。真空电子束焊特别适合焊接一些难熔金属、活性或高纯度金属以及热敏感性强的金属。但其设备复杂，成本高，工件尺寸受真空室限制，装配精度要求高，且易激发 X 射线，焊接辅助时间长，生产率低，这些缺点都限制了真空电子束焊的应用。

4.4.3　激光焊

激光是物质受激励后产生的波长、频率、方向完全相同的光束。激光具有单色性好、方向性好、能量密度高的特点，激光经透射镜或反射镜聚焦后，可获得直径小于 0.01mm、功率密度高达 $10^{13} W/cm^2$ 的能束，可以作为焊接、切割、钻孔及表面处理的热源。产生激光的物质有固体、半导体、液体、气体等，其中用于焊接、切割等工业加工的主要是钇铝石榴石(YAG)固体激光和 CO_2 气体激光。

激光焊示意图如图 4.23 所示，激光发生器产生激光束，通过聚焦系统聚焦在工件上，光能转化为热能，使金属熔化形成焊接接头。激光焊有点焊和缝焊两种。点焊采用脉冲激光器，主要焊接 0.5mm 以下的金属薄板和金属丝，缝焊需用大功率 CO_2 连续激光器。

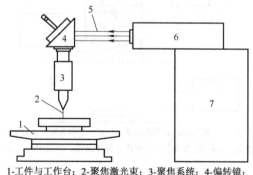

1-工件与工作台；2-聚焦激光束；3-聚焦系统；4-偏转镜；
5-激光束；6-激光发生器；7-电源控制装置

图 4.23　激光焊示意图

激光焊的主要优点如下。

(1) 激光通过光纤传输，焊接过程中与工件无机械接触，对工件无污染。

(2) 能量密度高，可实现高速焊接，接缝间隙、热影响区和焊接变形都很小，特别适用于焊接微型、密集排列、精密、对热敏感的工件。

(3) 激光可在不同介质下工作，还能穿过透明材料对内部材料进行焊接，可直接焊接绝缘导体，不必预先剥掉绝缘层。

(4)可焊接几乎所有的金属与非金属材料，可实现性能差别较大的异种材料间的焊接。

(5)激光束经透镜聚焦后，直径只有 1～2mm，借助平面反射镜可实现弯曲传输，可对一般焊接方法难以到达的部位进行焊接，即可达性好。

但是，激光焊设备昂贵，能量转化率低(5%～20%)，功率较小，工件厚度受到一定限制，且对工件接口加工、组装、定位要求均很高，从而使其应用有一定局限性。目前主要用于电子工业和仪表工业中微型器件的焊接，以及硅钢片、镀锌钢板等的焊接。

4.4.4　电渣焊

电渣焊是利用电流通过液态熔渣产生的电阻热进行焊接的熔焊方法。

电渣焊的焊接过程如图 4.24 所示，电渣焊工件的焊缝应置于垂直位置，接头相距 25～35mm，两侧装有冷却滑块，工件下端和上端分别装有引弧板和引出板。焊接时，将颗粒状焊剂装入接头空间至一定高度，然后焊丝在引弧板上引燃电弧，熔化焊剂形成渣池。渣池达到一定深度后，将焊丝插入渣池，电弧熄灭，依靠电流通过渣池产生的电阻热(渣池温度可达 1700～2000℃)熔化工件和焊丝，在渣池下面形成熔池，进入电渣焊过程。随着熔池和渣池上升，冷却滑块也同时向上移动，渣池则始终浮在熔池上面作为加热的前导，熔池底部冷却结晶，形成焊缝。

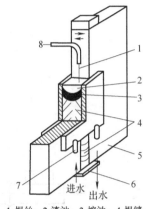

1-焊丝；2-渣池；3-熔池；4-焊缝；
5-焊件；6-冷却水管；7-冷却滑块；8-焊枪

图 4.24　电渣焊的基本过程

电渣焊具有以下优点。

(1)焊接厚件时生产率高。厚大截面无须开坡口，留 25～35mm 间隙即可一次焊成，节约焊接材料和工时。

(2)焊缝金属纯净。渣池覆盖熔池，保护严密，熔池停留时间长，冶金过程完善，熔池金属自下而上结晶，低熔点夹杂物和气体容易排出，不易产生气孔、夹渣等缺陷。

由于焊接熔池大，冷却缓慢，高温停留时间长，焊缝及热影响区范围宽，晶粒粗大，易形成过热组织，因此接头力学性能下降，焊后通常须进行正火处理，以细化晶粒、改善工件性能。另外，电渣焊总是以立焊方式进行，不能平焊，且不适宜焊接厚度小于 30mm 的工件，焊缝也不宜过长。

电渣焊主要用于重型机械制造业，制造锻-焊结构件和铸-焊结构件，如重型机床的机座、高压锅炉等，工件厚度一般为 40～450mm。可用于碳钢、低合金钢、高合金钢、非铁合金等材料的焊接。

4.5　压　　焊

焊接过程中，必须对焊件施加压力(加热或不加热)以完成焊接的方法称为压焊。压焊包括电阻焊、摩擦焊、扩散焊、爆炸焊、超声波焊等。

4.5.1　电阻焊

电阻焊是利用电流通过被焊工件及其接触处产生电阻热，将连接处加热到塑性状态或局部熔化状态，再施加压力形成接头的焊接方法。

电阻焊生产效率高，可以在短时间内获得焊接接头；焊接变形小，焊缝表面平整；无须填充金属和焊剂，可焊接异种金属；工作电压很低（一般为几伏到十几伏），没有弧光和有害辐射；易于实现自动化。但其设备复杂，耗电量大，焊前工件清理要求高，且对接头形式和工件厚度有一定限制。

电阻焊分为点焊、缝焊和对焊三种基本类型，如图 4.25 所示。

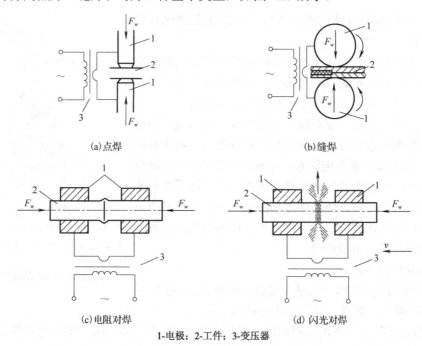

(a)点焊　　　　　　　　　　　　　(b)缝焊

(c)电阻对焊　　　　　　　　　　　(d)闪光对焊

1-电极；2-工件；3-变压器

图 4.25　电阻焊原理示意图

1. 点焊

点焊是利用柱状电极加压通电，在被焊工件的接触面之间形成单独的焊点，将两工件连接在一起的焊接方法，如图 4.25(a) 所示。点焊为搭接接头，如图 4.26 所示，焊接时，将表面已清理好的工件叠合，放在两电极间预压夹紧后通电，使两工件接触处产生电阻热，该处金属迅速加热到熔化状态形成熔核，熔核周围金属则加热到塑性状态，然后切断电源，熔核在压力作用下结晶形成焊点。焊接第二点时，有一部分电流会流经已焊好的焊点，称为点焊分流现象。分流使焊接区电流减小，影响焊点质量，工件厚度越大，材料导电性越好，分流越大。因此，在实际生产中对各种材料在不同厚度下的焊点最小间距有一定的规定。

点焊时，熔核金属被周围的塑性金属紧密封闭，不与外界空气接触，故点焊焊点强度高，工件表面光滑，变形小。点焊主要适于焊接接头采用搭接、接头不要求气密性、厚度小于 3mm 的冲压或轧制的薄板构件，如厚度小于 3mm 的低碳钢。广泛用于汽车驾驶室、车厢、飞机以及电子仪表等的薄板结构生产中。

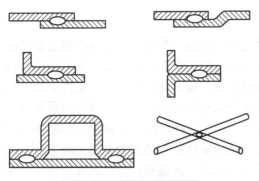

图 4.26　点焊件的搭接接头

2. 缝焊

缝焊是用一对连续转动、断续通电的滚轮电极代替点焊的柱状电极，滚轮压紧并带动搭接的被焊工件前进，在两工件接触面间形成连续而重叠的密封焊缝的焊接方法，如图 4.25(b) 所示。缝焊工件表面光滑平整，焊缝具有较高强度和气密性，因此，缝焊常用于厚度小于 3mm 且有气密性要求的薄壁容器的焊接，如油箱、管道、小型容器等。但因焊缝分流现象严重，所需焊接电流较大，不适于厚板焊接。

3. 对焊

对焊是利用电阻热将两个工件沿整个接触面对接起来的焊接方法，工件的对接形式如图 4.27 所示。根据焊接过程和操作方法的不同，对焊可分为电阻对焊和闪光对焊。

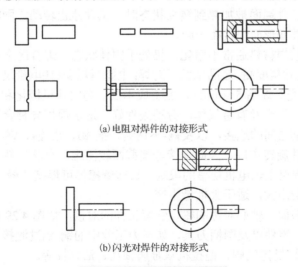

(a)电阻对焊件的对接形式

(b)闪光对焊件的对接形式

图 4.27　对焊工件的对接形式

1)电阻对焊

先将被焊工件夹紧并加预压使其端面挤紧，然后通电使接触处产生电阻热，升温至塑性状态，断电并同时施加顶锻力，使接触处产生一定的塑性变形而连接的焊接方法，称为电阻对焊，如图 4.25(c)所示。电阻对焊操作简单，接头外观光滑、飞边小，但对被焊工件端面的加工和清理要求较高，否则接触面容易加热不均匀并产生氧化物夹杂，从而影响焊接质量。电阻对焊一般用于截面简单(如圆形、方形等)、截面积小于 250mm^2 和强度要求不高的杆件对接，材料以碳钢、纯铝为主。

2) 闪光对焊

将两夹紧的被焊工件先接通电源，然后使工件逐渐移动靠拢接触，由于接触端面凹凸不平，所以开始只是个别点接触，强电流通过接触点产生电阻热，使其迅速被加热熔化、气化、爆破并以火花形式从接触处飞出形成闪光，继续移动工件使其靠拢，产生新的接触点，闪光现象持续，待工件被焊端面全部熔化时，断电并迅速施加顶锻力，挤出熔化层，使工件在压力下产生塑性变形而连接在一起，这种焊接方法称为闪光对焊，如图 4.25 (d) 所示。

闪光对焊过程中，工件端面氧化物与杂质会被闪光火花带出或随液体金属挤出，并防止了空气的侵入，所以接头中夹杂少，质量高，焊缝强度与塑性均较高，且焊前对端面的清理要求不高，单位面积焊接所需的焊机功率比电阻对焊小。闪光对焊常用于重要工件的对接，如刀具、管道、锚链、钢轨、车圈等，且适用范围广，不仅能焊接同种金属，还能焊接异种金属(如铜-铝、铜-钢、铝-钢等)，从直径为 0.01mm 的金属丝到直径为 500mm 的管材及截面积为 20000mm² 的金属型材、板材均可焊接。但闪光对焊时工件烧损较多，且焊后有飞边需要清理。

4.5.2 摩擦焊

摩擦焊是利用工件接触端面相互摩擦所产生的热，使端面加热到塑性状态，然后迅速施加顶锻力实现连接的焊接方法。摩擦焊过程如图 4.28 所示，先将两焊接工件夹紧，并加上一定压力使工件紧密接触，然后一个工件不动，另一个工件做高速旋转运动，使工件接触面相对摩擦产生热量，当工件端面被加热到塑性状态时，工件停止转动，同时在工件的一端加大压力使两工件产生塑性变形而焊接在一起。

摩擦焊过程中，被焊材料通常不熔化，仍处于固体状态，焊合区金属为锻造组织，接头质量高而稳定，工件尺寸精度高，废品率低于对焊；电能消耗少(耗电量仅为闪光对焊的 1/10～1/5)，生产率高(比闪光对焊高 5～6 倍)，加工成本低；易实现机械化和自动化，操作简单，焊接工作场地无火花、弧光及有害气体，劳动条件好；适于焊接异种金属，如碳素钢、低合金钢与不锈钢、高速钢之间的连接，以及铜-不锈钢、铜-铝、铝-钢、钢-锆等之间的连接。

由于摩擦焊靠工件旋转实现，因此焊接非圆截面较困难。盘状工件及薄壁管件由于不易夹持也很难焊接。受焊机主轴电机功率的限制，目前摩擦焊可焊接的最大截面积为 20000m²。摩擦焊机一次性投资费用大，适于大批量生产。

摩擦焊适于圆形截面、轴心对称的棒、管等工件的对接，如图 4.29 所示，主要应用于汽车工业中的焊接结构、零件以及圆柄刀具，如电力工业中的铜-铝过渡接头、金属切削用的高速钢-结构钢刀具、内燃机排气阀、拖拉机双金属轴瓦、活塞杆等。

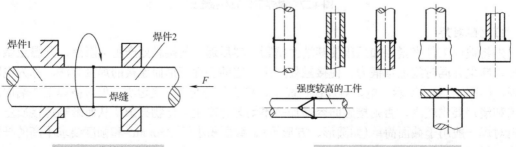

图 4.28　摩擦焊示意图　　　　　　　图 4.29　摩擦焊件的对接形式

4.5.3　扩散焊

扩散焊是指在真空或保护气氛中，两焊件紧密贴合，并在一定温度和压力下保持一段时间，使接触面之间的原子相互扩散完成焊接的一种压焊方法。

1. 扩散焊的机理

扩散焊是在金属不熔化的情况下形成焊接接头的，这就必须使两待焊件的表面接触距离达到 0.01μm 以内，这样原子间的引力才能起作用并形成金属键，获得一定强度的接头。扩散焊接头形成过程可分为 3 个阶段。

第一阶段：变形和界面的形成。在温度和压力的作用下，粗糙表面的微观凸起部位首先接触和变形，在变形中表面氧化层被挤破，吸附层被挤开，从而达到紧密接触，形成金属键连接。随着变形加剧，接触区扩大，最终在表面形成晶粒间的连接。而未接触区形成"孔洞"残留在界面上。同时，由于相变和位错等因素，表面上产生"微凸"，这些"微凸"又是形成金属键的"活化中心"（图 4.30(a)、图 4.30(b)）。

第二阶段：晶界迁移和微孔的消除。通过表面和界面原子扩散、再结晶，使界面晶界发生迁移，界面上第一阶段留下的孔洞渐渐变小，继而大部分孔洞在界面上消失，形成了焊缝（图 4.30(c)）。

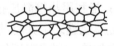
(a)微凸不平的初始接触　(b)变形和形成部分界面阶段

(c)晶界迁移和微孔的消除阶段　(d)体积扩散及微孔消失阶段

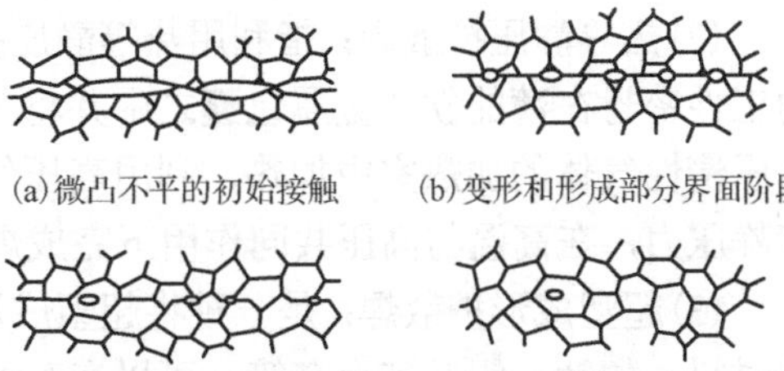

图 4.30　扩散焊接头形成过程示意图

第三阶段：体积扩散、微孔和界面消失。在形成焊缝后，原子扩散向纵深发展，出现"体"扩散，随着"体"扩散的进行，原始界面完全消失，界面上残留的微孔也消失，在界面处达到冶金连接，接头成分趋向均匀（图 4.30(d)）。

在扩散焊的过程中，上述 3 个阶段依次连续进行。扩散焊质量与焊件表面质量有紧密的联系，保证表面质量的关键是焊件表面氧化膜的去除。一般通过挤破、溶解和球化聚集作用去除。

2. 扩散焊的种类

扩散焊的分类方法很多，一般可按以下方式进行分类。

1) 按照被焊材料的组合形式分类

(1)无中间层扩散焊。不加中间层，被焊材料直接接触。

(2)加中间层扩散焊。在被焊材料之间加入一层熔点低于母材的金属或者合金(称为中间层)，这样就可以焊接很多难焊的或冶金上不相容的异种材料(如异种金属之间或金属与陶瓷、石墨等非金属之间)，以及熔点很高的同种材料。

加或不加中间层的扩散焊均可用于同种材料和异种材料的扩散焊接。通常，当不加中间层难以保证焊接质量时，就应采用加中间层扩散焊。

2) 按照焊接时接缝区是否出现液相分类

(1)固相扩散焊。焊接过程中，母材和中间层均不发生熔化和产生液相，是经典的扩散焊方法。

(2)液相扩散焊。在扩散焊过程中，接缝区短时出现微量液相。短时出现的液相有助于改善扩散焊的表面接触情况，允许使用较低的扩散焊压力。获得微量液相的方法有两种。

① 利用共晶反应。对于某些异种金属，可利用它们之间可能形成低熔点共晶的特点进行液相扩散焊(称为共晶反应扩散焊)。这种方法要求一旦液相形成之后立即降温使之凝固，以免继续生成过量液相，所以要严格控温，实际中应用较少。

② 添加特殊钎料。此种获得液相的方法是吸取了钎焊的特点而发展形成的，特殊钎料采用的是与母材成分接近但含有少量既能降低熔点，又能在母材中快速扩散的元素(如 B、Si、Be 等)作为中间层，以箔或涂层方式加入。与普通钎焊比较，此钎料层厚度较薄。

3) 按照所使用的工艺分类

每一类扩散焊根据所使用的工艺手段不同，又可分为多种方法，其中常用的方法有以下几种。

(1)真空扩散焊：指在真空条件下进行的扩散焊。该方法适用于尺寸不大的工件，被焊材料或中间层合金中含有易挥发元素时不应采用此方法。

(2)热等静压扩散焊：指利用热等静压技术完成焊接的一种扩散焊工艺。焊前应将组装好的工件密封在薄的软质金属包囊之中并将其抽真空，封焊抽气口；然后将整个包囊放入通有高压惰性气体的加热室中加热，利用高压气体与真空包囊中的压力差对工件施以各向均衡的等静压力，在高温与高压共同作用下完成焊接过程。由于压力各向均匀，所以工件变形小。

(3)超塑成形扩散焊：是一种将超塑成形与扩散焊结合起来的新工艺，适用于具有超塑性的材料，如钛、铝及其合金等，可以在高温下用较低压力同时实现成形和焊接。薄壁零件可先超塑成形后焊接，也可反向进行，次序取决于零件的设计。如果先成形，则使接头的两个配合面对在一起，以便焊接；如果两个配合面原来已经贴合，则先焊接，然后用惰性气体充压，使零件在模具中成形。采用此种组合工艺可以在一个热循环中制造出复杂的空心整体结构件。在超塑状态下进行扩散焊有助于提高焊接质量。

各种扩散焊方法的划分及特点见表 4.8。

表 4.8　扩散焊方法及其特点

序号	划分依据	方法名称	特点
1	保护气氛	真空扩散焊	在真空条件下进行扩散焊
		气体保护扩散焊	在惰性气体或还原性气体中进行扩散焊
2	加压方法	机械加压扩散焊	用机械压力对连接面施加压力，压力均匀性难以保证
		热胀差力加压扩散焊	利用夹具和焊接材料或两个焊接工件热膨胀系数之差而获得压力
		气体加压扩散焊	利用保护气体压力对连接面施加压力，适于板材大面积扩散焊
		热等静压扩散焊	利用高压气体对工件从四周均匀加压进行扩散焊
3	加热方法	电热辐射加热扩散焊	常用方法，利用电阻丝(带)高温辐射加热工件，控温方便、准确
		感应加热扩散焊	高频感应加热，适合小件
		电阻扩散焊	利用工件自身电阻和连接面接触电阻通电加热工件，加热较快
		相变扩散焊	焊接温度在相变点附近温度范围内变动，可缩短扩散时间，改善接头性能
4	与其他工艺组合	超塑成形扩散焊	将超塑成形和扩散焊结合在一个热循环中进行
		热轧扩散焊	将板材锻轧变形与扩散焊结合
		冷挤压扩散焊	利用冷挤压变形增强扩散焊的接头强度

3. 扩散焊的优缺点及应用

扩散焊的接头质量好，焊后无须机械加工；由于采用低压力，工件整体加热及随炉冷却，焊件变形量小；一次可焊多个接头；尤其是可焊一些其他方法无法焊接的材料。不足之处是设备投资大；焊接时间长，表面准备费工耗时，生产效率低；目前对焊缝的焊合质量尚无可靠的无损检测手段。

扩散焊特别适合于异种金属材料、石墨和陶瓷等非金属材料、弥散强化高温合金、金属基复合材料和多孔烧结材料的焊接。扩散焊接压力较小，工件不产生宏观塑性变形，适合焊后不再加工的精密零件。

扩散焊已广泛用于反应堆燃料元件、蜂窝结构板、静电加速管、各种叶片、叶轮、冲模、过滤管和电子元件等的制造。

4.5.4　爆炸焊

爆炸焊是利用炸药爆炸产生的冲击力造成焊件迅速碰撞，实现连接的一种压焊方法。

1. 爆炸焊的原理

爆炸焊利用炸药爆炸产生的能量，推动一焊件高速撞击另一焊件，产生巨大摩擦应力，使界面实现焊接。焊接界面两侧金属产生细微的塑性变形，形成有规律的波浪式的相互嵌合，加大了原子间互相扩散的面积，达到牢固的冶金结合。爆炸焊的能源是炸药的化学能。爆炸焊一般采用接触爆炸，即将炸药直接置于覆板的板面上，有时为了保护覆板表面质量，可在炸药与覆板间加入一缓冲层，如图4.31所示。

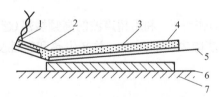

1-雷管；2-引爆药；3-主炸药；4-缓冲层；5-覆板；6-基板；7-基础

图 4.31　爆炸焊的典型装置

2. 爆炸焊的分类

按装配方式可将爆炸焊分为平行法和角度法两种。

（1）平行法：爆炸焊装配中，使基板、覆板（管）间距相等（预制角 α、γ 为 0）的安装方法，如图 4.32（a）所示。

（2）角度法：爆炸焊装配中，使基板、覆板（管）间距不等（预制角 α、γ 大于 0）的安装方法，如图 4.32（b）、图 4.32（c）所示。

3. 爆炸焊的应用

任何具有足够强度和塑性并能承受爆炸焊工艺过程所要求的快速变形的金属，都可以进行爆炸焊。爆炸焊通常用于异种金属之间的焊接，如钛、铜、铝、钢等金属之间的焊接，可以获得强度很高的焊接接头。现代工业需要多种多样的金属复合材料，并要求用复合材料加工成各种不同金属的过渡接头，爆炸焊工艺则是最合适的焊接方法之一。

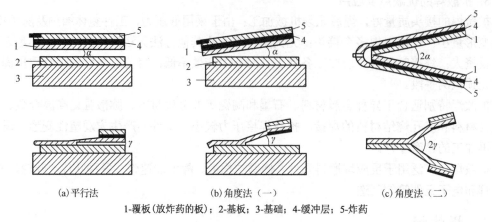

(a)平行法　　　　　　　(b)角度法（一）　　　　　　(c)角度法（二）

1-覆板（放炸药的板）；2-基板；3-基础；4-缓冲层；5-炸药

图 4.32　爆炸焊分类

4. 爆炸焊的特点

爆炸焊可以将相同或不相同的金属材料迅速、牢固地焊接起来；工艺简单、易于掌握；不需要大型设备，投资少，成本低；不仅能点焊、线焊，而且能够进行大面积工件的焊接（面焊），用途极为广泛。但在生产中会产生噪声和地震波，对爆炸场附近环境造成影响。因此，爆炸加工厂一般应建在偏远地区或地下。

4.5.5　超声波焊

超声波焊是两焊件在压力作用下，利用超声波的高频振荡（超过16kHz），使焊件的接触表面产生强烈的摩擦作用，以清除表面氧化物，并产生热和塑性变形而实现焊接的一种压焊方法。

1. 超声波焊的分类

超声波焊按超声波的高频振荡能量传播方向可分为两种基本类型。

1) 超声波能量垂直于焊件表面——超声波塑料焊接

焊接塑料时超声波振动的方向与焊接表面垂直。其工作原理为：当超声波应用于热塑性的塑料接触面时，声波电极（又称"焊头"）通过上焊件把超声波能量传送到焊区，由于焊区即两个焊件的交界面处声阻大，因此会产生局部高温。又由于塑料导热性差，热量一时不能及时散发，聚集在焊区，致使两个塑料焊件的接触面迅速熔化，加上一定压力后，使其融合成一体。当超声波停止作用后，让压力持续几秒，使其凝固成形，这样就形成了坚固的分子链连接，达到了焊接的目的，焊接强度能接近于原材料本体强度。

2) 超声波能量沿切向传递到焊件表面——超声波金属焊接

用超声波焊接金属时，超声波振动由切向传递到焊件表面而使焊接界面之间产生相对摩擦，从而形成分子之间的结合。金属在进行超声波焊时，既不向工件输送电流，也不向工件施以高温热源，只是在静压力之下，将振动能量转变为工件间的摩擦功、形变能及有限的温升。接头间的冶金结合是在母材不发生熔化的情况下实现的一种固态焊接。因此它有效地克服了电阻焊时所产生的飞溅和氧化等现象。超声波金属焊接原理示意图如图 4.33 所示。

　　超声波金属焊接根据接头形式不同可分为点焊、缝焊、环焊和线焊 4 种。

　　(1) 点焊。根据振动能量传递方式的不同又可分为单侧式、平行两侧式和垂直两侧式。目前主要应用单侧式点焊，其工作原理如图 4.34 所示。

　　(2) 缝焊。和电阻焊中的缝焊相似，它实质上是由局部相互重叠的焊点形成一条具有密封性的连续焊缝，如图 4.35 所示。

　　(3) 环焊。在一个焊接循环内形成一条封闭焊缝，这种焊缝一般是圆环形的，也可以是正方形、矩形或椭圆形的。上声极的表面按所需的焊缝形状制成，它在与焊缝平面相平行的平面内做扭转振动，如图 4.36 所示。环焊主要适用于微电子器件的封装工艺。

　　(4) 线焊。利用线状上声极，在一个焊接循环内形成一条狭窄的直线状焊缝。声极长度即直线状焊缝的长度，可达 150mm，主要用来封口。缺点：所焊接金属件不能太厚(一般小于或等于 5mm)，焊点不能太大，需要加压。

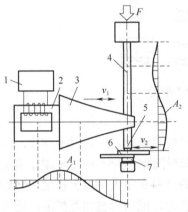

1-发生器；2-换能器；3-聚能器；4-合杆；5-上声极；6-工件；7-下声极

A-振幅分布；F-静压力；v-振动方向

图 4.33　超声波金属焊接原理示意图

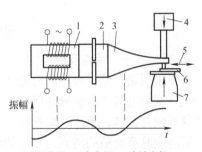

1-振荡器；2-离合器；3-声波电极；

4-施加压力；5-振动方向；6-工件；7-底座

图 4.34　超声波点焊(单侧式)

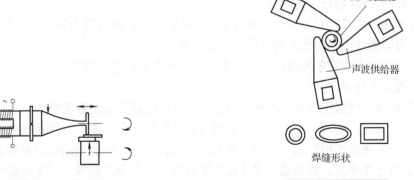

图 4.35　超声波缝焊

图 4.36　超声波环焊

2. 超声波焊的应用

　　由于超声波焊不存在热传导与电阻率等问题，也无电焊模式的焊弧产生，因此对于有色金属材料来说，是一种理想的焊接方法。超声波焊以其特有的快捷高效、清洁和牢固等优点，赢得了各行各业的认可。目前超声波焊广泛应用于微电子器件及精加工技术，最成功的应用是集成电路元件的互连，在电子、航天、汽车、家电、玩具、包装、塑料等领域都有广泛应用。

4.6　钎　　焊

钎焊是利用比被焊金属熔点低的钎料作为填充金属，把被焊工件连接起来的方法。钎焊件的接头形式如图 4.37 所示。

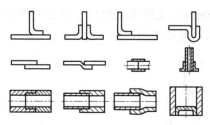

图 4.37　钎焊件的接头形式

1. 钎焊方法、特点及应用

钎焊采用熔点低于母材的合金作为钎料，加热时钎料熔化，而母材不熔化，熔化的钎料靠润湿作用和毛细作用吸满并保持在搭接或嵌接的母材间隙(0.05～0.2mm)内，液态钎料和固态母材间相互扩散，形成钎焊接头。作为填充金属的钎料在很大程度上决定了钎焊接头的质量，钎料应具有合适的熔点、良好的润湿性和填缝能力，能与母材相互扩散，还应具有一定的力学性能和物理化学性能，以满足接头的使用性能要求。

钎焊时母材和钎料的接触面要清理干净，因此钎焊时要使用钎剂，以去除母材和钎料表面的氧化物和油污杂质，保护钎料和母材接触面不被氧化，增加钎料的润湿性和毛细流动性。钎剂的熔点应低于钎料，钎剂残渣对母材和接头的腐蚀性应较小。

与熔焊和压焊相比，钎焊具有以下优点。

(1)加热温度低，对母材组织和力学性能的影响小，焊接应力和变形较小。

(2)可焊接性能差别较大的异种金属或合金。

(3)能同时完成多条焊缝，生产效率高，设备简单，生产投资小。

(4)接头平整光滑，外表美观整齐。

但钎焊接头的强度较低，耐热能力差，对焊前清理及装配要求较高。

钎焊在机械、电子、仪表、电动机等行业的应用十分广泛，特别是在航空、导弹、空间技术中发挥着重要作用，成为一种不可取代的连接方法，较典型的应用有硬质合金刀具、钻探钻头、自行车车架、换热器、导管及各类容器等。在微波波导、电子管和电子真空器件的制造中，钎焊甚至是唯一可能的连接方法。

2. 钎焊分类

按钎料熔点的不同钎焊分为软钎焊与硬钎焊两类。

(1)软钎焊：熔点低于450℃的钎焊。常用的钎料是锡铅钎料，它具有良好的润湿性和导电性，常用的钎剂是松香或氯化锌溶液。软钎焊的接头强度低(一般为60～140MPa)，工作温度低，主要焊接受力不大的工件，如电子产品、电机电器和汽车配件中的电子线路、仪表等。

(2)硬钎焊：熔点高于450℃的钎焊。常用的钎料是银基、铜基、铝基钎料等，银基钎料形成的接头具有较高的强度、导电性和耐蚀性，而且其熔点较低、工艺性良好，但价格较高，多用于要求较高的工件，一般工件多采用铜基钎料和铝基钎料。常用的钎剂有硼砂、硼酸和氟化物、氯化物等。硬钎焊的接头强度较高(一般为 200～490MPa)，工作温度也较高，多用于受力构件的连接，如自行车架、雷达、刀具的焊接。

3. 钎焊加热方法

几乎所有的加热热源都可以用作钎焊热源，并依此将钎焊分类。

(1)火焰钎焊：用气体火焰(气炬火焰或钎焊喷灯)进行加热，用于碳素钢、铸铁、铜及铜合金等材料的钎焊。

(2)感应钎焊：利用交变磁场在零件中产生感应电流的电阻热加热工件，用于具有对称形状的工件，特别是管轴类工件的钎焊。

(3)浸沾钎焊：将工件局部或整体浸入熔融盐混合物熔液或钎料熔液中，靠这些液体介质的热量来实现钎焊过程，其特点是加热迅速、温度均匀、工件变形小。

(4)炉中钎焊：利用电阻炉加热工件，电阻炉可通过抽真空或采用还原性气体或惰性气体对工件进行保护。

除此以外，还有烙铁钎焊、电阻钎焊、扩散钎焊、红外线钎焊、反应钎焊、电子束钎焊、激光钎焊等。

4.7 常用金属材料的焊接与方法选择

4.7.1 金属材料的焊接性

1. 焊接性概念

金属材料的焊接性指在采用一定焊接方法、焊接材料、工艺参数及结构形式的条件下，获得优质焊接接头的难易程度，即其对焊接加工的适应性。一般包括以下两个方面。

(1)接合性能：在给定的焊接工艺条件下，形成完好焊接接头的能力，特别是接头对产生裂纹的敏感性。

(2)使用性能：在给定的焊接工艺条件下，焊接接头在使用条件下安全运行的能力，包括焊接接头的力学性能和其他特殊性能(如耐高温、耐腐蚀、抗疲劳等)。

焊接性是金属工艺性能在焊接过程中的反映，了解及评价金属材料的焊接性，是焊接结构设计、确定焊接方法、制定焊接工艺的重要依据。

2. 钢的焊接性评定方法

钢是焊接结构中最常用的金属材料，因而评定钢的焊接性尤为重要。由于钢的裂纹倾向与其化学成分密切相关，因此，可以根据钢的化学成分评定其焊接性的好坏。通常将影响最大的碳作为基础元素，把其他合金元素质量分数对焊接性的影响折合成碳的相当质量分数，碳的质量分数和其他合金元素的相当质量分数之和称为碳当量，用符号 w_{CE} 表示，它是评定钢焊接性的一个参考指标。国际焊接学会推荐的碳素钢和低合金结构钢的碳当量计算公式为

$$w_{CE} = \left(w_C + \frac{w_{Mn}}{6} + \frac{w_{Cr} + w_{Mo} + w_V}{5} + \frac{w_{Ni} + w_{Cu}}{15} \right) \times 100\%$$

式中，各元素的质量分数都取其成分范围的上限。

经验表明，碳当量越高，裂纹倾向越大，钢的焊接性越差。一般认为：

$w_{CE} < 0.4\%$ 时，钢的塑性良好，淬硬和冷裂倾向不大，焊接性良好，焊接时一般不预热；

$w_{CE} = 0.4\% \sim 0.6\%$ 时，钢的塑性下降，淬硬和冷裂倾向明显，焊接性较差，焊接时需要适当预热并采取一定的焊接工艺措施，以防止裂纹产生；

$w_{CE} > 0.6\%$ 时，钢的塑性较低，淬硬和冷裂倾向严重，焊接性差，工件需预热到较高温度，并采取严格的焊接工艺措施及焊后热处理等。

碳当量公式仅用于对材料焊接性的粗略估算，在实际生产中，可通过直接试验，模拟实际情况下的结构、应力状况和施焊条件，在试件上焊接，观察试件的开裂情况，并配合必要的接头使用性能试验进行评定。

4.7.2　碳素钢和低合金结构钢的焊接

1. 碳素钢的焊接

1) 低碳钢的焊接

Q235、10、15、20 等低碳钢是应用最广的焊接结构材料，由于 $w_{CE} < 0.25\%$，塑性很好，淬硬倾向小，不易产生裂纹，所以焊接性最好。焊接时，任何焊接方法和最普通的焊接工艺即可获得优质的焊接接头。但由于施焊条件、结构形式不同，焊接时还需注意以下问题。

(1) 在低温环境下焊接厚度大、刚性大的结构时，应进行预热，否则容易产生裂纹。

(2) 重要结构焊后要进行去应力退火以消除焊接应力。低碳钢对焊接方法几乎没有限制，应用最多的是焊条电弧焊、埋弧焊、气体保护焊和电阻焊。采用电弧焊时，焊接材料的选择见表 4.9。

表 4.9　低碳钢焊接材料的选择

焊接方法	焊接材料	应用情况
焊条电弧焊	J421、J422、J423 等	焊接一般结构
	J426、J427、J506、J507 等	焊接承受动载荷、结构复杂或板厚重要结构
埋弧焊	H08 配 HJ430、H08A 配 HJ431	焊接一般结构
	H08MnA 配 HJ431	焊接重要结构
CO_2 气体保护焊	H08Mn2SiA	焊接一般结构

2) 中碳钢的焊接

中碳钢的 $w_{CE} = 0.25\% \sim 0.60\%$，随着 w_{CE} 增加，淬硬、冷裂倾向增大，焊接性逐渐变差。中碳钢的焊接多用于锻件和铸钢件，常用的焊接方法是焊条电弧焊，应选用抗裂性好的低氢焊条(如 J426、J427、J506、J507 等)，对于补焊或焊缝不要求与母材等强度的工件，可选择强度级别低、塑性好的焊条。焊接时，应进行焊前预热以减小焊接应力，采用细焊条、小电

流、开坡口、多层焊，以减少含碳较高的母材金属的熔入量，并减小热影响区宽度。另外，还可采取焊后缓冷、焊后热处理等工艺措施防止裂纹的产生。

3) 高碳钢的焊接

高碳钢的 $w_{CE} > 0.60\%$，其焊接特点与中碳钢基本相同，但淬硬和冷裂倾向更大，焊接性更差。这类钢一般不用于制造焊接结构，大多是用焊条电弧焊或气焊来补焊修理一些损坏件。焊接时，应提高焊前预热温度并采取更严格的工艺措施。

2. 低合金结构钢的焊接

低合金结构钢按其屈服强度分为Q295、Q345、Q390、Q420、Q460，这类钢随强度级别的提高，焊接性变差。

强度级别较低的低合金结构钢，如Q295、Q345，其焊接性良好，焊接工艺和焊接材料的选择与低碳钢基本相同，一般不需要预热，只有工件较厚、结构刚度较大和环境温度较低时，才需进行焊前预热，以免产生裂纹。

强度级别较高的低合金结构钢，淬硬、冷裂倾向较大，焊接性与中碳钢相当，焊接采用低氢焊条，焊前一般均需预热，焊后应及时进行热处理以消除残余应力，避免冷裂。

低合金结构钢含碳量较低，对硫、磷控制较严，焊条电弧焊、埋弧焊、气体保护焊均可用于此类钢的焊接，其中焊条电弧焊和埋弧焊较常用。为了提高抗裂性，尽量选用碱性焊条和碱性焊剂，对于不要求焊缝和母材等强度的工件，可选择强度级别略低的焊接材料，以提高塑性，避免冷裂。

4.7.3　不锈钢的焊接

不锈钢是具有优良耐蚀性的高合金钢，按正火状态下钢的组织状态，可分为奥氏体不锈钢、马氏体不锈钢和铁素体不锈钢等。

1. 奥氏体不锈钢的焊接

奥氏体不锈钢具有较好的焊接性，一般不需要采取特殊的工艺措施。通常采用焊条电弧焊和氩弧焊，也可采用埋弧焊，焊接材料按等成分原则选用。奥氏体不锈钢广泛用于石油、化工、动力、航空、医药、仪表等行业的焊接结构中，常见牌号有 12Cr18Ni9、1Cr18Ni9、06Cr19Ni10 等。

奥氏体不锈钢焊接存在的主要问题是焊接接头的晶间腐蚀倾向和焊缝的热裂倾向。接头的晶间腐蚀是由于焊接时热影响区晶粒内部过饱和的碳原子扩散到晶界，与晶界附近的铬原子形成高铬碳化物($Cr_{23}C_6$)并从奥氏体中析出，使奥氏体晶界附近形成贫铬区而失去耐蚀性造成的。热裂主要是由于钢中的 Si、S、P 等杂质元素形成的低熔点共晶产物沿奥氏体晶界分布，降低了晶界的高温强度，加之奥氏体不锈的导热系数小(约为低碳钢的1/3)，线膨胀系数大(大约是低碳钢的 1.5 倍)，焊接时产生了较大的焊接应力，从而使焊缝在高温下易产生裂纹。为防止晶间腐蚀和热裂，应按母材金属类型选择与之配套的含碳、硅、硫、磷很少的不锈钢焊条或焊丝；采用小电流、短弧焊接、焊条不摆动、快速焊等工艺，尽量避免金属过热；接触腐蚀介质的工作面应最后焊等。对于耐蚀性要求较高的重要结构，焊后还要进行高温固熔处理，以消除局部晶界贫铬区。

2. 马氏体不锈钢的焊接

马氏体不锈钢的焊接性能较差，其主要问题是具有强烈的淬硬和冷脆倾向，碳的质量分数越高，焊接性越差。焊接时要采取防止冷裂的一系列措施，如预热、焊后热处理等。

3. 铁素体不锈钢的焊接

铁素体不锈钢焊接的主要问题是过热区晶粒长大引起脆化和裂纹。因此，焊接时要采用较低的预热温度(不超过 150℃)，减少高温停留时间，以防止过热脆化。此外，采用小能量焊接工艺可以减小晶粒长大倾向。

4.7.4　铸铁的补焊

铸铁中的碳质量分数高，脆性大，焊接性很差。因此，铸铁在生产中不作为直接焊接材料，但对于铸铁零件的局部损坏和铸造缺陷，可进行焊补修复。铸铁的补焊在实际生产中具有较大的经济意义。

1. 铸铁的补焊特点

(1)焊补区易形成白口组织。补焊时焊补区的碳、硅等促进石墨化的元素会大量烧损，且冷却速度快，不利于石墨化，因此很容易形成硬而脆的白口组织，焊后难以切削加工。

(2)焊补区易产生裂纹。由于铸铁强度低、塑性差，当焊接应力较大时，易在焊补区产生裂纹。

(3)焊缝中易产生气孔。铸铁中碳的质量分数高，补焊时易生成 CO 和 CO_2 气体，由于冷却速度快，熔池中的气体往往来不及逸出而形成气孔。

(4)只适宜平焊。铸铁的流动性好，熔池金属易流失，所以一般只适用于在平焊位置施焊。

2. 铸铁的补焊方法

铸铁补焊按补焊前是否预热可分为热焊法和冷焊法两类。

(1)热焊法。补焊前将工件整体或局部缓慢预热到 600～700℃，补焊过程中保持 400℃以上，选择大电流连续补焊，焊后缓慢冷却。这种方法应力小，不易产生裂纹，可有效防止出现白口组织和产生气孔，但需加热设备，成本较高，劳动条件差，生产效率低，一般仅用于焊后要求机械加工或形状复杂的重要铸铁件，如机床导轨、主轴箱、汽车的汽缸体等。热焊法常采用气焊和焊条电弧焊。气焊适用于焊补中小型薄壁件，采用含硅高量的焊条作填充金属，并用气焊熔剂(常用 CJ201 或硼砂)去除氧化物；焊条电弧焊主要用于焊补厚度较大(>10mm)的铸铁件，采用铸铁芯铸铁焊条 Z248 或钢芯石墨化铸铁焊条 Z208。

(2)冷焊法。补焊前不对铸件预热或预热温度仅在 400℃以下，用焊条电弧焊进行补焊，这种焊法简便，生产效率高，劳动条件好，成本低，但补焊质量不如热焊法。冷焊法主要依靠选择合适的焊条来调整焊缝的化学成分，以防止白口组织和裂纹的产生。常用的铸铁冷焊焊条有钢芯铸铁焊条或铸铁芯铸铁焊条，如 Z100、Z116、Z208、Z248 等，适用于一般非加工面的补焊；镍基铸铁焊条，如 Z308、Z408 和 Z508 等，适用于重要铸铁件的加工面的补焊；铜基铸铁焊条，如 Z607 和 Z612 等，适用于焊后需要加工的灰铸铁件的补焊。焊接时尽量采用小电流、短电弧、窄焊缝、分段焊工艺，以减小熔深，缩小温差，焊后立即用锤轻击焊缝，以松弛焊接应力，防止开裂。

4.7.5　铜、铝及其合金的焊接

1. 铜及铜合金的焊接

铜及铜合金的焊接性较差，焊接时的主要问题如下。

(1) 难焊透、难熔合。铜的导热系数大，焊接时热量极易散失，故要求焊接热源强大集中，且焊前必须预热。

(2) 裂纹倾向大。铜在高温下易氧化生成的 Cu_2O 与铜形成低熔共晶体分布在晶界上，从而使接头脆化。

(3) 焊接应力和变形较大。铜的线膨胀系数大，收缩率也大，加上因导热性强而热影响区宽所致。

(4) 易产生气孔。铜在高温液态时易吸气特别是氢气，冷却凝固过程中，氢的溶解度急剧下降又来不及逸出，便会在焊缝中形成气孔。

(5) 存在接头性能降低倾向。焊接时产生的铜氧化及合金元素蒸发、烧损，特别是焊接黄铜时的锌蒸发(锌的沸点仅为 907℃)，会造成焊缝的强度、塑性、耐蚀性和导电性降低。另外，锌蒸气有毒，会对焊工的身体造成伤害。

铜及铜合金可采用氩弧焊、气焊、焊条电弧焊、埋弧焊、等离子弧焊、钎焊等方法焊接。

氩弧焊是焊接纯铜和青铜的最理想方法，焊接时，采用含硅、锰等脱氧元素的焊丝，或用其他焊丝配以熔剂，以保证焊接质量。气焊主要用于黄铜的焊接，采用含硅的焊丝，配以含硼砂的熔剂，用微氧化焰加热，使熔池表面形成一层高熔点的致密氧化锌、氧化硅薄膜，以防止锌的蒸发和氢的溶入。埋弧焊用于厚度较大的纯铜板。铜及铜合金焊接前均应清除工件、焊丝上的油、锈、水分，以减少氢的来源，避免气孔的形成。

2. 铝及铝合金的焊接

工业上用于焊接的主要是工业纯铝和不能热处理强化的铝合金(防锈铝合金)。铝及铝合金的焊接性较差，其主要问题如下。

(1) 易氧化。铝极易氧化生成高熔点的致密氧化膜(Al_2O_3)覆盖在金属表面，焊接时阻碍母材的熔化和熔合，不易浮出熔池而形成焊缝夹杂。

(2) 易形成气孔。液态铝能吸收大量氢气，铝的高导热性又使熔池迅速凝固，因此焊后冷却凝固过程中，会使氢气来不及析出而在焊缝中形成气孔。

(3) 变形、裂纹倾向大。铝的热膨胀系数和冷却收缩率大，因而焊接应力大，易产生变形和裂纹。

(4) 易焊穿、塌陷。铝由固态加热到液态时无显著的颜色变化，操作时难以掌握加热温度而容易焊穿。铝在高温下的强度和塑性低，焊接时不能支持熔池金属而容易引起焊缝塌陷。

另外，因铝的导热系数较大，焊接时热量散失快，需要能量大或密集的焊接热源。

焊接铝及铝合金的常用方法有氩弧焊、电阻焊(点焊和缝焊)、气焊和钎焊。其中氩弧焊应用最广，电阻焊应用也较多，气焊在薄件生产中仍在采用。

氩弧焊电弧热量集中，氩气保护效果好，氩离子对氧化膜的阴极破碎作用能自动清除工件表面的氧化膜，所以焊缝质量高、成形美观，焊接变形小，接头耐蚀性好。氩弧焊多用于焊接质量要求较高的工件。焊接时氩气纯度要求大于 99.9%，焊丝选用与母材成分相近的铝基焊丝，常用的有 E1100（纯铝焊丝）、E4043（铝硅合金焊丝）、E3003（铝锰合金焊丝）和E5356（铝镁合金焊丝），其中 E4043 是一种通用性较强的焊丝，可用于焊接除铝镁合金以外的铝合金，焊缝的抗裂性能较高，也能保证一定的力学性能。

气焊常用于对焊接质量要求不高的纯铝和防锈铝合金工件的焊接，焊前必须清除工件焊接部位和焊丝表面的氧化膜和油污，焊接中使用铝焊剂去除被焊部位的氧化膜和杂质，并用焊丝不断破坏熔池表面的氧化膜，焊后立即将焊剂清理干净，以防焊剂对工件的腐蚀。

电阻焊焊接铝合金时，应采用大电流、短时间通电，焊前必须清除工件表面的氧化膜。

4.7.6　常用焊接方法的选择

综上所述，金属材料常用焊接方法的选择见表 4.10。

表 4.10　金属材料常用焊接方法的选择

焊接方法	主要接头形式	焊接位置	被焊材料选择	应用选择
焊条电弧焊	对接 角接 搭接 T接	全位置	碳钢、低合金结构钢、铸铁、铜及铜合金、铝及铝合金	各类中小型结构
埋弧焊		平焊	碳素钢、合金钢	成批生产、中厚板长直焊缝和较大直径环焊缝
氩弧焊		全位置	铝、铜、镁、钛及其合金，耐热钢、不锈钢	致密、耐蚀、耐热的工件
二氧化碳气体保护焊			低碳钢、低合金结构钢	
等离子弧焊	对接 搭接		耐热钢、不锈钢、铜、镍、钛及其合金	一般焊接方法难以焊接的金属和合金
气焊	对接		高碳钢、铸铁、铜及铜合金、铝及铝合金	受力不大的薄板及铸件和损坏的机件的补焊
点焊	搭接		低碳钢、不锈钢、铝及铝合金	焊接薄板壳体
缝焊	搭接			焊接薄壁容器和管道
对焊	对接	平焊		杆状零件的焊接
摩擦焊	对接		各类同种金属和异种金属	圆形截面零件的焊接
钎焊	搭接	—	碳素钢、不锈钢、铸铁、非铁合金	强度要求不高，其他焊接方法难以焊接的工件

4.8　焊接结构与工艺设计

焊接结构件的设计，除考虑材料的选择及结构的使用性能要求之外，还应考虑制造时焊接工艺的特点及要求，即焊接结构工艺性，只有这样才能保证在较高的生产率和较低的成本下，获得符合设计要求的产品质量。焊接件的结构工艺性应考虑可焊到性、焊缝质量的保证、焊接工作量的减少、焊接变形的控制、材料的合理应用等因素，主要表现在焊缝布置、焊接接头和坡口形式的选择等几个方面。

4.8.1　焊缝布置

合理布置焊缝对焊接接头的质量、焊接应力和变形以及焊接生产率均有较大影响，是焊接结构设计的关键。在考虑焊缝布置时应注意下列设计原则。

1. 焊缝位置应便于焊接操作

应考虑各种焊接方法所需要的施焊空间。如图 4.38（a）所示工件的焊缝位置，焊条无法伸入，操作困难，改成图 4.38（b）后，施焊就比较方便。点焊和缝焊工件应考虑电极伸入方便，如图 4.39（b）所示。对气体保护焊工件，要考虑焊接过程中气体对熔池具有良好的保护，如图 4.40（b）所示。对埋弧焊工件，要考虑接头处施焊时存放焊剂，以有利于熔渣形成封闭空间，如图 4.41（b）所示。

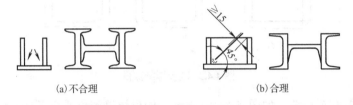

(a) 不合理　　　　　　　　　(b) 合理

图 4.38　便于焊条伸入的焊缝布置

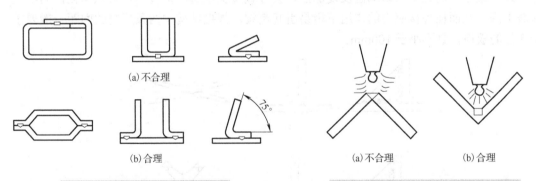

(a) 不合理　　　　　　　　　　　　(a) 不合理　　　　　(b) 合理

(b) 合理

图 4.39　便于电极伸入的焊缝布置　　　　图 4.40　利于保护气体作用的焊缝布置

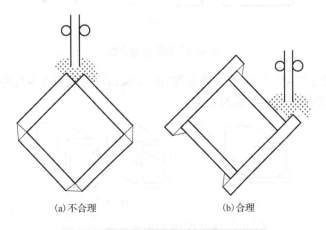

(a) 不合理　　　　　　　　　(b) 合理

图 4.41　便于焊剂和熔渣存留的焊缝布置

此外，焊缝应尽量放在水平位置，尽可能避免仰焊缝，减少横焊缝，以减少或避免焊接过程中大型构件的翻转。良好的焊接结构设计，还应尽量使全部或大部分焊接部件能在焊前一次装配点固，以便简化焊接工艺，提高生产效率。

2. 焊缝布置应有利于减小焊接应力和变形

(1) 尽量减少焊缝数量。例如，选用型材和冲压件作为被焊材料，焊缝数量减少，不仅减小了焊接应力和变形，还能减少焊接材料消耗，提高生产率。图 4.42 所示的箱体构件采用型材或冲压件焊接(图 4.42(b))，可比板材焊接(图 4.42(a))减少两条焊缝。另外，焊缝长度和焊缝截面积也应尽量减小，以减小焊接加热面积，对于无密封要求的构件，可设计为断续焊缝。

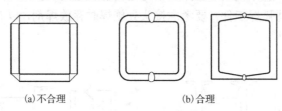

(a)不合理　　　　　　　　(b)合理

图 4.42　减少焊缝数量

(2) 尽量分散布置焊缝，如图 4.43(b) 所示。如果焊缝密集或交叉(图 4.43(a))，会使焊接应力过于集中，而且因热影响区反复加热，会导致接头金属严重过热，组织恶化，力学性能显著下降，从而在焊接应力的作用下极易引起断裂。焊接结构中两条焊缝的间距一般要求大于 3 倍的板厚，且不小于 100mm。

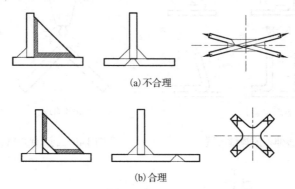

(a)不合理

(b)合理

图 4.43　分散布置焊缝

(3) 尽量对称分布焊缝。焊缝的对称布置(图 4.44(b))可以使各条焊缝的焊接变形抵消，对减小梁柱结构的焊接变形有明显的效果。

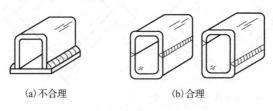

(a)不合理　　　　　　　　(b)合理

图 4.44　对称分布焊缝

3. 焊缝应尽量避开最大应力和应力集中部位（图4.45(b)）

对于受力较大、较复杂的焊接结构件，若在最大应力和应力集中部位布置焊缝（图4.45(a)），会造成焊接应力与外加应力相互叠加，产生过大应力而使其开裂。如图4.45所示的大跨度焊接钢梁，板料的拼料焊缝应避免放在梁的中间，为此宁可增加一条焊缝；压力容器的凸形封头处应将无折边封头改成碟形封头，使封头与筒体接缝位于一水平直线段，可使焊缝避开应力集中的转角位置，水平直线段应不小于 25mm。在构件截面有急剧变化的位置或尖锐棱角部位，也易产生应力集中，应避免布置焊缝。

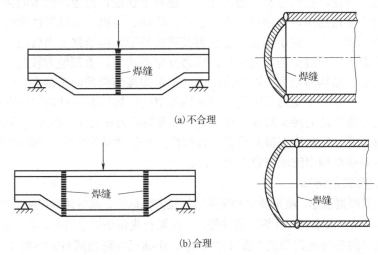

图 4.45　焊缝避开最大应力和应力集中部位

4. 焊缝应尽量避开机械加工面

一般情况下，焊接工序应在机械加工工序之前完成，以防止焊接损坏机械加工面。此时焊缝的布置也应尽量避开需要加工的表面，因为焊缝的机械加工性能不好，且焊接残余应力会影响加工精度。当焊接结构上某一部位的加工精度要求较高，又必须在机械加工完成之后进行焊接工序时，应将焊缝布置在远离加工面处，如图4.46(b)所示，以避免焊接应力和变形对已加工表面精度的影响。

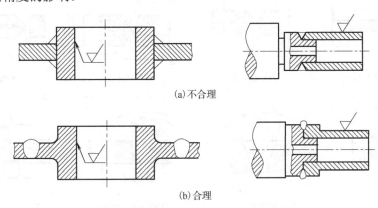

图 4.46　焊缝远离机械加工面

4.8.2　焊接接头和坡口形式的选择

1. 焊接接头形式的选择

设计焊接结构时，设计者应综合考虑焊接结构形状、焊缝强度要求、工件厚度、变形控制要求、焊接材料消耗量、坡口加工的难易程度及施工条件等情况来确定接头形式，要考虑易于保证焊接质量和尽量降低成本。

在四种基本接头形式中，对接接头焊缝方向通常与载荷方向垂直，应力分布比较均匀，承载能力强，施焊方便，接头容易焊透，焊接质量易于保证，是使用最多的接头形式，尤其是重要受力焊缝应尽量选用，如锅炉、压力容器、船体、飞机、车辆等结构的受力焊缝。角接接头多用于箱形构件上，便于组装，能获得美观的外形，但承载能力较低。搭接接头的两工件不在同一平面上，焊缝受剪切力作用，应力分布不均匀，承载能力较低，且不易焊透，不易检验，耗材多、结构质量大，不经济，因此不是焊接结构的理想接头。但搭接接头不须开坡口，便于组装，常用于受力不大的平面结构与空间结构以及异种金属的连接件。T 形接头也是一种应用非常广泛的接头形式，能承受各种方向的力和力矩，但不易焊透，不易检验，常用于接头成直角或一定角度连接的重要受力构件，在船体结构中约有 70%的焊缝采用 T 形接头，其在机床焊接结构中的应用也十分广泛。

2. 焊接坡口形式的选择

坡口形式主要根据板厚、质量要求和采用的焊接方法确定，同时兼顾焊接工作量大小、焊接材料消耗量、坡口加工成本和焊接施工条件等，一定要首先保证焊接质量，其次才考虑生产率和成本。焊条电弧焊的部分坡口形式如图 4.47 所示，详细尺寸可查阅 GB/T 985.1—2008 的规定。

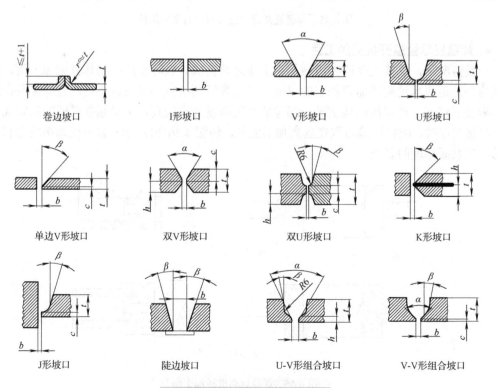

图 4.47　焊条电弧焊接头坡口形式

用焊条电弧焊对接焊板厚为 6mm 以上的板材时，一般要开设坡口，对于重要结构，板厚超过 3mm 就要开设坡口。对于同样厚度的焊接接头，V 形和 U 形坡口只需一面焊，焊接性好，但焊后角变形较大，焊条消耗量也大。双 V 形和双 U 形坡口两面施焊，受热均匀，变形较小，焊条消耗量较小，应尽量选用，但必须两面都可施焊，所以有时受到结构形状的限制。U 形和双 U 形坡口根部较宽，便于焊条下伸，容易焊透，但坡口制备成本较高，一般只在重要、受动载的厚板结构中采用。

埋弧焊接头的坡口形式与焊条电弧焊基本相同，但由于埋弧焊使用的焊接电流较大，熔池较深，所以对于厚度小于 14mm 钢板的对接焊缝，可以不开坡口、不留间隙、单面一次焊成；板厚小于 24mm 时，可不开坡口、双面焊接。焊更厚的工件时须开坡口，一般开 V 形坡口和 X 形坡口；对一些要求较高的重要焊缝，一般开 U 形坡口。

为使焊接接头两侧加热均匀，保证焊接质量，避免因两侧板厚不一致而引起接头处应力集中或产生焊不透等缺陷，设计焊接结构时应尽量采用两侧板厚相同或相近的金属材料。不同厚度钢板对接时，允许的厚度差见表 4.11，当两板厚度差$(\delta-\delta_1)$超过表中规定值时，应在较厚板上做出单面或双面斜边的过渡形式，其斜边过渡长 $L \geqslant 3(\delta-\delta_1)$，如图 4.48 所示。

表 4.11　不同厚度钢板对接时允许的厚度差

较薄板的厚度 δ_1/mm	2～5	5～9	9～12	12
允许厚度差$(\delta-\delta_1)$/mm	1	2	3	4

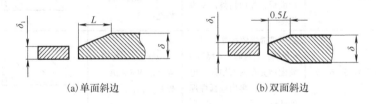

(a) 单面斜边　　　　　　　　　(b) 双面斜边

图 4.48　不同厚度钢板的对接

4.9　典型焊接件工艺设计范例

结构名称：中压容器(图4.49)。

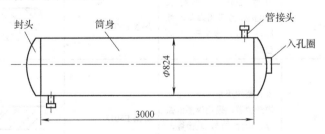

图 4.49　中压容器外形图

材料：16Mn 无缝钢管(原材料尺寸为1200mm×5000mm)。

件厚：筒身12mm；封头14mm；入孔圈20mm；管接头7mm。

生产数量：小批量生产。

工艺设计要点：根据原材料和容器尺寸，筒身分为 3 节，由 3 块钢板冷卷焊接而成。为避免焊缝密集，筒身纵焊缝应相互错开 180°；封头采用热压成形，为使焊缝避开转角应力集中位置，封头与筒身连接处应有 3～5mm 的直段。其焊接工艺图如图 4.50 所示。

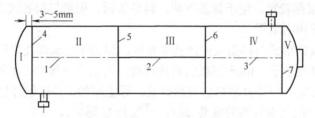

图 4.50　中压容器焊接工艺图

根据各条焊缝的不同情况，应选用相应的焊接方法、接头形式、焊接材料与工艺，其工艺设计见表 4.12。

表 4.12　中压容器焊接工艺设计

序号	焊缝名称	焊接方法与工艺	焊接材料	接头形式
1	筒身纵缝 1、2、3	因容器质量要求较高，又小批量生产，采用埋弧焊，双面焊，先内后外，室内焊接	点固焊条：E5015 焊丝：H08MnA 焊剂：431	
2	筒身环缝 4、5、6、7	采用埋弧焊依次焊 4、5、6 焊缝，先内后外。焊缝 7 装配后先在内部用焊条电弧焊封底，再用埋弧焊焊外环缝	点固焊条：E5015 焊丝：H08MnA 焊剂：431	
3	管接头焊缝	管壁厚 7mm，采用角焊缝插入式装配，选用焊条电弧焊，双面焊	焊条 E5015	
4	入孔圈纵缝	板厚 20mm，焊缝长 100mm，故采用焊条电弧焊，平焊，接头开 V 形坡口	焊条 E5015	
5	入孔圈环缝	入孔圈圆周角焊缝处于立焊缝位置，采用焊条电弧焊，单面坡口，双面焊，焊透	焊条 E5015	

复习思考题

4-1 焊条药皮由什么组成？各有什么作用？

4-2 简述焊条的选用原则。

4-3 焊接接头有几个区域？各区域的组织性能如何？

4-4 阐述产生焊接应力和变形的原因，如何防止和减小焊接变形？

4-5 减小焊接应力的工艺措施有哪些？

4-6 熔焊、压焊和钎焊的实质有何不同？

4-7 熔焊的主要类型有哪些？

4-8 压焊的主要类型有哪些？

4-9 与焊条电弧焊相比，埋弧焊有什么特点？

4-10 请说明激光焊的特点及适用场合。

第5章 粉末材料烧结成形

5.1 概　述

粉末烧结是金属粉末(或与非金属粉末的混合物)通过成形和烧结等工艺制成制品的加工方法,既可以制造用普通熔炼方法难以制取的特殊材料,又可以制造各种精密的机械零件。但其模具和金属粉末成本较高,在批量小或制品尺寸过大时不宜采用。随着粉末烧结生产技术的发展,粉末烧结制品的应用范围也正在日益扩大。

粉末烧结和金属的熔炼及铸造技术有根本的不同。粉末烧结先将均匀混合的粉料压制成形,借助粉末原子间的吸引力和机械咬合作用,使制品结合为具有一定强度的整体,然后在高温下烧结。由于高温下原子活动能力增加,粉末接触面积增多,从而提高了粉末烧结制品的强度。

粉末烧结工艺的基本工序如下。

(1)原料粉末的制取和准备。粉末可以是纯金属或它的合金、非金属与非金属的化合物以及其他各种化合物等。

(2)均匀混合原料粉末及各种添加剂,并制成所需形状的坯块。

(3)将坯块在物料主要组元熔点以下的温度下进行烧结,使制品达到物理、化学和力学性能的需求。

粉末烧结工艺过程如图5.1所示。

图 5.1　粉末烧结工艺过程示意图

近代粉末烧结技术的发展有三个重要阶段:一是克服了难熔金属(如钨、钼等)熔铸过程中的困难,如电灯钨丝和硬质合金的出现;二是成功研制了多孔含油轴承,并发挥了粉末烧结少无切削的特点,促进粉末烧结机械零件的发展;三是促进材料成形工艺向新材料、新工艺发展。

由于粉末成形所需的模具加工制作较为困难,成本昂贵,因此粉末烧结方法的经济效益只表现在大规模生产上。粉末烧结工艺的不足之处是粉末成本较高,制品的大小和形状受到限制,烧结件的抗冲击性较差等。但是,随着粉末烧结技术的发展,以及新工艺的不断出现与完善,工艺的不足正被逐步克服。

粉末烧结材料和制品在机械加工、电机制造、精密仪器、电器和电子工业、武器装备、航空航天等领域已应用得十分广泛，粉末烧结制品在工业部门的应用举例见表 5.1。

表 5.1　粉末烧结制品的应用

工业部门	粉末烧结制品应用举例
机械加工	硬质合金、金属陶瓷、粉末高速钢
汽车、拖拉机、机床制造	机械零件、摩擦材料、多孔含油轴承、过滤器
电机制造	多孔含油轴承、铜-石墨电刷
精密仪器	仪表零件、软磁材料、硬磁材料
电器和电子工业	电触头材料、电真空电极材料、磁性材料
计算机工业	记忆元件
化学、石油工业	过滤器、防腐零件、催化剂
武器装备	穿甲弹头、军械零件、高比重合金
航空	摩擦片、过滤器、防冻用多孔材料、粉末超合金
航天和火箭	发汗材料、难熔金属及其合金、纤维强化材料
原子能工程	核燃料元件、反应堆结构材料、控制材料

用粉末烧结技术批量生产机械零件时，具有生产效率高，能耗低，材料省，价格低廉等特点，其经济效益对比见表 5.2。

表 5.2　用粉末烧结技术制造机械零件与仪表零件的经济效益对比

零件名称	1t 零件的金属消耗量/t		相对劳动量		1000 个零件的相对成本	
	机械加工	粉末烧结	机械加工	粉末烧结	机械加工	粉末烧结
液压泵齿轮	1.80~1.90	1.05~1.10	1.0	0.30	1.0	0.50
钛制坚固螺母	1.85~1.95	1.10~1.12	1.0	0.50	1.0	0.50
黄铜制轴承保持架	1.75~1.85	1.13~1.15	1.0	0.45	1.0	0.35
飞机导线用铝合金固定夹	1.85~1.95	1.05~1.09	1.0	0.35	1.0	0.40

5.2　粉末烧结成形原理

5.2.1　粉末化学成分及性能

1. 金属粉末的化学成分

金属粉末的化学成分一般是指主要金属或组元的含量、杂质或夹杂物的含量以及气体含量。金属粉末中主要金属的纯度一般不低于 98%。

氧化物是金属粉末中最常存在的夹杂物，可分为易被氢还原的金属氧化物(铁、铜、钨、钴、钼等的氧化物)和难还原的金属氧化物(如铬、锰、硅、钛、铝等的氧化物)。氧化物会降低金属粉末的压缩性，并增大压模的磨损，因此，金属粉末的氧化物含量降低有利于金属粉末的烧结。但是，有时少量的易还原金属氧化物有利于金属粉末的烧结。

金属粉末中主要的气体杂质是氧气、氢气、一氧化碳及氮气，气体杂质会增加金属粉末的脆性，降低其压制性及其他性能，特别是使一些难熔金属与化合物(如钛、铬、碳化物、硼化物、硅化物)产生塑性破坏。此外，加热会导致气体的强烈析出，也将对压坯在烧结时的收缩造成影响。

因此，一些金属粉末往往需要进行真空脱气处理，以除去气体杂质。

2. 金属粉末的性能

金属粉末的性能对其成形和烧结过程以及制品的性能都有重大影响。金属粉末的基本性能可分为物理性能和工艺性能。

1) 物理性能

金属粉末的物理性能包括颗粒形状、颗粒大小、粒度分布和比表面积。

金属粉末的颗粒形状是决定粉末工艺性能的因素之一。颗粒的形状通常有球状、树枝状、针状、海绵状、粒状、片状、角状和不规则状，它与粉末的制造方法有关，也与制造过程的工艺参数相关。

金属粉末的颗粒大小对其压制成形时的比压、烧结时的收缩及烧结制品的力学性能有较大影响，通常情况下可用筛测定颗粒大小，将颗粒的大小用若干目数来表示。

粒度分布是指不同颗粒级的相对含量，也称作粒度组成，它对金属粉末的压制和烧结都有较大影响。

比表面积是指单位重量粉末的总表面积，可通过试验测定。由比表面积可以计算出粉末颗粒(球状等规则形状)的平均直径。

2) 工艺性能

金属粉末的工艺性能包括松装密度、流动性、压制性。

松装密度是指金属粉末在规定的条件下，自由流入一定容积的容器时，单位体积松装粉末的重量。松装密度是金属粉末的一项重要特性，它取决于材料密度、颗粒大小、颗粒形状和粒度分布。松装密度对粉末成形时的装粉与烧结极为重要，一般粉末压制成形时，是将一定体积或重量的粉末装入压模中，然后压制到一定高度或施加一定压力进行成形，若粉末的松装密度不同，压坯的高度或孔隙率就必然不同。所以松装密度是压模设计的一个重要参数。

流动性是指将 50g 粉末从圆锥角为 $60°$、孔径为 $2.5^{+0.02}$mm 的漏斗中流出的时间(s)。它对于自动压制时的快速连续装粉和压制复杂形状零件时的均匀装粉十分重要。

压制性包括压缩性与成形性。压缩性是指金属粉末在压制过程中的压缩能力。它取决于粉末颗粒的塑性，并在相当大的程度上与颗粒的大小及形状有关。一般用在一定压力(如 40kPa)下压制时获得的压坯密度来表示。为保证压坯品质，使其具有一定的强度，且便于生产过程中的运输，粉末须有良好的成形性。

5.2.2 粉末烧结成形特点

1. 粉末烧结成形方法的优点

(1)可以制造出组元彼此不熔合，且比重、熔点悬殊的金属所组成的"不同种类合金"(如钨-铜的电触点材料)，也可生产出不能构成合金的金属与非金属的复合材料(如铁、氧化铝、石棉粉末制成的摩擦材料)。

(2)能制造出难熔合金(如钨-钼合金)或难熔金属及其碳化物的粉末制品(如硬质合金等),金属或非金属氧化物、氮化物、硼化物的粉末制品(如金属陶瓷)。它们用一般熔炼与铸造方法很难生产。

(3)由于烧结时主要组元没有熔化,又在还原性气氛或真空中进行,既无氧化烧损,也不带入杂质,因而能准确控制成分及性能。

(4)可直接制造出质量均匀的多孔性制品,如含油轴承、过滤元件。

(5)能直接制造出尺寸准确、表面光洁的零件,一般可省去或大大减少切削加工工时,因而制造成本可显著降低。

2. 粉末烧结成形方法的缺陷

(1)由于粉末烧结制品内部总有孔隙,因此普通粉末烧结制品的强度比同样成分的锻件或铸件低 20%～30%。

(2)成形过程中粉末的流动性远不如液态金属,因此对产品形状有一定限制。

(3)压制成形所需的压强高,因而制品的重量受限制,一般小于 10kg。

(4)压模成本高,只适用于批量生产的零件。

5.2.3　粉末烧结成形机理

粉末烧结成形机理包括压制机理和烧结机理。

1. 压制机理

压制是在模具或其他容器中,在外力作用下,将粉末紧实成预定形状和尺寸的工艺过程。钢模冷压成形过程如图 5.2 所示。将粉料装入阴模,通过上下模冲对其施压。在压缩过程中,随着粉末的移动和变形,较大的孔隙被填充,颗粒表面的氧化膜被破碎,颗粒间的接触面积增大,使原子间产生吸引力且颗粒间的机械咬合作用增强,从而形成具有一定密度和强度的压坯。

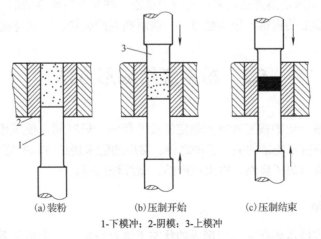

(a)装粉　　　　(b)压制开始　　　　(c)压制结束

1-下模冲;2-阴模;3-上模冲

图 5.2　粉末压制过程

2. 烧结机理

烧结是粉末或压坯在低于其主要组分熔点的温度下的热处理,目的在于通过颗粒间的冶金结合来提高其强度，是粉末冶金的关键工序。

烧结过程中，随着温度升高，粉末或压坯中将产生一系列的物理和化学变化，开始时有水和有机物的蒸发或挥发、吸附气体的排除、应力的消除以及粉末颗粒表面氧化物的还原等，随后有粉末表层原子间的相互扩散和塑性流动。随着颗粒间接触面积的增大，将会产生再结晶和晶粒长大，有时还会出现固相的熔化和重结晶。以上各过程往往相互重叠、相互影响，使烧结过程变得十分复杂。烧结过程中制品显微组织的变化如图 5.3 所示。

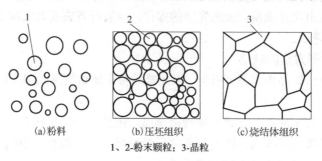

(a)粉料　　　　　　(b)压坯组织　　　　　　(c)烧结体组织

1、2-粉末颗粒；3-晶粒

图 5.3　烧结过程中制品显微组织的变化

5.2.4　粉末烧结成形应用

(1)机械零件类。可以采用粉末烧结方法制造的机器零件很多，如铁基或铜基的含油轴承；铁基粉末烧结的齿轮、凸轮、滚轮、链轮、枪机、模具；铜基或铁基加上石墨、二硫化钼、氧化硅、石棉粉末制成的摩擦离合器、制动片等。

(2)工具类。如用碳化钨与金属钴粉末制成的硬质合金刀具、模具、量具；用氧化铝、氮化硼、氮化硅等与合金粉末制成的金属陶瓷刀具；用人造金刚石与合金粉末制成的金刚石工具等。

(3)其他方面。粉末烧结方法还可广泛用于制造一些具有特殊性能的元件，如铁镍钴永磁体；接触器或继电器上的铜钨、银钨触点；一些耐高温的火箭、宇航与核工业零件。

5.3　粉末烧结成形方法

烧结是将压坯按一定的规范加热到规定温度并保温一段时间，使压坯获得一定的物理及力学性能的工序，是粉末烧结的关键工序之一。常用的粉末烧结方法有固相烧结、液相烧结、选区激光烧结、放电等离子烧结、电火花烧结、微波烧结等。

5.3.1　固相烧结

固相烧结是粉末或压坯在无液相形成的状态下进行烧结，分为单元系固相烧结和多元系固相烧结两类。

1. 单元系固相烧结

单元系固相烧结是指单一成分的粉末或者单一成分粉末压坯的烧结。单一成分有如下几种情况：①纯金属粉末，如纯铁、纯铜、纯钼粉等；②合金粉末，如不锈钢粉、青铜粉、黄铜粉等；③化合物粉末，如 WC、$MoSi_2$、Al_2O_3 等。

单元系固相烧结的特点是在烧结中只发生颗粒之间的冶金结合，没有化学成分和相组织的变化，这类烧结通常在其熔点的 2/3~4/5 温度下进行。

2. 多元系固相烧结

多元系固相烧结是指两种以上单一粉末的混合粉末或混合粉末压坯的烧结，烧结是在固态状态下进行的，烧结中没有液相的出现，如铁粉和石墨混合粉末压坯的烧结。

多元系固相烧结除颗粒之间的烧结之外，还发生了粉末之间的合金化反应，产生新相。如铁和碳反应：

$$Fe + C(石墨) \rightarrow \gamma\text{-}Fe$$

最后形成了铁碳固溶体 γ-Fe。多元系固相烧结比单元系固相烧结要复杂。根据合金化反应，这类烧结又可分为无限互溶系固相烧结、有限互溶系固相烧结和互不相溶系固相烧结。这三种体系的烧结结果如图 5.4 所示。

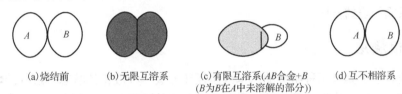

(a)烧结前　　(b)无限互溶　　(c)有限互溶(AB合金+B　　(d)互不相溶
　　　　　　　　　　　　(B为B在A中未溶解的部分))

图 5.4　多元系固相烧结示意图

1) 无限互溶系固相烧结

无限互溶系固相烧结，即在合金相图中是无限互溶的体系烧结，如 Fe-Ni、Cu-Ni 系的烧结。无限互溶的意思是任一比例的两种或两种以上的粉末，在烧结中都可以融合在一起。这类烧结在烧结后将产生单一的相组。例如，任一比例的铁粉和镍粉烧结，将会有

$$Fe + Ni \rightarrow Fe(Ni)$$

烧结后纯铁和纯镍完全消失，而得到的是 Fe(Ni) 固溶体组织。

对于这类体系的烧结，除单元系所要求的密度、孔隙率外，还有合金均匀化的要求，即 A、B 两个元素完全合金化，没有残余的 A 相和 B 相，并且 A 和 B 元素在新相 AB 中分布均匀。成分均匀性检测方法有 X 射线法、金相和成分分析法。

2) 有限互溶系固相烧结

有限互溶系是在合金相图中有限互溶的体系。当混合粉末的比例超出了合金的溶解度时，超出的部分将会被残留下来，在烧结后将产生两相或多相组织，如 Fe-C、Fe-Cu、Fe-Cu-C 等。以 Fe-Cu 为例，Cu 在 Fe 中的溶解度为 8%，当 Fe-Cu 混合粉末中 Cu 的比例超出 8%时，烧结中将会有

$$Fe + Cu \rightarrow Fe(Cu) + Cu$$

最后得到的是纯 Cu 相加 Fe(Cu) 合金相的两相组织。

对这类合金烧结的要求与无限互溶系相同，也有合金均匀化的要求，即合金元素要完全溶解在合金中，或达到最大的溶解度，获得产品设计所需的合金相组织，其检测的方法也

可采用 X 射线法、金相和成分分析法。

3) 互不相溶系固相烧结

互不相溶系，即在合金相图中相互之间无溶解度的体系，如 W-Cu、Cu-C、Ag-CdO 等，这类烧结如同单元系固相烧结，只发生颗粒之间的烧结，烧结前后的相组织不发生变化。

互不相溶的两种粉末进行烧结要满足的条件是

$$\gamma_{AB} < \gamma_A + \gamma_B$$

式中，γ_{AB} 为形成新界面的表面能；γ_A、γ_B 分别为组元 A、B 的表面能。

即如果 A、B 两粉末颗粒接触点烧结形成的界面表面能低于 A、B 单独存在时的表面能，则可能发生 A、B 粉末之间以及 AA 和 BB 之间的烧结。否则，不会发生 A、B 之间的烧结，而只能发生 AA 和 BB 之间的烧结。

若 $\gamma_{AB} > |\gamma_A + \gamma_B|$，这种情况下除发生 AA 和 BB 之间的烧结外，还会发生 A、B 之间的部分烧结，A、B 之间的烧结接触达到某一临界值后停止。

若 $\gamma_{AB} < |\gamma_A + \gamma_B|$，在 A、B 之间将发生表面能低的组元覆盖在表面能高的组元颗粒表面，然后同单元系固相烧结一样。

5.3.2　液相烧结

液相烧结是至少具有两种组分的粉末或压坯在形成一种液相的状态下进行的烧结。

如果液相只存在于烧结过程中的一段时间，烧结后期消失，这类烧结称为瞬间液相烧结，如 Cu 的比例低于 8% 的 Fe-Cu 系，当烧结温度高于铜的熔点（1083℃）时，铜便会熔化，形成液相。由于铜在铁中有一定的溶解度，因此在熔化的同时，液相铜也会溶入固相的铁中，液相铜很快便会消失，然后又成为固相烧结。

如果在烧结中液相始终存在于烧结体中，就称为液相烧结。如 W-Cu 系的烧结，在 1500℃左右的烧结温度下，Cu 始终以液相存在，直至烧结后冷却。

液相金属具有流动性、毛细管力和扩散性，所以液相可促进烧结体的合金化和致密化。通过液相烧结可获得高密度的烧结合金，甚至可以得到完全致密的合金。

1. 液相烧结的条件

液相烧结必须满足以下三方面的条件，才会发挥液相的有利作用。

1) 润湿性

润湿性即液相对固相必须润湿。液相对固相是否润湿和润湿性的好坏由润湿角来衡量，如图 5.5 所示。液相在固相上铺展后，液相上的切线与固相之间的夹角即为润湿角。

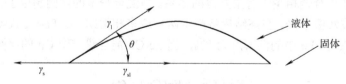

图 5.5　液相对固相的润湿

若 $\theta = 0°$，则表明液相对固相完全润湿；若 $0° < \theta < 90°$，则是部分润湿；若 $>90°$，则表明不润湿。对固相不润湿的液相是不能进行液相烧结的，在这种情况下，液相会从烧结体

中流出，生产上称为出汗。θ 角可以测定出来，也可以根据表面张力计算出来，由图 5.5 可以得到

$$\gamma_s = \gamma_{sl} + \gamma_1 \cos\theta$$

式中，γ_s 为固相的表面张力；γ_1 为液相的表面张力；γ_{sl} 为固-液相之间的表面张力。

在选择液相烧结体系时必须选择液相对固相有润湿性的金属，并且还要注意固相颗粒表面的纯洁性，因为颗粒表面污染，如氧化膜、吸附气体等均能降低液相对固相的润湿性。

2) 溶解度

液相形成后固相物质在液相中要有一定的溶解度，因为：①固相有限溶解于液相可以改善润湿性；②固相溶于液相可增加液相量；③固相溶于液相可以在固-液相之间进行原子扩散，有利于液相的作用；④液相中的固相在冷却时的析出可填补固相颗粒表面的缺陷和间隙，并增大固相颗粒分布的均匀性。

3) 液相数量

烧结中必须有一定数量的液相，以确保液相能填满固相的间隙，当然液相数量不能过多，否则不能保持烧结体的形状，液相数量以占体积的 20%～50% 为宜。

2. 液相烧结的基本过程

液相烧结的基本过程分为三个阶段。

1) 液相生成与颗粒重排阶段

液相形成后，在表面张力作用下，将会使固相颗粒趋于更致密的排列，所以这一阶段烧结体密度上升很快，如图 5.6 所示。

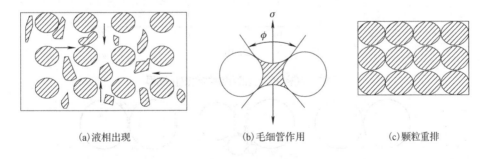

(a) 液相出现　　　　　　　　(b) 毛细管作用　　　　　　　　(c) 颗粒重排

图 5.6　颗粒重排示意图

2) 固相溶解与再沉淀阶段

由于固相在液相中有一定的溶解度，在液相形成后，与液相接触的固相溶解于液相达饱和程度。由于大小颗粒以及颗粒凹凸面的溶解度是有差别的，因此只要烧结体系中存在颗粒大小之差，以及凹凸不平的颗粒，固相的溶解和析出便会一直进行。烧结之后，固相颗粒尺寸明显长大，颗粒的形状趋于规则。物质的迁移是通过液相的扩散来进行的。这一阶段致密化速度减慢。

3) 固相的烧结阶段

经过前两个阶段，固相颗粒之间相互靠拢，在固相颗粒与固相颗粒接触之间发生固相烧

结，这种固相颗粒之间的烧结形成类似于骨架一样的固体颗粒连接形态。剩余的液相填充于骨架之间，这一阶段以固相之间的烧结为主，致密化已基本完成。

　　实际上，上述三个阶段是互相重叠的，图 5.7 为高密度合金液相烧结致密化过程。可以看出，第一阶段致密化速率最高，第二阶段次之，第三阶段趋于平稳。高密度合金致密化的中间或溶解-再沉淀阶段，发生了三种物质迁移过程，如图 5.8 所示。图 5.8(a) 为毛细管作用，相邻颗粒的中心移近，致使接触区变成平直的界面，实现致密化。图 5.8(b) 为小颗粒溶解，再沉淀在大颗粒上，随着烧结时间的延长，颗粒长大。图 5.8(c) 为固相颗粒并合，这是通过原子在晶界的扩散完成的。值得注意的是，如果在溶解-再沉淀过程中压坯已完全致密，在固相烧结时可能会出现晶粒长大。图 5.9(a) 是重合金在 1450℃下烧结 1h 的显微组织，固相由圆化的较细颗粒组成；而经过 6h 烧结，固相颗粒长得特别粗大，如图 5.9(b) 所示。这种晶粒粗化会严重降低材料的力学性能。

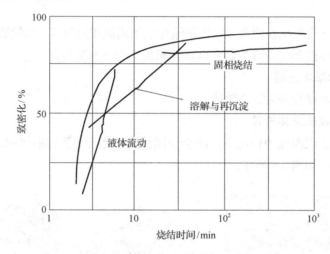

图 5.7　高密度合金液相烧结致密化过程

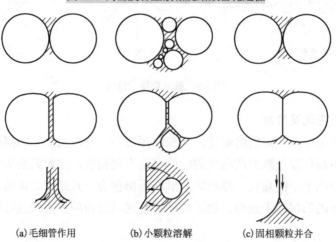

(a) 毛细管作用　　　　　(b) 小颗粒溶解　　　　　(c) 固相颗粒并合

图 5.8　液相烧结的溶解-再沉淀阶段的三种物质迁移机理示意图

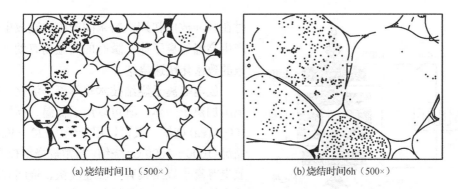

(a)烧结时间1h（500×）　　　　　　　　　(b)烧结时间6h（500×）

图 5.9　重合金 90.6%W+5.7%Ni+2.5%Cu 的显微组织(烧结温度为 1450℃)

5.3.3　选区激光烧结

选区激光烧结(SLS)技术是制造粉末烧结材料的一种重要方法.利用选区激光烧结技术制造粉末烧结材料的成形过程如图 5.10 所示。首先，由铺粉辊在工作台上铺一层粉末材料，然后，激光束在计算机控制下，根据数字模型分层的截面信息对工作台上的粉末进行选择性扫描，并使制品截面实心部分的粉末熔化或烧结在一起，形成零件的一层轮廓。每完成一层，工作台便会下降一个层高的距离，铺粉辊会重新在工作台上铺一层粉末材料，再进行下一层的粉末激光熔化或烧结，重复类似过程，层层堆叠便形成了一个三维实体零件。

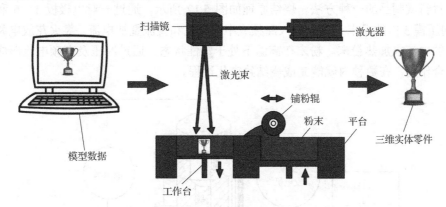

图 5.10　选区激光烧结的成形工艺过程

此外，在选区激光烧结过程中，粉末材料除零件的主体粉末外，还需要添加一定比例的黏结剂粉末，黏结剂粉末一般为熔点较低的金属粉末或有机材料，利用被熔化的材料实现黏结成形。例如，陶瓷材料的 SLS 生坯一般还需要经过去除黏结剂和烧结等后处理工序，最终获得陶瓷制品。

5.3.4　放电等离子烧结

放电等离子烧结(SPS)是指将粉末装入石墨模具内，再通过电源控制装置产生脉冲电压，并与上、下模的压制压力一同施加到粉末上，如图 5.11 所示。在放电等离子烧结过程中，强脉冲电流施加在粉末颗粒间，产生有利于快速烧结的效应，放电加工具有烧结促进作用，同

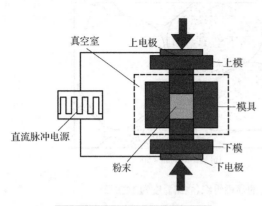

图 5.11　放电等离子烧结示意图

时在脉冲放电初期,粉末间产生火花放电现象,产生高温等离子体,瞬时的高温场有助于实现粉末的致密化快速烧结。

放电等离子烧结技术集等离子活化、热压和电阻加热于一体,既可以用于低温、高压(500~1000MPa)烧结,又可以用于低压(20~30MPa)、高温(1000~2000℃)烧结。与常规烧结技术相比,放电等离子烧结具有升温速度快、烧结时间短、节省能源、制品晶粒均匀、致密度高、有利于控制烧结体显微结构、制品性能高等特点。例如,放电等离子烧结小型制品时,一般只需要数秒至数分钟,升温速率可以高达 10^6℃/s,自动化生产率可达 400 件/h,放电等离子烧结的耗电量只为电阻烧结的 1/10。放电等离子烧结广泛用于金属、陶瓷和各种复合材料的烧结。

5.3.5　电火花烧结

电火花烧结是将金属等粉末装入石墨或其他导电材料制成的模具内,利用上、下模冲兼通电电极将特定烧结电源和压制压力施于烧结粉末,经放电活化、热塑变形和冷却,完成制取高性能材料或制品的一种方法。烧结原理如图 5.12 所示。通过一对电极板 1、6 和上下模冲 2、5 向压模 3 内的粉末 4 直接通入高频或中频交流和直流叠加电流。靠火花放电和通过粉末与压模的电流来加热粉末。粉末在高温下处于塑性状态,通过冲压及高频电流形成的机械脉冲波联合作用,在数秒内就能完成烧结致密化过程。

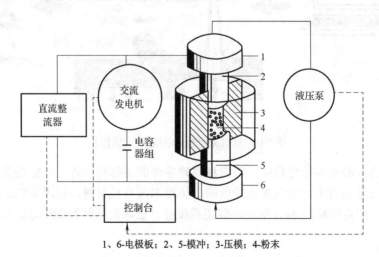

1、6-电极板;2、5-模冲;3-压模;4-粉末

图 5.12　电火花烧结原理

电火花烧结的工艺特点是成形压力低、烧结时间短、节省能源、模具成本低、加工方便、对粉末原料种类的限制小。用电火花烧结工艺制成的材料晶粒细小、致密度高、物理/化学/力学性能好。

5.3.6　微波烧结

　　微波烧结是利用微波具有的特殊波段与材料的基本细微结构耦合而产生热量，通过材料的介质损耗使材料整体加热至烧结温度而实现致密化的方法。微波是一种高频电磁波，其频率范围为 0.3～300GHz。微波烧结使用的频率主要为 915MHz 和 2.45GHz 两种波段。微波烧结的优点是：①可经济地获得 2000℃高温；②加热速度快，升温速率可达到 50℃/min；③具有即时性特点，只要有微波辐射，物料即可得到加热；④微波能量转换率高，可达 80%～90%；⑤与常规烧结相比，可以抑制晶粒组织长大，获得超细晶粒结构材料，显著改善材料的显微组织。微波烧结可制备不锈钢、钢铁合金、铜锌合金、钨铜合金、镍基高温合金、硬质合金及电子陶瓷等。

　　图 5.13 为微波烧结装置的详细结构示意图。影响微波烧结的因素主要有微波频率和功率、烧结时间、烧结升温速率、材料本身的介电损耗特性。

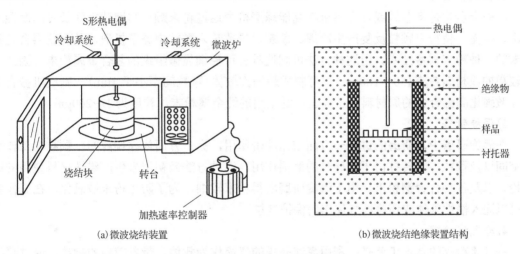

(a) 微波烧结装置　　　　　　　　　　　　　(b) 微波烧结绝缘装置结构

图 5.13　微波烧结装置结构示意图

5.4　粉末烧结成形工艺

5.4.1　粉末制备

　　粉末烧结的生产工艺是从制取原材料粉末开始的。制取粉末的方法多，其选择主要取决于该材料的性能及制取方法的成本。粉末的形成是将能量传递到材料，从而制造新生表面的过程。例如，一块 $1m^3$ 的金属可制成大约 $2×10^{18}$ 个直径为 $1\mu m$ 的球形颗粒，其表面积大约为 $6×10^6 m^2$。要形成这么大的表面，需要很大的能量。

　　金属粉末的制取方法可分为机械法和物理化学法两大类。机械法是将原材料进行机械粉碎，而化学成分基本不发生变化的工艺过程；物理化学法则是借助化学或物理的作用，改变原材料的化学成分或聚集状态，而获得粉末的工艺过程。

　　但是，在粉末烧结生产实践中，机械法和物理化学法之间并没有明显的界线，而是相互补充的。例如，可使用机械法去研磨还原法所得粉末，以消除应力、脱碳以及减少氧化物。

1. 机械粉碎法

固态金属的机械粉碎法既是一种独立的制粉方法，又常常作为某些制备方法的补充工序。机械粉碎是靠压碎、击碎和磨削等作用，将块状金属、合金或化合物机械地粉碎成粉末。依据物料粉碎的最终程度，可以分为粗碎和细碎两类。以压碎为主要作用的有碾碎、辊轧以及颚式破碎等；以击碎为主的有锤磨；属于击碎和磨削等多方面作用的机械粉碎有球磨、棒磨等。实践表明，机械研磨比较适用于脆性材料，塑性金属或合金制取粉末多采用机械合金化、涡旋研磨、冷气流粉碎等方法。

1) 机械研磨法

机械研磨法可以减小粉末粒度、实现合金化、实现固态混料、改善/转变或改变材料的性能等。研磨后的金属粉末会有加工硬化、形状不规则、流动性变差和团块等特征。

2) 机械合金化

机械合金化是指金属或合金粉末在高能球磨机中通过粉末颗粒与磨球之间长时间激烈地冲击、碰撞，使粉末颗粒反复产生冷焊、断裂，导致粉末颗粒中原子扩散，从而获得合金化粉末的一种粉末制备技术。用这种方法可制造具有可控细显微组织的复合金属粉末。因此，用较粗的原材料粉末(50～100μm)也可制成超细弥散体(颗粒间距小于1μm)。制造机械合金化弥散强化高温合金的原材料是工业上广泛采用的纯金属粉末，粒度为1～200μm。

3) 涡旋研磨

在涡旋研磨中，研磨的进行一方面依靠冲击作用，另一方面依靠颗粒间、颗粒与工作室内空间以及颗粒与回转打击子相碰时的磨损作用，这种方法最初用来生产磁性材料使用的纯铁粉，以及各种合金钢粉末。由于涡旋研磨所得粉末较细，为了防止粉末被氧化，在工作室中可以通入惰性气体或还原性气体作为保护气氛。

4) 冷气流粉碎

冷气流粉碎的基本工艺是：利用高速高压的气流作为载体，带着较粗的颗粒，通过喷嘴轰击位于击碎室中的靶子后，气流压力立即从7MPa的高压降到0.1MPa，发生绝热膨胀，从而使金属靶和击碎室的温度降到室温以下，甚至零摄氏度以下，并将冷却了的颗粒粉碎。气流压力越大，制得的粉末粒度越细。冷气流粉碎方法适用于粉碎硬质的以及比较昂贵的材料，可迅速将3mm左右的颗粒原料变成微米级的颗粒。该方法工艺简单，生产费用低，作业温度低(可防止氧化和自燃)，能保持高纯度以及控制被粉碎材料的粒度。

2. 雾化法

将各种雾化高质量粉末与新的致密技术相结合，出现了许多粉末烧结新产品，其性能往往优于相应的铸锻产品。

雾化法是将液体金属或合金直接破碎，形成直径小于150μm的细小液滴，冷凝而成为粉末。该法可以用来制取多种金属粉末和各种合金粉末。实际上，任何能形成液体的材料都可以通过雾化法来制取粉末。

制造大颗粒粉末时，只要让熔融金属通过小孔或筛网自动注入空气或水中，冷凝后便得到金属粉末。这种方法制得的粉末粒度较粗，一般为0.5～1mm，它适于制取低熔点金属粉末。

借助高压水流或高压气流的冲击来破碎液流，称为水雾化或气雾化，也称为二流雾化，如图 5.14 所示；用离心力破碎液流称为离心雾化，如图 5.15 所示；在真空中雾化称为真空雾化，如图 5.16 所示；利用超声波能量来实现液流的破碎称作超声波雾化，如图 5.17 所示。

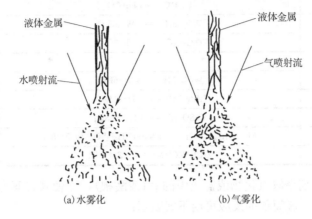

(a) 水雾化　　　　　　　　　　(b) 气雾化

图 5.14　水雾化和气雾化示意图

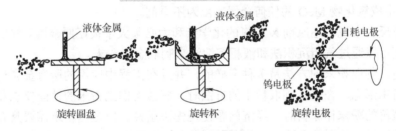

旋转圆盘　　　　　　　旋转杯　　　　　　旋转电极

图 5.15　离心雾化示意图

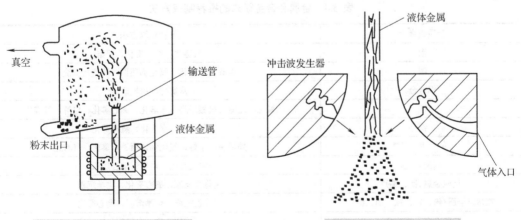

图 5.16　真空(溶气)雾化示意图　　　　　图 5.17　超声波雾化示意图

3. 还原法

用还原剂还原金属氧化物及盐类来制取金属粉末是一种广泛采用的制粉方法。还原剂可呈固态、液态或气态，被还原物料也可以是固态、液态或气态物质。用不同还原剂和被还原物料进行还原作用来制取粉末的例子见表 5.3。

表5.3　还原法广义的使用范围

被还原物料	还原剂	举例	备注
固体	固体	$FeO+C \longrightarrow Fe+CO$	固体碳还原
固体	气体	$WO_3+3H_2 \longrightarrow W+3H_2O$	气体还原
固体	熔体	$ThO_2+2Ca \longrightarrow Th+2CaO$	金属热还原
气体	固体	—	
气体	气体	$WCl_6+3H_2 \longrightarrow W+6HCl$	气相氢还原
气体	熔体	$TiCl_4+2Mg \longrightarrow Ti+2MgCl_2$	气相金属热还原
溶液	固体	$CuSO_4+Fe \longrightarrow Cu+FeSO_4$	置换
溶液	气体	$Me(NH_3)_nSO_4+H_2 \longrightarrow Me+(NH_4)_2SO_4+(n-2)NH_3$	溶液—气相氢还原
熔盐	熔体	$ZrCl_4+KCl+Mg \longrightarrow Zr+产物$	金属热还原

还原是通过还原剂夺取氧化物或盐类中的氧(或酸根)，而使其转变为金属元素和低价氧化物(低价盐)的过程。最简单的反应可用下式表示：

$$MeO+X \longrightarrow Me+XO$$

式中，Me为生成氧化物MeO的任何金属；X为还原剂。

对于还原反应来说，还原剂X对氧的化学亲和力必须大于被还原金属对氧的亲和力。

此外，还可以通过气相沉积法和液相沉淀法来制取金属粉末。

综上所述，制取粉末的方法是多种多样的，并且在工程中应用的所有金属材料几乎都可以加工成为粉末形态。在选择制取粉末的方法时，应该考虑到粉末的性能要求和经济原则。当需要采用廉价的粉末作原料时，经济问题便是先决条件。但是当粉末需要具有严格的性能要求时，可选用昂贵的制粉方法，一些金属和合金粉末的推荐制取方法见表5.4。

表5.4　金属和合金粉末的推荐制取方法

金属或合金	推荐制取方法
铝	气雾化、空气雾化、研磨
铜	电解、水雾化、氧化物还原、硫酸盐沉淀
铜合金	水雾化、机械研磨
铁	氧化物还原、机械研磨、水雾化、离心雾化、电解、气雾化
钢	气雾化、水雾化、蒸汽雾化
镍	羰基法、电解、氧化物还原、水雾化、气雾化
精密合金	空气雾化、电解、混合还原
反应金属(钛、锆)	氯化物还原、离心雾化、化学沉积
高熔点金属(钒、钼、铼、钽、铪)	氧化物还原、化学沉积、离心雾化
特殊合金、超合金	气雾化、水雾化

5.4.2　粉末预处理

粉末烧结成形前，要对粉末进行预处理。预处理包括退火、筛分、制粒等。

1. 退火

粉末的预先退火可使残留氧化物进一步还原，降低碳和其他杂质的含量，提高粉末的纯

度，消除粉末的加工硬化等。用还原法、机械研磨法、电解法、雾化法以及羰基离解法所制
得的粉末都要经退火处理。此外，为防止某些超细金属粉末的自燃，需要将其表面钝化，也
要作退火处理。经过退火处理的粉末，压制性得到改善，压坯的弹性后效相应减小。退火对
粉末性能的影响见表 5.5。

表 5.5　不同条件下退火 1h 还原铁粉化学成分的变化

粉末	退火条件		w_B/%			
	温度/℃	气氛	Fe	C	Mn	Si
原始粉末	—	—	97.7	0.06	0.30	0.40
退火粉末	800	H_2	98.9	0.03	0.30	0.40
退火粉末	800	$H_2+\varphi HCl10\%$	99.2	0.03	0.23	0.30
退火粉末	1100	H_2	99.5	0.03	0.30	—
退火粉末	1100	$H_2+\varphi HCl10\%$	99.6	0.02	0.10	0.25

退火温度根据金属粉末的种类而异，一般退火温度可按下式计算：

$$T_{退} = (0.5 \sim 0.6) T_{熔}$$

式中，$T_{退}$ 为退火温度，K；$T_{熔}$ 为合金的熔点，K。

有时，为了进一步提高粉末的化学纯度，退火温度也可超过上述计算值。

退火一般用还原性气氛，有时也可用惰性气体或者真空。要求清除杂质和氧化物，即进
一步提高粉末化学纯度时，要采用还原性气氛(氢、离解氨、转化天然气或煤气)或者真空退
火。为了消除粉末的加工硬化或者使细粉末粗化防止自燃，可以用惰性气体作为退火气氛。
退火气氛对粉末压制性能的影响见表 5.6。

表 5.6　退火气氛对粉末压制性能的影响

压坯压力/MPa	压坯的孔隙率 /%(电解铁粉，750℃，2h)		
	H_2	HCl	真空/Pa
200	34.4	32.0	4
400	23.8	21.0	2.5
600	16.9	14.7	1.65
800	12.6	11.3	1.2
1000	11.3	8.0	0.9

2. 筛分

筛分的目的在于把颗粒大小不匀的原始粉末进行分组，使粉末能够按照粒度分成大小范
围更窄的若干等级。通常用标准筛网制成的筛子或振动筛来进行粉末的筛分。

3. 制粒

制粒是将小颗粒的粉末制成大颗粒或团粒的工序，常用来改善粉末的流动性，在硬质合
金生产中，为了便于自动成形，使粉未能顺利充填模腔就必须先进行制粒。能承担制粒任务
的设备有滚筒制粒机、圆盘制粒机和振动筛等。

4. 混合

混合是将两种或两种以上不同成分的粉末均匀混合的过程。有时需将成分相同而粒度不

同的粉末进行混合，称为合批。混合质量不仅影响成形过程和压坯质量，而且会严重影响烧结过程的进行和最终制品的质量。混合有机械法和化学法两种方法。

1) 机械法

机械法在生产中广泛应用。常用的混料机有球磨机、V 形混合器、锥形混合器、酒桶式混合器、螺旋混合器等。机械法混料又可分为干混和湿混。铁基等制品生产中广泛采用干混，制备硬质合金混合料时经常使用湿混。湿混时常用的液体介质为酒精、汽油、丙酮等。为了保证湿混过程能顺利进行，对湿混介质的要求是：不与物料发生化学反应，沸点低，易挥发，无毒性，来源广泛，成本低等。湿混介质的加入量必须适当，否则不利于研磨和高效率的混合。

2) 化学法

化学法是将金属或化合物粉末与添加金属的盐溶液均匀混合，或者是各组元全部以某种盐的溶液形式混合，然后来制取钨-铜-镍高密度合金、铁-镍磁性材料、银-钨触头合金等混合物原料。

粉末混合料中常常要添加一些能改善成形过程的物质，即润滑剂或成形剂，或者添加在烧结过程中能造成一定孔隙的造孔剂。这类物质在烧结时可挥发干净，例如，可选用石蜡、合成橡胶、樟脑、塑料以及硬脂酸或硬脂酸盐等物质作为添加剂。

此外，生产粉末烧结过滤材料时，在提高制品强度的同时，为了保证制品有连通的孔隙，可加入充填剂。能起充填作用的物质有碳酸钠等，既可以防止形成闭孔隙，还会加剧扩散过程，从而提高制品的强度。充填剂常常以盐的水溶液方式加入。

5.4.3　粉末成形

在粉末烧结零件的生产过程中，粉末成形是一个基本工序。它的主要功能有以下几点：

(1) 将粉末成形为所要求的形状；

(2) 使坯体具有精确的几何形状与尺寸，此时应考虑烧结过程中的尺寸变化；

(3) 使坯体孔隙类型和孔隙率满足要求；

(4) 使坯体具有适当的强度，以便搬运。

粉末的成形方法很多，根据成形时是否从外部施加压力，可分为压制成形和无压成形两大类。压制成形主要有封闭钢模冷压成形、流体等静压制成形、粉末塑性成形、三轴向压制成形、高能率成形、挤压成形、轧制成形、振动压制成形等；无压成形主要有粉浆浇注、松装烧结等。下面着重介绍封闭钢模冷压成形。

封闭钢模冷压成形是指在常温下，在封闭的钢模中，按规定的单位压力，将粉料制成压坯的方法。这种成形过程通常由下列工序组成：称粉、装粉、压制及脱模。

1. 称粉与装粉

称粉即称量形成一个压坯所需粉料的质量或容积。小批量生产和非自动压模时，多采用质量法；大批量生产和自动压制成形时，一般采用容积法。

装粉方式有三种，如图 5.18 所示。落入法(图 5.18(a))是送粉器被移送到阴模和芯棒形成的型腔上，粉末自由落入型腔中；吸入法(图 5.18(b))是下模冲位于顶出压坯的位置，送粉器被移送到型腔上，下模冲下降(或阴模和芯棒升起)复位时，粉料被吸入型腔中；多余充填法(图 5.18(c))是芯棒下降到下模冲的位置,粉末落入阴模型腔内,然后芯棒升起,将多余的粉末顶出,并被送粉器刮回,此法适用于薄壁深腔的压模。

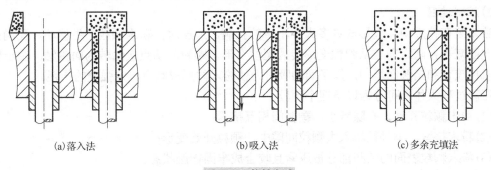

|(a)落入法|(b)吸入法|(c)多余充填法|

图 5.18 装粉方式

2. 压制

压制是按一定的单位压力,将装在型腔中的粉料集聚达到一定强度、密度、形状和尺寸要求的压坯工序。

在封闭钢模中冷压成形时,最基本的压制方式有单向压制、双向压制和浮动压制三种,如图 5.19 所示。其他压制方式,或是基本方式的组合,或是用不同结构来实现。

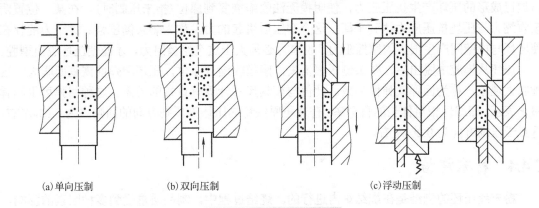

|(a)单向压制|(b)双向压制|(c)浮动压制|

图 5.19 三种基本压制方式

1)压坯密度的均匀性

压坯密度的均匀性是其质量的重要标志,烧结制品的强度、硬度及各部分性能的同一性皆取决于密度分布的均匀程度。此外,压坯密度分布不均匀,在烧结时将导致收缩不均匀,从而使制品中产生很大的应力,出现翘曲变形甚至裂纹等。因此压制成形时,应力使压坯密度分布均匀。

对于不同的压制方式,压坯密度的不均匀程度有差别。但无论哪一种方式,压坯密度不仅沿高度分布不均匀,沿压坯断面的分布也是不均匀的。造成压坯密度不均匀的原因是在压制过程中,粉末颗粒之间、粉末颗粒与模冲/模壁之间存在摩擦,导致压力损耗。采取各种措施,可减轻密度分布的不均匀性,但无法完全消除摩擦。

为了减小粉末颗粒与模壁之间的摩擦、延长压模的寿命,一方面可减小模壁的粗糙度;另一方面可在粉料中添加润滑剂。还可在相同的压力下,提高压坯密度和降低脱模力。常使用的润滑剂有石蜡、硬脂酸盐、油酸盐、樟脑、滑石、矿物油、植物油、肥皂、石墨及合成树脂等。

2）压制过程

粉末装在模腔中，会形成许多大小不一的孔洞。加压时，粉末颗粒产生移动，孔洞被破坏，孔隙减小，随之粉粒从弹性变形转为塑性变形，颗粒间从点接触转为面接触。由于颗粒间的机械咬合和接触面增加，原子间的吸引力使粉末体形成具有一定强度的压坯。

压制过程大体上可分为以下四个阶段：

（1）粉末颗粒移动，孔隙减小，颗粒间相互挤紧；

（2）粉末挤紧，小颗粒填入大颗粒间隙中，颗粒开始变形；

（3）粉末颗粒表面的凹凸部分被压紧且咬合成牢固接触状态；

（4）粉末颗粒加工硬化到达极限状态，进一步增高压力，粉末颗粒被破坏和结晶细化。

实际上这四个阶段并无严格的分界，而且依据粉末的性能、压制方式及其他条件等有差异。

3．脱模

压坯从模具型腔中脱出是压制工序中重要的一步：压制时侧压力的存在使阴模向外膨胀变形，压坯在膨胀的阴模型腔中成形。当卸压后，侧压力消失，阴模弹性恢复，向内收缩，压迫已成形的压坯产生抗压应力，使阴模无法收缩恢复到原位（指未压制时），在某一位置阴模收缩力与压坯抗压应力达到平衡，这个卸压后引起的力，称为剩余侧压强。这个力的存在使压坯与模壁间产生很大的摩擦阻力，脱模力必须大于这个摩擦阻力，才能使压坯脱出型腔。

压坯从模腔中脱出后，剩余侧压强消失，阴模收缩到原位，压坯因弹性恢复而胀大，这种胀大现象，称为回弹或弹性后效。此值与模具尺寸计算有直接的关系。这种回弹可用回弹率来表示，即线性相对伸长的百分率。普通还原铁粉的压坯沿压制方向的回弹率为 0.6%左右，垂直于压制方向为 0.2%左右。

5.4.4　粉末烧结

粉末或压坯的烧结是在烧结炉内进行的。烧结过程中，制品质量受到多种因素的影响，必须合理控制。

1．连续烧结和间歇烧结

按进料方式不同，烧结可分为连续烧结和间歇烧结两类。

（1）连续烧结：指待烧结材料连续或平稳、分段地通过具有脱蜡、预热、烧结或冷却区段的烧结炉进行烧结的方式。脱蜡区段用于排除坯体孔隙中的空气和润滑剂，以减少炉内污染；预热区段用于排除油污、水分的影响，提高烧结效率和降低能耗；烧结区段用于使压坯烧结并获得所需的密度和强度；冷却区段用于使制品逐渐冷却以减小内应力，且防止出炉时氧化。连续烧结生产效率高，适用于大批、大量生产，常用的进料方式有推杆式、辊道式和网带传送式等。

（2）间歇烧结：指在炉内分批烧结零件的方式。置于炉内的一批零件是静止不动的，通过对炉温的控制进行所需的预热、加热及冷却循环。间歇烧结生产效率较低，适用于单件、小批量生产，常用的烧结炉有钟罩式炉、箱式炉等。

2．固相烧结和液相烧结

按烧结时是否形成液相，可将烧结分为固相烧结和液相烧结两类。

(1)固相烧结：指粉末或压坯在无液相形成的状态下的烧结，烧结温度较低，烧结速度较慢，制品强度较低。

(2)液相烧结：指至少具有两种组分的粉末或压坯在形成一种液相的状态下进行的烧结，烧结速度较快，制品强度较高，用于具有特殊性能的制品，如硬质合金、金属陶瓷等。

3．影响粉末制品烧结质量的因素

粉末制品的烧结质量取决于烧结温度、烧结时间和烧结气氛等因素。

1)烧结温度和时间

烧结温度过高或时间过长，会使产品性能下降，甚至出现过烧缺陷。烧结温度过低或时间过短，又会产生欠烧而使产品性能下降。铁基制品的烧结温度一般为 $1000 \sim 1200℃$，硬质合金的烧结温度一般为 $1350 \sim 1550℃$。

2)烧结气氛

烧结时通常采用还原性气氛，以防压坯烧损并可使表面氧化物还原。例如，铁基、铜基制品常采用发生炉煤气或分解氨，硬质合金、不锈钢常采用纯氢。对于活性金属或难熔金属(如铍、钛、锆、钽)、含 TiC 的硬质合金及不锈钢等，还可采用真空烧结。真空烧结可避免气氛中的有害成分(H_2O、O_2、H_2)等的不利影响，且可降低烧结温度(一船可降低 $100 \sim 150℃$)。

5.4.5　后处理

金属粉末或压坯烧结后的进一步处理，称为后处理。后处理的种类很多，一般由产品的要求来决定。常用的几种后处理方法如下。

1．浸渍

浸渍指利用烧结件多孔性的毛细现象浸入各种液体。例如，为了润滑，可浸润滑油、聚四氟乙烯溶液、铅溶液等；为了提高强度和防腐能力，可浸铜溶液；为了表面保护，可浸树脂或涂料等。浸渍有的可在常压下进行，有的则需在真空下进行。

2．表面冷挤压

表面冷挤压是常采用的后处理方法。例如，为了提高零件的尺寸精度和减小表面粗糙度，可采用整形；为了提高零件的密度，可采用复压；为了改变零件的形状，可采用精压。复压后的零件往往需要复烧或退火。

3．切削加工

切削加工对于横槽、横孔，以及尺寸精度要求高的面等是必需的。

4．热处理

热处理可提高铁基制品的强度和硬度。由于孔隙的存在，对于孔隙率大于 10%的制品，不得采用液体渗碳或盐浴炉加热，以防盐液浸入孔隙中，造成内腐蚀。另外，低密度零件气体渗碳时，容易渗透到中心。对于孔隙率小于 10%的制品，可用整体淬火、渗碳淬火、碳氮共渗淬火等热处理方法。为了防止堵塞孔隙可能引起的不利影响，可采用硫化处理封闭孔隙。淬火一般采用油作为介质，若为了满足冷却速度的需要，也可用水作为淬火介质。

5. 表面保护处理

表面保护处理对用于仪表、军工及有防腐要求的粉末烧结制品很重要。由于粉末烧结制品存在孔隙，给表面防护带来困难。目前，可采用的表面保护处理有蒸汽发蓝处理、浸油、浸硫并退火、浸涂料、渗锌、浸高软化点石蜡或硬脂酸锌后电镀(铜、镍、铬、锌等)、磷化、阳极化处理等。

5.5　粉末烧结制品的结构工艺性

在设计采用压制方法生产的粉末烧结制品时，应该在满足使用要求的前提下，尽量符合模具压制成形的要求，以便高效、高质量地制作出符合使用要求的粉末烧结制品。对于用户提出的粉末烧结制品零件的形状，有些可不经修改就可以适应压制工艺；但在有些情况下，制品按照液态成形或切削加工成形并不困难，而改用粉末烧结压制工艺后却不能满足成形要求，这时需要对粉末烧结制品的形状结构进行适当改动，改动后若不能达到使用要求，再在烧结之后进行机械加工。

1. 避免模具出现脆弱的尖角

避免模具出现脆弱尖角的结构工艺性见表 5.7。

表 5.7　避免模具出现脆弱尖角

不当设计	修改事项	推荐形状	说明
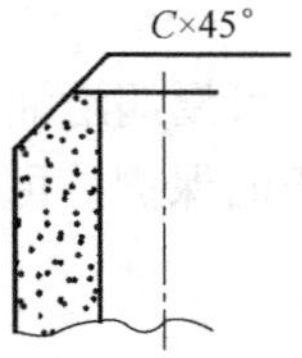 $C\times45°$	倒角 $C\times45°$ 处加一平台，宽度为 0.1~0.2mm	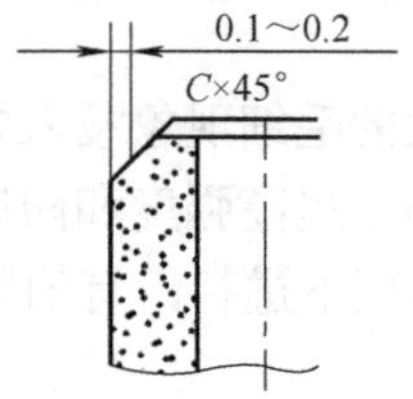 0.1~0.2 $C\times45°$	避免上、下模冲出现脆弱的尖角
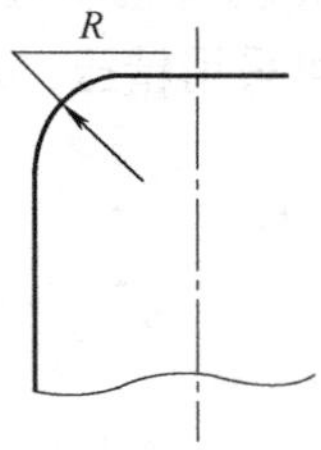 R	圆角 R 处加一平台，宽度为 0.1~0.2mm	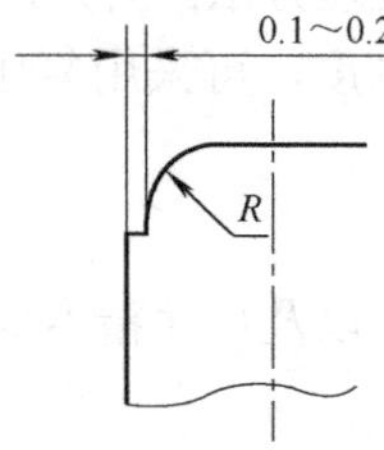 0.1~0.2 R	
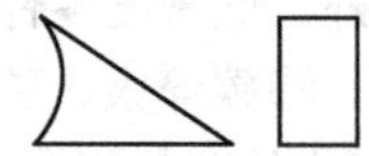	尖角改为圆角，$R\geqslant0.5$mm	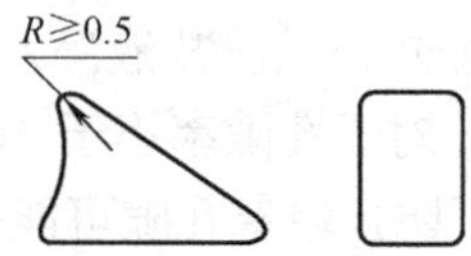 $R\geqslant0.5$	避免压坯出现薄弱尖角，并增强阴模和模冲强度

续表

不当设计	修改事项	推荐形状	说明
	尖角改为圆角，$R \geqslant 0.5$mm		减轻模具的应力集中，并利于粉末移动，减少裂纹
	尖角改为倒角 $C \times 45°$（或圆角，$R \geqslant 0.5$mm），$C=1 \sim 3$mm		避免组合模冲出现脆弱的尖角
	避免相切		利用模冲加工并提高其强度

2. 避免模具和压坯出现局部薄壁

模具和压坯的壁厚应不小于 1.5mm，其结构工艺性见表 5.8。

表 5.8　避免模具和压坯出现局部薄壁

不当设计	修改事项	推荐形状	说明
	增大最小壁厚	外不动改内　内不动改外	利于装粉和压坯密度均匀,增强模冲及压坯强度
	避免局部薄壁		利于装粉均匀,增强压坯强度,烧结收缩均匀
	增厚薄板处		利于压坯密度均匀,减小烧结变形

不当设计	修改事项	推荐形状	说明
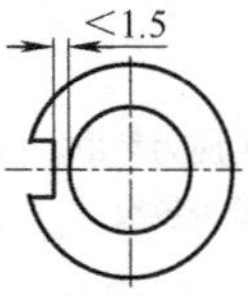	键槽改为凸键	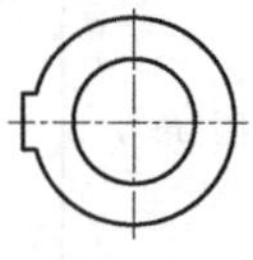	利于压坯密度均匀，减小烧结变形
	键槽改为平面结构	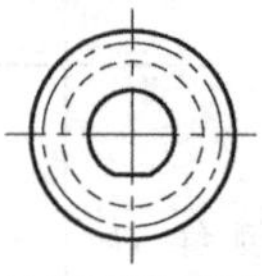	

3. 锥面和斜面需有一小段平直带

锥面和斜面平直带的结构工艺性见表 5.9。

表 5.9　锥面和斜面须有一小段平直带

不当设计	修改事项	推荐形状	说明
	在斜面的一端加 0.5mm 的平直带	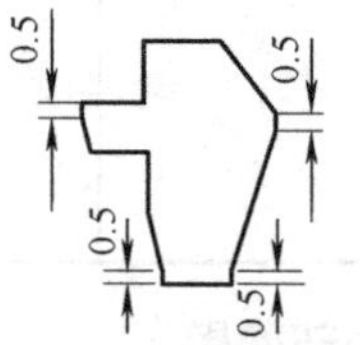	压制时避免模具损坏

4. 需要有脱模锥角或圆角

脱模锥角和圆角的结构工艺性见表 5.10。

表 5.10　需要有脱模锥角或圆角

不当设计	修改事项	推荐形状	说明
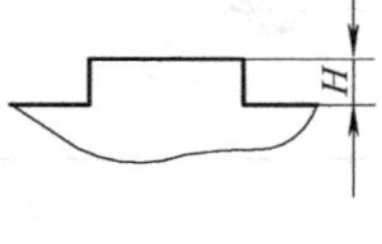	圆柱改为圆锥，锥角>5°，或改为圆角，$R=H$	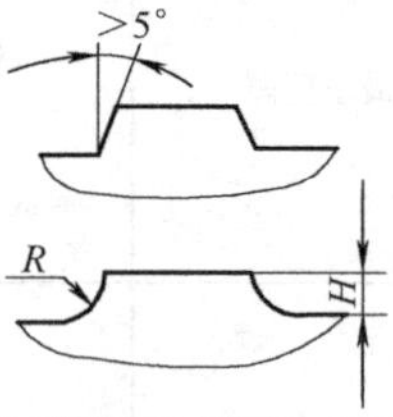	简化模冲结构

5. 避免垂直于压制方向的侧凹

避免垂直于压制方向的侧凹结构工艺性见表 5.11，其中退刀槽是侧凹结构的一种。

表 5.11　避免垂直于压制方向的退刀槽

不当设计	修改事项	推荐形状	说明
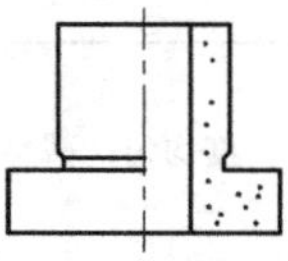	避免侧凹	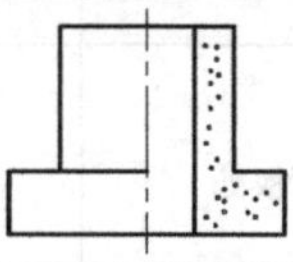	利于成形

6. 适应压制方向的需要

适应压制方向的需要结构工艺性见表 5.12。

表 5.12 适应压制方向的需要

不当设计	修改事项	推荐形状	说明
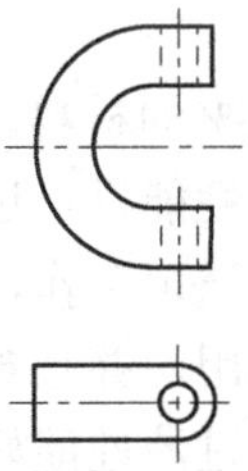	圆柱面改为一段平直部分		利于成形和脱模

7. 压制工艺对结构设计的要求

压制工艺对结构设计的要求见表 5.13。

表 5.13 压制工艺对结构设计的要求

需加工部位		不当设计	修改后形状
垂直于压制方向的孔		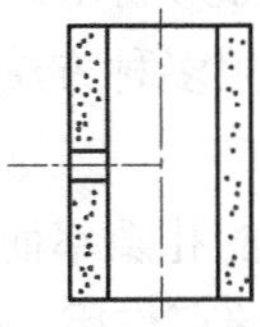	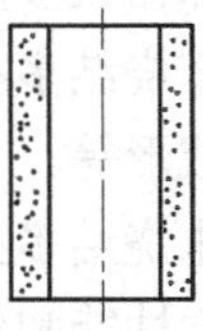
横槽	油槽	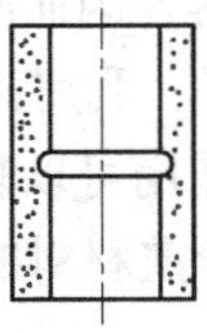	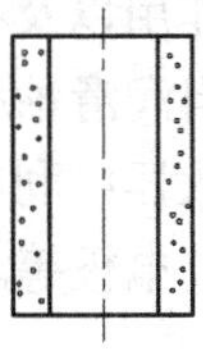
	退刀槽	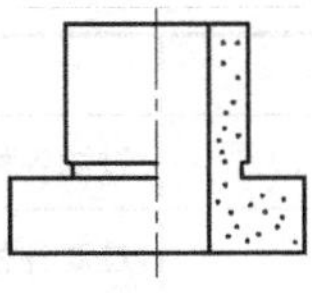	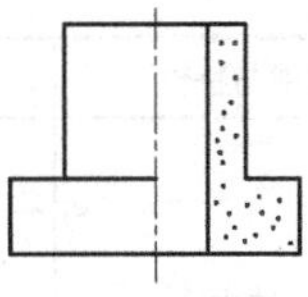
螺纹		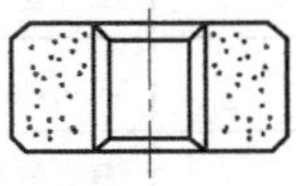	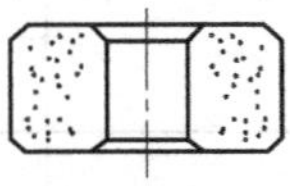
倒锥		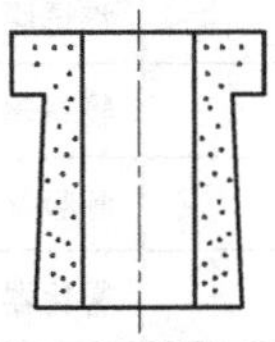	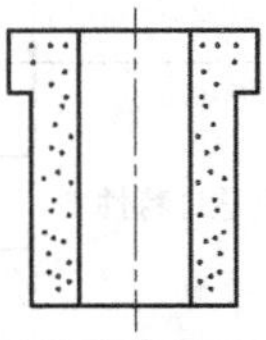

5.6　粉末烧结典型工程案例

5.6.1　粉末烧结多孔金属材料

粉末烧结多孔金属材料是采用粉末烧结方法制成的、孔隙率通常大于 15%的材料。其内部孔隙弯曲配置、纵横交错，孔隙率和孔径大小可以控制和再生，具有渗透性能好，过滤精度高、强度和塑性好、耐高温、抗热震等一系列优良性能。它可在高温或低温下工作，寿命长，制造简单。而普通滤纸、滤布的强度低，过滤速度慢，不能在高温下使用，并且难以再生，还易发生变形，难以保证过滤精度。塑料多孔材料虽由球形颗粒制造，过滤性能好，但强度低，使用温度一般不超过 100℃。陶瓷或玻璃多孔材料的塑性、可加工性和耐急冷急热性能差，因而应用场合有限。各种纺织用金属材料丝网的孔易变形，影响过滤精度。粉末烧结多孔金属材料正好弥补了上述材料的不足，从而得到了较快的发展。

粉末烧结多孔金属材料使用的原料有各种纯金属、合金、难熔化合物等球形和非球形粉末。常用的有铁、铜、青铜、黄铜、镍、钨、钛、不锈钢、镍-铜、碳化钨等粉末。制造粉末烧结过滤器大多用球形粉末或近球形粉末。

粉末烧结多孔金属材料可采用多种方法成形，如模压成形、等静压成形、松装烧结成形和注浆成形等。

粉末烧结多孔金属材料因高的孔隙率而有很大的孔隙内表面，决定了它具有许多特殊的物理化学性能和作用，如物质的储存作用、热交换作用、过滤和分离作用、吸附和催化作用、电极化作用以及不良的传导作用等，因而应用相当广泛。例如，利用其物质储存作用可以制成含油自润滑轴承、含香金属制品；利用其热交换作用可以制成宇航用发汗材料、氧-乙炔用防爆灭火器；利用其过滤和分离作用可以制成各种过滤器；利用其电极化作用可制成燃料电池的多孔电极等。粉末烧结多孔金属材料的应用举例见表 5.14。

表 5.14　粉末烧结多孔金属材料的应用

机能与特性	用途	应用实例
过滤	气-固分离	过滤各种气体与气态化合物、高温烟气除尘
	液-固分离	过滤各种油类、水溶液、合成树脂熔融物、熔融金属
	气-液分离	压缩空气除油、水，液压油除气泡
	液-液分离	油-水分离、水-药物分离
分离浓缩	气体分离	混合气体分离、气体同位素分离
	液体分离	渗透膜
贯通孔透过特性	送入气体	物料输送板、流化床、气体分布器、气体发散材料、气体喷射器
	逸出气体	呼吸塞、透气性金属膜
	透过液体	雾化器、海水淡化支撑器、液体取样分析器

续表

机能与特性	用途	应用实例
吸收冲击	消声材料	压缩空气消声、吸声材料，声阻
	缓冲材料	缓冲器(防止高能流体脉冲)
	弹性压缩材料	封印材料、减振器
大比表面积	化学反应	催化剂、催化剂载体、各种电极
	热传导材料	热交换器、火焰阻止器
毛细管现象	输送或供给液体	加湿器、燃烧嘴、灯芯、发汗冷却材料
流动控制	控制流动、流速	分流板、分散板
	控制气流层	控制喷射气体边界层、使素层流化

5.6.2　纤维烧结多孔金属材料

纤维烧结多孔金属材料是利用金属纤维作为原材料，经过烧结工艺制造成形的一种新型轻质多孔金属材料，是一种兼具结构材料和功能材料双重属性的复合结构功能材料，其内部结构由金属纤维交错搭接相连，形成三维网状多孔结构，具有高精度、全连通的孔径，孔隙率高达98%；且金属纤维自身具有良好的导电性、导热性、耐磨性及高弹性模量等特点。

纤维烧结多孔金属材料的制造工艺流程与粉末烧结多孔金属材料类似，主要是在纤维和粉末材料的制造方面有所区别。金属纤维的制造一般分为车削法、拉拔法和熔抽法等。拉拔法和熔抽法制造的金属纤维表面光滑，形貌单一，粗糙度较小。车削法制造的金属纤维由于在车削过程中刀具与材料的挤压、弯曲、剪切等作用在表面形成了具有二级微结构的复杂形貌。

金属纤维的车削一般分为多齿车削法和振动车削法。多齿车削法一般需要专门设计多齿车削刀具，在普通卧式车床上，通过改变车床的主轴转速、进给量和背吃刀量，获得具有丰富二级表面形貌的金属纤维。加工时，刀具切削刃上多个刀齿同时参与切削，加工效率明显提高，可以适用于紫铜、铝、不锈钢等纤维的加工。利用多齿车削刀具车削紫铜和铝纤维的加工现场及纤维成品，如图 5.20 所示。利用多齿车削法获得铜纤维和铝纤维的当量直径约为 100μm，粗糙度 Ra 值约为 14μm。振动车削法利用弹性刀具在切削过程中产生自激振动进行切削，激振频率一般在 500~5000Hz，刀具每一个振动周期形成一根纤维，纤维直径在 20~150μm，长度为刀具的有效宽度，适用于各种切削性能良好的材质，但该方法对机床产生的振动较大，刀具在切削过程中会承受很大的压力和冲击力，容易破损。

拉拔法制造金属纤维可分为单线拉拔和集束拉拔。普通的单线拉拔可得到极细的纤维，其断面形状和表面状态可达到最佳状态，表面光滑，尺寸精确。但生产效率低，模具费用高，价格昂贵。采用集束拉拔的方法，在一个模子上同时通过数十根乃至数百根的线来进行拉拔，大大提高了生产效率，降低了成本。集束拉拔是将原料金属线棒装在包套(如铜套)中拉拔，反复多次，中间附加退火工序，达到一定直径后裁成段，合在一起，再在包套材料内装好后继续拉拔，直至得到要求的纤维丝径，如图 5.21 所示。包套材料可用酸(如硝酸)溶去，最后得到所需的金属纤维。

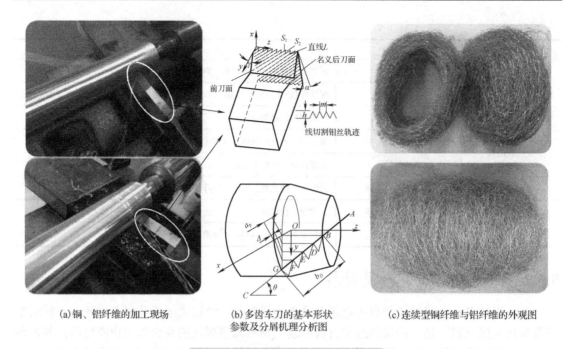

(a)铜、铝纤维的加工现场   (b)多齿车刀的基本形状   (c)连续型铜纤维与铝纤维的外观图
参数及分屑机理分析图

图 5.20 多齿车削加工连续型金属纤维

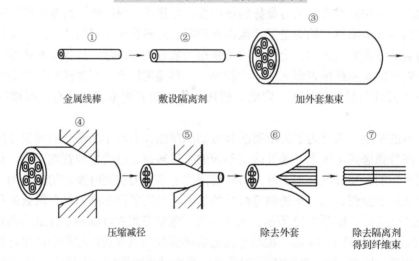

图 5.21 集束拉拔法制造金属纤维流程示意图

    车削纤维烧结多孔金属材料是以多齿刀具车削的具有复杂表面形貌的金属纤维为原材料,经过低温固相烧结技术制造得到的一种全新的多孔材料。目前已经在环路热管的吸液芯、微反应器的催化剂载体、质子交换膜燃料电池的气体扩散层以及吸声降噪等领域得到了应用,如图 5.22 所示。

    作为一种新型材料成形方法,纤维烧结多孔金属材料的方法与传统的多孔材料成形方法相比具有一些独有的特性。

    (1)孔隙率易于调控。将金属纤维切断之后的蓬松度高,可轻易填满模具型腔。基于质量-

体积法，根据多孔材料的体积和纤维材料的密度，称量对应的金属纤维质量，可获得任意孔隙率的纤维烧结多孔金属材料。

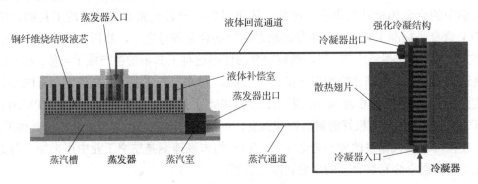

图 5.22 环路热管工作原理示意图

(2)孔隙率高、孔隙率范围广。通过模压、低温固相烧结形成的金属纤维多孔材料，其孔隙率达 60%～98%，可满足多种场合的使用要求。

(3)具有全连通孔径，流动阻力小、渗透率高。在模压和烧结过程中保持了纤维之间的孔隙，避免了闭孔、盲孔等缺陷的生成。

(4)比表面积大。车削加工获得金属纤维时，由于在挤压、剪切过程中产生了丰富的二级表面结构，所以多孔材料具有较大的比表面积，在毛细抽吸力、催化负载、吸声降噪等领域具有良好的前景。

5.6.3 粉末烧结工具材料

粉末烧结工具材料主要包括粉末高速钢、硬质合金等。

1. 粉末高速钢及其成形

高速钢由于具有优良的力学性能和耐磨性，被广泛用于制作切削工具、成形工具和耐磨零件等。但是，用传统的铸锻方法生产的高速钢会产生偏析，从而形成化学成分不均匀且晶粒粗大不匀的显微组织，降低了高速钢的韧度，影响了其使用性能。粉末高速钢由于生产方法上的特点，可以使其具有细的晶粒结构，不存在碳化物聚集，将偏析降到最低程度，因而提高了工具的寿命。

典型的粉末高速钢生产方法有三种：无偏析工艺(ASP 工艺)、坩埚颗粒冶金法(CPM 工艺)和全致密工艺。目前也有通过液相烧结来制取粉末高速钢的研究。

(1)无偏析工艺是将高速钢首先在惰性气体中雾化成粉末，然后将粉末振实，装入包套进行冷等静压，再于高压、高温下将冷等静压后的坯料热等静压至完全致密。固结后，按常规的塑性成形方法将钢坯加工成所要求的尺寸。这种工艺的主要优点是可以提高合金中合金元素的含量、碳化物分布的均匀性和不产生合金缺陷，从而使粉末高速钢在提高耐磨性的同时不会降低韧度，并具有较高的屈服强度。这种方法生产的粉末高速钢，按合金成分不同，可分别用于制造冷加工用的工具、对高温硬度有要求的切削工具、切削大多数不锈钢和高温合金的刀具、高速切削的场合以及切削极难加工的工具材料等。

(2)坩埚颗粒冶金法是将高压气雾化的预合金颗粒装入包套后进行热等静压,使之完全致密化。然后用常规的塑性成形方法将钢坯加工成所要求尺寸的坯料和棒料。这种工艺能将合金工具钢中的合金偏析减至极小。此外,还可以生产合金元素含量较高的工具钢。例如,CPMT15 合金是标准工具钢材料中最耐磨最耐热的合金牌号之一,然而它的使用一直受到常规生产方法的限制,很难生产。坩埚颗粒冶金法使得这种工具钢的生产成了可能。在 CPMT15粉末高速钢中,大多数碳化物的尺寸都小于 3μm,而常规方法生产的高速钢,有的碳化物尺寸可达到 34μm,平均尺寸为 6μm。表 5.15 为 CPM 工具钢的化学成分。其中 CPM10V 在高达 480℃的温度下仍具有极好的耐磨性和韧度,可用作粉末烧结压制模具和许多其他的工具、模具,往往可以取代昂贵的硬质合金工具。T15 粉末高速钢是航空工业中用来加工普通方法难以加工的高温合金和钛合金的主要切削工具钢。

表 5.15　CPM 工具钢的化学成分

合金	组成 w_B /%							
	C	Cr	V	W	Mn	Mo	Co	Fe
CPM10V	2.40	5.30	9.8	0.3	0.5	1.3	—	其余
CPM Rex76	1.50	3.75	3.0	10.0	—	5.25	9.0	其余
CPM Rex42	1.10	3.75	1.10	1.5	—	9.5	8.0	其余
CPM Rex25	1.80	4.0	5.0	12.5	—	6.5		其余
CPM Rex20	1.30	3.75	2.0	6.25	—	10.5	—	其余
CPMT15	1.55	4.0	5.0	12.25			5.0	其余

(3)全致密工艺是用水雾化粉末进行冷等静压或模压成形,然后真空烧结到完全致密化。这种工艺可以大量生产尺寸精密、形状复杂的零部件。其优点是可以制造出相对密度接近100%的零部件,避免因含少量孔隙(即使是 1%~2%)而造成材料的淬硬性、伸长率、冲击韧度极大地降低。此外,用这种工艺生产的零部件无须机械加工,从而可以减少材料的切屑,节约原材料。

粉末高速钢可用于制作铣刀以铣削耐热高合金钢、奥氏体不锈钢,制作铰刀、丝锥和钻头等孔加工刃具,制作拉刀以拉削渗碳钢、高温合金等难切削材料。还可用于制作齿轮滚刀、冲裁模具的冲头和凹模,冷镦、成形、压制和挤压模,以及滚丝模。此外,还可以用作冲孔工具材料等。

2. 硬质合金及其成形

硬质合金由硬质基体和黏结金属两部分组成。硬质基体保证合金具有高的硬度和耐磨性,采用难熔金属化合物,主要是碳化钨和碳化钛,其次是碳化钽、碳化铌和碳化钒。黏结金属赋予合金具有一定的强度和韧度,采用铁族金属及其合金,以钴为主。

硬质合金的品种很多,其制造工艺也有所不同,但基本工序大同小异,硬质合金的生产工艺流程如图 5.23 所示。

硬质合金是一种优良的工具材料,主要用于切削工具、金属成形工具、矿山工具、表面耐磨材料以及高刚性结构部件。硬质合金的种类、性能及用途见表 5.16。

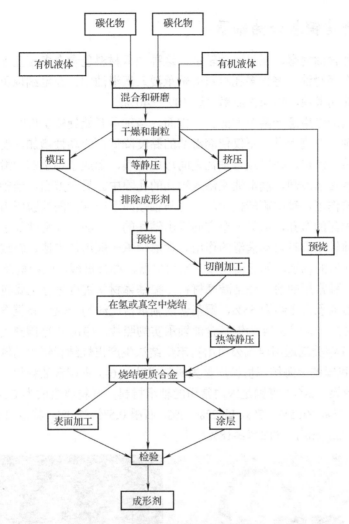

图 5.23 硬质合金的生产工艺流程

表 5.16 硬质合金的种类、性能及用途

种类		性能及用途
含钨硬质合金	WC-Co 系	可用于加工铸铁等脆性材料或作为耐磨零部件和工具使用
	WC-TiC-Co 系	可用于加工产生连续切屑的韧性材料
	WC-TiC-TaC(NbC)-Co 系	
	WC- TaC(NbC)-Co 系	
钢结硬质合金		以钢为黏结剂，以碳化钛为硬质相，主要用作冷冲模、切削工具和耐热模具等
涂层硬质合金		在硬质合金基体上沉积碳化钛，表面硬度高，适用于高速连续切削，工件表面质量好
细晶粒硬质合金		具有高强度、高韧度和高耐磨性，用于加工高强度钢、耐热合金和不锈钢的切断刀、小直径的端铣刀、小铰刀、麻花钻头、微型钻头以及打印针和精密模具
TiC 基硬质合金		硬度为 91～92HRA，抗弯强度可达 1650～1930MPa，可用于合金粗加工的高速切削
碳化铬基硬质合金(CrC-Ni)		常温及高温硬度高，耐磨性好，抗氧化性及耐腐蚀性高，可作切削钛及钛合金的工具材料

5.6.4　粉末烧结铜基含油轴承

含油轴承又称含油衬套，属于滑动轴承，这种轴承材料包含众多相互连通的孔，在轴承材料的孔隙中储有润滑油。将含多孔材料的轴承浸入润滑油中，在毛细现象作用下，轴承吸附并储存一定量的润滑油，体积含油率可达 10%～40%。

含油轴承的润滑作用源于两个方面。一方面，当轴承开始旋转工作时，轴颈与轴瓦之间摩擦生热，导致轴承温度上升，不仅使润滑油的黏度降低，流动性增加，而且润滑油受热膨胀，从轴瓦的孔隙中渗出，在轴颈与轴瓦之间形成油膜，形成了轴承的润滑。当轴承停止工作后，轴承的温度逐渐冷却，润滑油又渗入轴瓦的孔隙中。另一方面，当轴承运转时产生一种类似于"泵"的作用，轴的旋转使含油轴瓦与轴颈间不同部位的油膜压力不同，油会从一个方向打入含油轴瓦的微孔，从另一个方向渗出轴瓦的工作面，润滑油处于一种动态的流动状态。因此，含油轴承具有自动润滑的作用。含油轴承一般用作中速、轻载荷的轴承，特别适于不便于经常加油的轴承，如运输机械、家用电器、办公机械、照相机及计量仪表等。

含油轴承是一种常用的粉末烧结减摩材料，按基体材料进行划分主要包括铁基和铜基两大类别，铁基含油轴承占比约为 65%，铜基含油轴承占比约为 35%。青铜含油轴承是较早出现的粉末烧结制品之一，图 5.24 为铜基含油轴承实物照片。1910 年德国提出了粉末烧结青铜轴承的专利，1916 年美国通用电气公司用粉末烧结法生产出烧结青铜含油轴承，用于汽车发动机。1953 年，我国的上海纺织机械厂首先研制成功 6-6-3 青铜含油轴承，并应用在电风扇上，获得了良好效果。6-6-3 青铜是国内常用的轴承材料，其材质组成为 Cu-Sn-Zn-Pb，其化学成分为 Sn 5%～7%，Zn 5%～7%，Pb 2%～4%，石墨 0.5%～2.0%，其他<1.5%，余量为 Cu。含油密度为 6.6～7.2g/cm³，含油率≥18%。

图 5.24　铜基含油轴承实物照片

铜基含油轴承的生产工艺流程如图 5.25 所示。

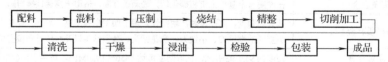

图 5.25　铜基含油轴承的生产工艺流程

铜基含油轴承的主要制造过程如下。

1. 配料

生产铜基含油轴承的原料主要有铜合金粉末和润滑剂。工业生产中铜合金粉末是制造铜基含油轴承的基体原料,除铜元素外,还添加锡、铅、锌等元素。锡粉、铅粉、锌粉在烧结过程中熔化形成液相,受毛细管力的影响,液相会渗透到铜粉颗粒之间的间隙中,形成孔隙,有助于形成含油轴承的通孔。铅具有熔点低、价格低、硬度低、塑性好等特点,在锡青铜粉末烧结材料中加入铅元素,可以提高轴承的减摩效果,铅在初期的铜基含油轴承中得到了广泛的应用。但是,因为铅有毒性,当今产品的无铅化呼声越来越高。润滑剂主要为硬脂酸锌、硬脂酸钙等,一般添加量为 0.2%～1%,添加润滑剂可以改善金属粉末的压制性能和提高模具寿命。石墨具有良好的润滑与减摩性能,石墨还具有较强的吸油和降噪能力,因此,石墨可以作为固体润滑剂,降低含油轴承的摩擦系数,添加量一般为 0.5%～2%,但添加过多的石墨会降低轴承的强度。

2. 混料

混料工艺影响粉料的均匀程度,混料机一般为双圆锥形混料机和 V 形混料机,转速为 20～30r/min,混料时间为 10～30min,为防止合金成分偏析,可采取湿法混合。

3. 压制

压制前先称取一定量的粉料,为了保证压坯的尺寸和密度,加入模具的粉料量要合适,在自动化生产中一般选用容量称料法。压制设备一般采用液压机,为提高生产效率和保证密度一致,常采用自动压制。成形方法采用双向压制或浮动压制,以提高产品密度的均匀性。压制模具材料采用铬钢、高速钢以及硬质合金,模具的工作表面硬度为 62～64HRC,表面粗糙度值 Ra 不大于 0.63μm。压制之前,在模腔内壁涂抹一层硬脂酸锌酒精溶液,以减小压制时粉末、试样、冲模与模壁之间的摩擦力,起到防止模具损坏和易脱模的作用。压制成形的压力范围一般选择 150～300MPa。为保证烧结尺寸稳定和减少烧结变形量,必须严格控制压坯的密度差和壁厚差,密度差控制在 0.3g/cm³ 以内。为保证含油轴承的含油率和强度,需要严格控制压坯的密度。例如,混合粉的压坯密度要控制在 6.0～6.4g/cm³,合金粉的压坯密度要控制在 6.5～7.2g/cm³,一般不超过 7.6g/cm³。压制后,将压坯从模具中顶出,在自动化生产中,多采用上顶出法。

4. 烧结

烧结设备一般采用网带传送式烧结炉。粉末压坯装盒后,先在网带传送式烧结炉的前半部分进行预热,以除去压坯中的润滑剂、水分以及碳酸气,便于粉末颗粒之间的合金化。焙烘的温度为 360～400℃,焙烘时间为 20～30min;然后进入烧结带进行烧结,为使铜与锡合金化,达到所要求的制品强度,设定烧结温度范围为 750～850℃,保温时间为 10～30min,烧结气氛为氨分解气体或者氮气。为了降低沙漏、变形以及不圆度,需要调整好合理的网带传送速度与烧结温度,使铜与锡有足够的合金化时间,同时控制烧结产品的工艺尺寸。烧结件从烧结段进入冷却段的过程一般有一个缓冷段。青铜合金粉的烧结收缩率一般控制在 1%～2%。

5. 精整

烧结后的制品会发生轻微变形,表面较粗糙,需要精整。精整设备为机械压力机和其他专用设备,一般采用自动精整。通过精整使制品产生一定的塑性变形,如倒角、去锐边以及二次压坯。精整可以改变轴承的内外径尺寸、提高内外径精度及降低表面粗糙度，从而保证产品的尺寸精度和良好的工作表面状态。模具精度必须高于产品精度，精整模具的工作表面需要精研，表面粗糙度值 Ra 不大于 0.2μm。为提高产品质量和模具的使用寿命，模具材料常用硬质合金，并在精整前将产品浸渍防锈油。为保证轴承的良好工作表面，必须严格控制精整量，径向精整量范围为 0.05～0.20μm。同时，精整工具的合理设计对产品质量也有很大影响。为提高产品的尺寸精度和孔隙分布均匀度，常采用沿高度方向复压后再精整，也有在精整模中沿内外径与高度方向同时精整的，称为全精整。

6. 切削加工

切削加工主要完成钻孔、切槽以及倒角等工作。铜塑性大，如果切削加工工艺选择不合理，会堵塞轴承孔表面的孔隙。加工铜基含油轴承的刀具材料一般选用钨钴类硬质合金刀具，切削刃用金刚石砂轮刃磨后，还需用油石研磨。切削加工后，可以采用砂纸打磨的方法，改善由切削加工引起的轴承孔表面的孔隙堵塞现象。

7. 清洗

含油轴承浸油之前需要清洗，去除烧结时产生的灰尘和精整、切削过程中产生的屑。一般选用超声波清洗，并在清洗槽中添加清洗液。

8. 浸油

根据产品的用途和性能，选择合适的润滑油进行浸渍，使轴承孔隙充分含油，同时提高产品的抗腐蚀能力。含油轴承浸渍润滑油常用真空浸油装置，真空度不大于 1mmHg（1mmHg=0.133kPa），保持 10～15min，使轴承孔隙中的空气尽量排出，这是由于压差作用，油被吸入轴承的孔隙中。为有利于轴承孔隙中空气的排出，在抽真空时需对轴承进行加热，温度一般为 80～120℃。为防止油的氧化，油温不宜过高。目前常用的浸渍润滑油是 20 号或 30 号机油。当轴承的转速和负荷以及使用温度不同时，对油品的黏度、黏度指数及凝固点等均需进行合理选择。对于低噪声含油轴承，更需要严格选择润滑油，常推荐采用油膜强度好、抗氧化性能好以及黏度指数高的合成油。选用合适的润滑油将会明显改善轴承的性能，提高轴承寿命。浸油后的含油轴承还需要在甩干机内慢速甩 3 次，每次 10～20min。

9. 检验

检验轴承的质量是很重要的工序，主要检验项目有表面质量、尺寸精度、密度、含油率、压溃强度及表面多孔性等。

复习思考题

5-1　用粉末烧结工艺生产制品时通常包括哪些工序？

5-2　为什么粉末烧结生产中，金属粉末的流动性是重要的？

5-3　为什么粉末烧结零件一般比较小？

5-4　金属粉末的制备方法有哪些？各有什么特点？

5-5　模压成形时，压坯各部分的密度为何不同？

5-6　粉末烧结制品为什么要进行烧结？如何提高其烧结质量？

5-7　压坯在烧结过程中会出现什么现象?

5-8　影响粉末烧结制品烧结质量的因素有哪些?

5-9　连续烧结炉可分为哪些区段? 各起什么作用?

5-10　试述粉末烧结制品常用的后处理方法及特点。

5-11　采用压制方法生产的粉末烧结制品, 有哪些结构工艺性要求?

5-12　用粉末烧结生产合金零件的成形方法有哪些?

5-13　怎样用粉末烧结工艺来制造孔隙细小的过滤器?

5-14　试列举粉末烧结工艺的优点。

5-15　试改进图 5.26 所示粉末烧结零件的结构, 并说明理由。

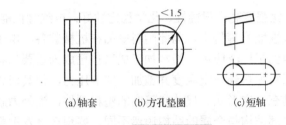

(a)轴套　　　　(b)方孔垫圈　　　　(c)短轴

图 5.26　零件图

第6章 塑料加工成形

6.1 概 述

塑料制品具有质量轻，比强度高；耐蚀性、化学稳定性好；电绝缘性能、光学性能优良；减摩、耐磨性能和消声减振性能好等特点，因此塑料制品在机械装备、电子信息、交通运输等国民经济的各个领域都得到了广泛应用，塑料加工成形也已成为重要的材料生产方法。塑料加工成形通常是将塑料原料加热到一定温度并施加一定的压力，使其成为熔融状态的流体并充填到模具型腔中成为具有一定形状、尺寸和精度的塑料制件，当外力解除后，在常温下其形状保持不变。塑料的内部结构与金属的结构迥然不同，要想充分发挥塑料制品的特点，就需要对其物理性质、流变行为、结构设计、加工方法与工艺有基本了解。

6.2 塑料加工成形原理

6.2.1 塑料的组成

塑料是以聚合物为主体，添加各种助剂的多组分材料。根据不同的功能，塑料所用的助剂可分为聚合物增塑剂、稳定剂、润滑剂、填充剂、交联剂、着色剂、发泡剂等。塑料中的主要成分和助剂及其作用如下。

1. 聚合物

聚合物是塑料配方中的主要成分，它在塑料制品中为均匀的连续相，其作用在于将各种助剂黏合成一个整体，使制品能获得预定的使用性能。在成形物料中，聚合物应能与所添加的各种助剂共同作用，使物料具有较好的成形性能。聚合物决定了塑料的类型和基本性能，如物理、化学、机械、电、热等方面的性能。单一组分塑料中，聚合物几乎占100%；在多组分塑料中，聚合物含量占30%~90%。

2. 增塑剂

为了改善聚合物熔体在注塑成形过程中的流动性，常常需要在聚合物中添加一些能与聚合物相溶并且不易挥发的有机化合物，这些化合物统称为增塑剂。增塑剂加入聚合物后，其分子可插入大分子链之间，削弱聚合物大分子之间的作用力，从而导致聚合物的黏流温度和玻璃化温度下降，黏度也随之减小，故流动性可以提高。增塑剂加入聚合物后，还能提高塑料的伸长率、抗冲击性能以及耐寒性能，但其硬度、强度和弹性模量却有所下降。

3. 稳定剂

为了防止或抑制不正常的降解和交联，需要在聚合物中添加一些能够稳定其化学性质的物质，这些物质称为稳定剂。根据发挥作用的不同稳定剂可分为热稳定剂、抗氧化剂和光稳定剂。生产中，稳定剂的添加量一般大于 2%，也有少数情况下高达 5%。

4. 润滑剂

为了改善塑料在注塑成形过程中的流动性，并减少或避免塑料熔体对设备及模具的黏附和摩擦，常常需要在聚合物中添加一些必要的物质，这些物质统称为润滑剂。润滑剂还能使塑料表面保持光洁。

5. 填充剂

填充剂又称填料，通常对聚合物呈惰性。在聚合物中添加填充剂的主要目的是改善塑料的成形性能，减少塑料中的聚合物用量，以及提高塑料的某些性能。

6. 交联剂

交联剂也称硬化剂，添加在聚合物中能促使聚合物进行交联反应或加快交联反应速度，一般多用在热固性塑料中，可以促使制品加速硬化。

7. 着色剂

添加在聚合物中可使塑料着色的物质统称为着色剂。它们可以分为无机颜料、有机颜料和染料 3 种类型。着色剂用量一般为 0.01%～0.02%。

8. 发泡剂

添加在聚合物中可使塑料形成蜂窝状泡孔结构的物质称为发泡剂。它主要用来增大塑料制品的体积和减轻重量，同时也可提高防震性能。发泡机理可分为物理发泡和化学发泡两种类型。物理发泡通过液体发泡剂蒸发膨胀实现，化学发泡通过发泡剂受热分解产生气体实现。

9. 其他助剂

其他助剂主要有阻燃剂、驱避剂、防静电剂、偶联剂和开口剂等。

6.2.2　塑料的分类

1. 按受热性质分类

按塑料受热后的性质不同，塑料可分为热塑性塑料和热固性塑料。欲了解此分类方法，首先要了解塑料的分子结构及相应的性能。

1) 聚合物的分子结构及性能

聚合物的分子结构有 3 种形式：线型、体型及带支链线型。线型即大分子链呈线状，如图 6.1(a)所示。在性能上，线型聚合物具有弹性和塑性，在适当的溶剂中可溶胀或溶解，升高温度时可软化至熔化面流动，而且，可反复多次熔化成形。高密度聚乙烯、聚苯乙烯等聚合物分子链属此种结构形式。

如果在大分子链之间有一些短链把它们相互交联起来，成为立体网状结构，则称为体型聚合物(或称为网型聚合物)，如图 6.1(b)所示。体型聚合物脆性大，硬度高，成形前是可溶与可熔的，经成形硬化后，就成为既不溶解又不熔化的固体，所以不能再次成形。

此外，还有一些聚合物的大分子主链上带有一些或长或短的小支链，整个分子链呈枝状，如图 6.1(c)所示，称为带支链的线型聚合物，因为存在支链，结构不太紧密，聚合物的机械强度较低，但溶解能力和塑性较高。低密度聚乙烯等聚合物分子链属此种结构形式。

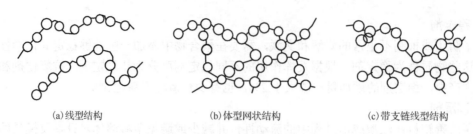

(a)线型结构　　　　　　　(b)体型网状结构　　　　　　(c)带支链线型结构

图 6.1　聚合物分子结构示意图

2)热塑性塑料

热塑性塑料的聚合物分子结构呈线型或带支链线型,受热后容易活动,外部特征表现为变软。在热塑性塑料中,各长链分子之间是靠较弱的范德瓦耳斯力维持在一起的。受热时,分子之间的作用力进一步变弱,使材料软化并具有柔性。温度继续升高时,变为黏性熔体,而在冷却时,熔体会重新凝固。这种加热软化、冷却凝固的循环是可逆的,可以重复多次。在成形过程中,该塑料主要发生物理变化,仅有少量的化学变化(热降解或少量交联),其变化过程基本上是可逆的。一般的热塑性塑料在一定的溶剂中可以溶解,该性质是热塑性塑料的主要特点,很多工艺方法就是建立在这种性质的基础上的。热塑性塑料也存在着一些缺点,其中主要是对温度过于敏感。常见的热塑性塑料有聚乙烯、聚丙烯、聚苯乙烯、聚氯乙烯(PVC)、聚甲基丙烯酸甲酯(有机玻璃)、聚甲醛、尼龙、聚碳酸酯等。

3)热固性塑料

热固性塑料是以热固性树脂为主要成分,配合以各种必要的添加剂,通过交联固化形成的塑料。热固性塑料在尚未成形时,其聚合物为线型聚合物分子,但是它的线型聚合物分子与热塑性塑料中的线型聚合物分子不同,其分子链中都带有反应基因(如羟甲基等)或反应活点(如不饱和链等)。热固性塑料成形时,塑料在热和压力作用下充满型腔的同时,这些分子通过自带的反应活点与交联剂作用而发生交联反应,随着塑料温度的升高和交联反应程度的加深,原线型聚合物分子向三维发展而形成网状分子的结构量逐渐增多,最终形成巨型网状结构,所以热固性塑料制品内部聚合物为体型分子,它是既不熔化又不溶解的物质,若被高温加热,只能烧焦,热固性塑料的形成是一个不可逆过程。这种性质与鸡蛋煮熟后固化,再加热也不会软化相类似。由于强有力的化学键合,热固性塑料非常坚硬,其力学性质对温度不敏感。例如,苯酚塑料、氨基塑料、环氧树脂、某些聚酯、呋喃树脂等属于热固性塑料。

2. 按用途分类

按用途不同,塑料可分为通用塑料和工程塑料两大类。

1)通用塑料

通用塑料一般指产量大、用途广、成形性能好、价格低廉的塑料,它包括聚乙烯、聚丙烯、聚氯乙烯、聚苯乙烯、酚醛塑料、氨基塑料六大品种。通用塑料一般不具有突出的综合性能和耐热性,不宜用于承载要求较高的构件和在较高温度下工作的耐热件。

2)工程塑料

工程塑料一般指机械强度高,可代替金属而用作工程材料的塑料,如用于制作机械零件、电子仪器仪表、设备结构件等。这类塑料包括尼龙、聚甲醛、丙烯腈-丁二烯-苯乙烯(ABS)、聚砜(PSU)等。工程塑料又可分为通用工程塑料和特种工程塑料。一般把产量大的工程塑料称为通用工程塑料，如尼龙、聚碳酸酯、聚甲醛及其改性产品等，通常所说的工程塑料一般指这一部分。把生产数量少、价格昂贵、性能优异，可用作结构材料或特殊用途的塑料称为特种工程塑料，如氟塑料、聚酰亚胺塑料、聚四氟乙烯、环氧树脂、导电塑料、导磁塑料、导热塑料等。

其实，通用塑料和工程塑料的划分范围并不是很严格，例如，ABS 是一种主要的工程塑料，但由于其产量大，所以也可划入通用塑料；聚丙烯是典型的通用塑料，而增强的聚丙烯因有工程塑料的某些特性，故也可划入工程塑料的范围。

6.2.3　塑料的物理性质

塑料的物理性质对其加工工艺和使用性能有重要影响。与其他种类的材料(如金属)相比，塑料分子比较松散地结合在一起，因而具有较低的密度。密度最高的塑料是聚四氟乙烯(PTFE)，其密度为 2.29g/cm³。密度最低的塑料是聚烯烃类(聚乙烯、聚丙烯)，其密度约为 0.99g/cm³。塑料中的化学键对其性质也有影响。分子链骨架上的原子(多数是碳原子)使塑料具有很低的导电性和导热性。另外，由于各分子链之间的范德瓦耳斯力微弱，故全部热塑性塑料都具有较高的热膨胀系数。除这些共有的性质外，每种塑料还具有本身的独特性质，在应用和成形时应做区分。注塑成形时，需要一系列的加工步骤，主要有：将固态聚合物加热成熔体；在压力作用下使熔体注入模具型腔；保压致密；冷却定型；顶出制品。在注塑过程中，聚合物的物理状态和外部条件(如温度、压力和时间等)都在不断变化。因此，注塑过程的工艺性与材料的密度、比热容、热导率、玻璃化温度、熔化与分解温度以及力学和流变性能等都密切相关。塑料的玻璃化温度是高聚物从玻璃态转变为高弹态的温度，当温度低于玻璃化温度时，聚合物中的大分子链段凝固成坚硬的固态。当温度高于玻璃化温度时，大分子链段就拥有了足够的自由活动能量，在处于玻璃化转变温度时，高聚物的比热容、热膨胀系数、黏度、折光率、自由体积以及弹性模量等都要发生一个突变，但此时还不是整个大分子链段在运动，故表现出来的还是高弹性橡胶的性质。塑料的常见热物理性质详见表 6.1。

表 6.1　塑料的热物理性质

塑料	比定压热容 c_p /(kJ/(kg·℃))	密度 ρ /(kg/cm³)	热导率 λ /(W/(m·℃))	热扩散系数 $\partial \times 10^{-8}$ /(m²/s)	玻璃化温度 T_g/℃	熔化温度 T_m/℃
聚苯乙烯	1.340	1050	0.126	9	100	131～165
ABS	1.591	1100	0.209	13		130～160
聚甲基丙烯酸甲酯	1.465	1180	0.189	11	105	160～200
硬聚氯乙烯	1.842	1400	0.209	15	87	160～212
聚碳酸酯	1.256	1200	0.194	13	149	225～250
聚砜	1.256	1240	0.260	17	190	250～280
低密度聚乙烯	2.093	920	0.335	16	−125～−120	105～125
高密度聚乙烯	2.303	950	0.482	22	−125～−120	105～137
尼龙 66	1.675	1140	0.247	13	47	250～265
聚丙烯	1.926	900	0.138	8	−18～−10	170～176
聚甲醛	1.465	1410	0.230	11	−50	180～200

聚合物的热稳定性是指聚合物在高温条件下抗化学反应的能力。热稳定性不仅与加工温度有关，而且与停留时间有关。塑料因加工温度偏高，或在加工温度下停留时间过长，平均相对分子质量降低的现象称为热降解。塑料分子链发生明显降解时的温度为分解温度。当温度达到分解温度时，聚合物中不稳定结构的分子最先分解，温度继续升高或延长加热时间，其余分子才发生断裂，使整个聚合物热降解。故将热降解温度称为热稳定性温度，其值略高于分解温度。分解温度是成形温度的上限。塑料发生降解时，制品出现飞边、气泡、力学性能变差等，因此聚合物从黏流态转变温度至分解温度之间范围的大小对成形非常重要，它决定了成形的难易程度和成形温度可选择的范围。此温度区间越小、温度越高，则成形越困难。为了提高聚合物的热稳定性，常在塑料中加入热稳定剂，以使加工温度区间变宽，允许停留的时间加长。

固态塑料具有蠕变特性，即塑料在外载荷不变的情况下，将以很慢的速度继续变形，直至破坏，这种现象称为蠕变。蠕变断裂的时间取决于温度，断裂曲线的形状则取决于组成塑料的基本聚合物的种类、交联度、相对分子质量分布、添加剂种类，以及结晶度等因素。不同的塑料蠕变特性不同。固态塑料的第二个力学特性是应力松弛，即塑料在受外力作用时，应力大小将随时间的增加而降低，这种现象称为应力松弛。

6.2.4　塑料的流变行为

聚合物的流变行为十分复杂，聚合物流变学依然是一门半经验的物理科学。塑料的流变特性对确定成形工艺条件、设计模具和成形设备，以及提高塑料制品的质量都有着重要的指导作用。

1. 牛顿流体

牛顿流体是牛顿在 1687 年首先提出的一种流体本构关系。牛顿流体的流动阻力正比于流体间的相对运动速度。简单地说，牛顿流体的黏度不随剪切变形速率的改变而改变，应力与剪切变形速率之间符合简单的线性关系，如图 6.2 所示。水、酒精、酯类、油类等低分子液体均属于牛顿流体，高分子浓溶液、熔体在一定的条件(如较低的剪切变形速率)下也可以表现出牛顿流体的行为，牛顿流体的本构关系如下：

$$\tau = \mu\dot{\gamma} \tag{6-1}$$

式中，τ 为剪切应力；μ 为黏度；$\dot{\gamma}$ 为剪切变形速率。

2. 非牛顿流体

许多塑料熔体都是非牛顿流体，非牛顿流体是指剪切应力随剪切变形速率变化的一类流体，非牛顿流体包括宾汉(Bingham)流体、膨胀性流体和假塑性流体等类型。

1) 宾汉流体

只有当剪切应力增加到某一临界值时宾汉流体才开始流动，流动特征类似于牛顿流体，剪切应力与剪切变形速率呈线性关系，属于这种类型的有具有凝胶结构的聚合物溶液。

2) 膨胀性流体

膨胀性流体的特点是在高速下流体体积产生膨胀。剪切应力随着剪切变形速率的提高有非线性增大的趋势。膨胀性流体的黏度随剪切变形速率的增加而升高(称为剪切变稠现象)。属于膨胀性流体的有含增塑剂的塑料糊、少数有填料的聚合物熔体等。

3) 假塑性流体

假塑性流体是非牛顿流体中最普遍、最常见的一种。几乎绝大多数塑料熔体的流动性行为接近于假塑性流体。从图 6.2 中可以看出，随着剪切变形速率增大，假塑性流体的剪切应力值增大，从图 6.3 中可以看到假塑性流体的表观黏度随剪切变形速率的增大而降低(称为剪切变稀现象)。假塑性流体的表观黏度 η 虽然不是常数，但为了与牛顿流体相比较，仍可用式(6-2)表示：

$$\tau = \eta \dot{\gamma} \tag{6-2}$$

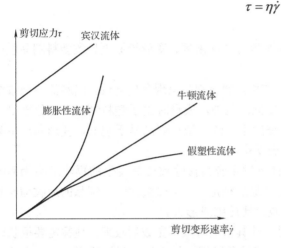

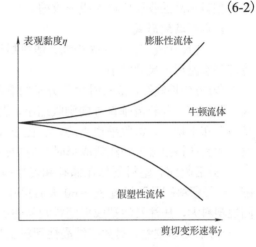

图 6.2　流体剪切应力与剪切变形速率的变化关系　　　　图 6.3　流体表观黏度与剪切变形速率的关系

6.2.5　塑料的成形性能

1. 流动性

塑料在一定的温度与压力下填充模腔的能力称为流动性。它与铸造合金流动性的概念相似。热塑性塑料流动性的大小，通常可以从树脂分子量及其分布、熔体流动指数(MFI)、表观黏度以及阿基米德螺线长度等一系列参数进行预测。分子量小、分子量分布宽，熔体流动指数高，表观黏度小，阿基米德螺线长度长，表明其流动性好；反之，其流动性差。热固性塑料的流动性通常以拉西格流动性(以毫米计)来表示。影响流动性的因素主要有温度、压力、模具及塑料品种。

(1)温度的影响。料温高则流动性增大，但不同的塑料品种，其影响程度差异甚大。

(2)压力的影响。压力增加则塑料熔体受剪作用增大，熔体的表观黏度下降，因而其流动性增大，尤以聚甲醛、聚乙烯、聚丙烯、ABS 和有机玻璃等塑料有剪切变稀的显著现象。故这些塑料在成形加工时，宜使用低温高压的技术。

(3)模具的影响。浇注系统的形式、尺寸、布置，冷却系统设计，流速与阻力等因素都直接影响到熔体在模腔内的实际流动性。

(4)塑料品种的影响。就热固性塑料而言，粒度细匀、湿度大，含水分及挥发物多，预热及成形条件适当等均有利于改善流动性；反之则流动性变差。塑料流动性的好坏在很大程度上影响着成形过程的许多参数，如成形时的温度、压力，模具浇注系统的尺寸及结构参数。流动性小，将使填充不足，不易成形，成形压力大；流动性大，易使溢料过多，填充模腔不密实，塑料制品组织疏松，易粘模具及清理困难，硬化过早。因此，选用塑料的流动性必须与塑料制品要求、成形过程及成形条件相适应。模具设计时应根据流动性来考虑浇注系统、分型面及进料方向等。

2. 收缩性

塑料制品自模腔中取出冷却至室温后，其尺寸发生缩小的这种性能称为收缩性。塑料制品尺寸收缩不仅是树脂本身热胀冷缩的结果，而且与各种成形因素有关。所以准确地说，成形后塑料制品的收缩应称为成形收缩。

1) 成形收缩形式

(1) 线尺寸收缩。由热胀冷缩、塑料制品脱模时弹性恢复、变形等原因导致塑料制品脱模冷却到室温后，尺寸缩小。

(2) 方向性收缩。成形时由于分子的取向作用，塑料制品呈现各向异性，沿料流方向收缩大，强度高，与料流垂直方向则收缩小，强度低。此外，成形时由于塑料制品各部位密度及填料分布不均匀，故收缩也不均匀。由于收缩的不一致，塑料制品易于翘曲、变形和产生裂纹，尤其在挤出成形和注塑成形时，方向性表现得更为明显。

(3) 后收缩。塑料制品在储存和使用条件下发生应力松弛致使其发生的再收缩称为后收缩。一般塑料制品要经过 30~60 天后尺寸才能最后稳定。通常热塑性塑料制品的后收缩比热固性塑料大，压注及注塑成形塑料制品的后收缩比压缩成形大。

(4) 后处理收缩。对某些结晶性塑料制品，让其自然时效，完成后收缩，往往需要很长时间，故通常采用热处理工艺让其有充分条件完善结晶过程，使之尺寸尽快稳定下来。在这一过程中塑料制品所发生的收缩称为后处理收缩。

2) 影响收缩性的主要因素

(1) 塑料品种的影响。各种塑料都有其各自的收缩率范围，同一种塑料由于相对分子质量、填料及配比等不同，其收缩也不同。热塑性塑料的收缩值比热固性塑料大，且收缩范围宽，方向性更明显。结晶性热塑性塑料因存在由结晶过程引起的体积缩小，内应力增强，分子取向倾向增大，所以其收缩方向性差别增加。

(2) 塑料制品特性的影响。塑料制品形状、尺寸、壁厚，以及有无嵌件、数量及其布局等对塑料制品的收缩值也有重大影响，例如，塑料制品壁厚则收缩率大，有嵌件则收缩率小。

(3) 模具的影响。模具结构、分型面选择、加压方向、浇注系统形式、浇口位置/数量、截面尺寸对收缩值及其收缩方向性也有很大的影响。尤以压注与注塑成形更为明显。

(4) 成形条件的影响。模具温度高收缩值大，反之收缩值小。注塑压力高，保持时间长，塑料制品收缩值降低，反之收缩值增大。就热固性塑料而言，预热情况、成形温度、成形压力、保持时间、填料类型及硬化特性的不同，也会对其收缩值及其收缩方向性造成影响。

综上所述，影响收缩率大小的因素很多，收缩率不是一个固定值，而是在一定范围内变化的，收缩率的变化也将引起塑料制品的尺寸波动。因此，模具设计时应根据以上因素综合考虑选择塑料的收缩率。

3) 收缩率的计算

塑料制品成形收缩值可用收缩率 S_{CP} 表示：

$$S_{CP} = \frac{L_M - L_S}{L_S} \times 100\% \tag{6-3}$$

式中，S_{CP} 为平均收缩率；L_M 为模腔在室温下的单向尺寸；L_S 为塑料制品在室温下的单向尺寸。

3. 结晶性

在塑料成形过程中，根据塑料冷却时是否具有结晶性，可将塑料分为结晶型塑料和非结晶型塑料两种。结晶型塑料具有结晶现象的性质叫结晶性。结晶型塑料的成形特性表现如下。

(1)因塑料结晶熔解需要热量，故结晶型塑料达到成形温度要比非结晶型塑料达到成形温度需要更多的热量。

(2)冷凝时，结晶型塑料放出热量多，需要较长的冷却时间。

(3)由于结晶型塑料硬化状态时的密度与熔融时的密度差别很大，成形收缩大，易发生缩孔、气孔。结晶型塑料的收缩率在 0.5%～3.0%，且有方向性；而非结晶型塑料的收缩率在 0.4%～0.6%。

(4)由于分子的定向作用和收缩的方向性，结晶型塑料制品易变形、翘曲。

(5)冷却速度对结晶型塑料的结晶度影响很大，缓冷可提高结晶度，急冷则降低结晶度。

(6)结晶度大的塑料制品密度大，强度、硬度高，刚度、耐磨性好，耐化学性和电性能好；结晶度小的塑料制品柔软性、透明性好，伸长率和冲击韧度较大。因此，可以通过控制成形条件来控制塑料制品的结晶度，从而控制其特性，使之满足使用需要。属于结晶型塑料的有聚乙烯、聚丙乙烯等。属于非结晶型塑料的有聚苯乙烯、聚氯乙烯、ABS 等。

4. 吸湿性与黏水性

塑料中有各种添加剂，使其对水分各有不同的亲疏程度。所以，塑料根据吸湿性大致可分为两类：一类是具有吸湿或黏附水分倾向的塑料，如 ABS、聚酰胺、聚甲基丙烯酸甲酯等；另一类是既不吸湿也不易黏附水分的塑料，如聚乙烯、聚丙烯等。

对于具有吸湿或黏附水分倾向的塑料，在成形过程中水分在高温料筒中变为气体并促使塑料发生水解，导致塑料起泡和流动性下降，这不仅增加了成形难度，而且降低了塑料制品的表面品质和力学性能。因此，对这一类塑料，在成形之前应进行干燥，以除去水分。一般水分应控制在 0.4%以下，ABS 的含水量应控制在 0.2%以下。

5. 热敏性和水敏性

对热较为敏感，在高温下受热时间较长或进料口截面过小，剪切作用大时，料温增高易发生变色、降聚、分解的倾向，具有这种特性的塑料称为热敏性塑料，如硬聚氯乙烯、聚三氟氯乙烯等。热敏性塑料在分解时产生单体、气体、固体等，有的气体对人体、设备、模具有害，而且会降低塑料的性能，应予以预防。为了防止热敏性塑料在成形加工过程中出现分解现象，一方面应在塑料中加入热稳定剂，另一方面应选择螺杆式注塑机，模具应镀铬。同时必须严格控制成形温度、模温、加热时间等。有的塑料(如聚碳酸酯)即使含有少量水分，但在高温、高压下也会发生分解，称此性能为水敏性，对此种塑料必须预先加热干燥。

6. 塑料状态与温度的关系

图 6.4 为结晶型塑料和无定型塑料三态与温度之间的关系。温度小于 T_g 时塑料是玻璃态，温度在 T_g～T_f 时是高弹态，温度在 T_f～T_d 时是黏流态(即塑性良好的状态)。温度大于 T_d 时塑料降解而变稀，这时模内分型面处易溢料。塑料在玻璃态时可进行机械加工；高弹态时可进行热冲压变形、热锻及真空成形；黏流态时可注塑、模压、吹塑、挤出成形。

7. 温度和压力对黏度的影响

塑料的黏度随着压力和温度的升高而降低，如图 6.5 所示。黏度降低可增加塑料的流动性，有利于塑料制品的成形。

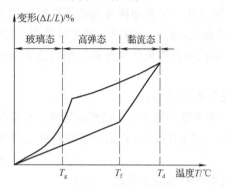

图 6.4　塑料状态与温度的关系

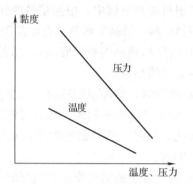

图 6.5　塑料黏度与温度、压力的关系

6.3　塑料加工成形方法

6.3.1　注塑成形

注塑成形是热塑性塑料成形的主要加工方法，近年来，也用于部分热固性塑料的成形加工。塑料注塑成形的工作原理源于金属的压铸成形。它具有成形周期短、生产效率高、易于实现机械化和自动化，能制造形状复杂、尺寸精度高的塑料制品的特点。所以，目前 60%～70%的塑料制件是用注塑成形方法生产的。

注塑机是注塑成形的主要设备，注塑成形模具是注塑成形工艺的主要工艺装备，称为注塑模。注塑机的种类很多，其基本功能有两个：一是将塑料加热熔融(塑化)至黏流态；二是对黏流态的塑料熔体施加高压使其注入型腔成形。注塑机按外形特征分为立式、卧式、角式和转盘式等多种。按塑化方式不同可分为柱塞式和螺杆两类，柱塞式注塑机的结构简单，但注塑成形过程中存在塑化不均匀、注塑压力损失大、一次注塑量较小等缺陷，因此只在小型注塑机中使用，目前使用较多的是卧式往复螺杆式注塑机。

1. 注塑成形工艺过程

将塑料原料经过预处理，通过注塑机的注塑，使塑料在模具中成形，开模后取出塑料件的过程，称为注塑成形工艺过程。完成一次注塑过程一般有预塑(加料塑化)、注塑(合模注塑保压)、冷却定型(冷却定型脱模)三个阶段，图 6.6 为螺杆式注塑机注塑成形工艺过程示意图。

(1) 预塑阶段。如图 6.6(a) 所示，注塑机的螺杆 6 旋转，将加料斗 7 中落下的塑料沿螺旋槽向前输送，在注塑料筒 5 中加热，塑料在高温和剪切力的作用下均匀塑化达到黏流态或塑化态。已经塑化的塑料向螺杆前端聚集，当料筒前端的塑料聚集达到一定压力时，便使螺杆边转动边后退，料筒前端的塑料熔体逐渐增多，当达到一定量时，螺杆停止转动和后退，准备注塑。与此同时，锁模机构后退开模，并利用注塑机的顶出机构使塑料件脱模，取出前一次注塑的塑料件。

(2)注塑阶段。如图 6.6(b)所示，注塑机锁模机构将动模 1 与定模 2 闭合，将注塑料筒 5 中经过加热达到良好塑化状态的塑料流体，由注塑液压缸 9 推动螺杆，经过喷嘴 3 注入闭合的模具型腔中成形。

(3)冷却定型阶段。如图 6.6(c)所示，塑料充满型腔后，需要保压，使塑料件在型腔中达到冷却、硬化、定型。压力撤销后，螺杆转动，开始下一件的预塑，同时锁模机构后退开模取件，整个过程周期性重复进行。从向料筒加料到开模取出塑料件为一个成形周期，根据塑料品种、塑料件尺寸及壁厚的不同，成形时间从几秒到几分钟不等。

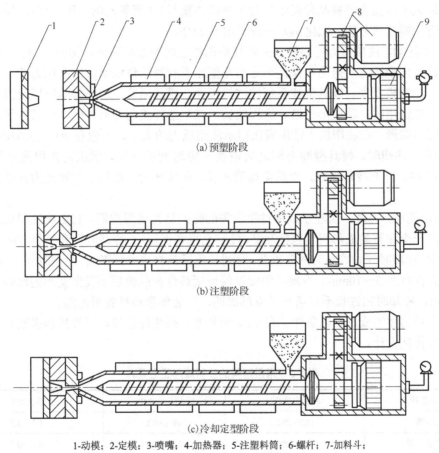

(a)预塑阶段

(b)注塑阶段

(c)冷却定型阶段

1-动模；2-定模；3-喷嘴；4-加热器；5-注塑料筒；6-螺杆；7-加料斗；
8-电动机及传动系统；9-注塑液压缸

图 6.6　螺杆式注塑机注塑成形工艺过程示意图

2. 注塑成形工艺条件

在注塑成形过程中，一些主要因素将直接影响成形操作和制品的品质。这些主要因素是成形温度(包括料筒温度、喷嘴温度和模具温度)、塑化压力、注塑压力、保压以及成形周期。

(1)料筒温度。在注塑成形时需控制的温度有料筒温度、喷嘴温度和模具温度等。料筒温度应控制在塑料的黏流温度以上(对结晶型塑料为熔点)，提高料筒温度可使塑料熔体的黏度下降，对充模有利，但必须低于塑料的分解温度。

(2)喷嘴温度。喷嘴温度通常略低于料筒的最高温度，以防止塑料流经喷嘴处因升温而产生流涎。

(3)模具温度。模具温度根据不同塑料的成形条件,通过模具的冷却或加热系统控制。对于要求模具温度较低的塑料,如聚乙烯、聚苯乙烯、聚丙烯、ABS、聚氯乙烯等,应在模具上设置冷却装置;对模具温度要求较高的塑料,如聚碳酸酯、聚砜、聚甲醛、聚苯醚等,应在模具上设置加热系统。

(4)塑化压力。螺杆压力包括塑化压力和注塑压力,塑化压力又称背压,是注塑机螺杆顶部熔体在螺杆转动后退时受到的压力。增加塑化压力能提高熔体温度,并使温度分布均匀。塑化压力的大小应根据塑料品种而定,对于热敏性塑料(如聚氯乙烯、聚甲醛),塑化压力应低些,以防塑料过热分解。塑化压力一般不超过 2MPa。

(5)注塑压力。注塑压力是指柱塞或螺杆头部注塑时对塑料熔体施加的压力。它用于克服熔体从料筒流向型腔时的阻力、保证一定的充型速率和对熔体压实。注塑压力的大小取决于塑料品种、注塑机类型、模具浇注系统的结构尺寸、模具温度、塑料件的壁厚及流程长短等多种因素。在选用时,除成形壁薄、流程较长、充型条件差的塑料件外,一般应尽量选用较低的注塑压力成形。在注塑机上常用表压指示注塑压力的大小,一般在 40～130MPa。

(6)保压。注塑时,模具型腔充满之后需要一定时间的保压,保压的作用是对型腔内的塑料熔体压实、补充冷却收缩,以获得精确形状。保压压力一般等于注塑压力或略低于注塑压力。

(7)成形周期。完成一次注塑成形过程所需的时间称为成形周期,它影响注塑机的使用和生产效率。一个完整的成形周期包括注塑时间(充模和保压)、冷却时间和其他时间。在整个成形周期中,注塑时间和冷却时间最重要,对制品质量具有决定性影响。注塑时间一般为 0.5～2min,厚大件可达 5～10min。冷却时间应以保证塑料件在脱模后不发生变形为原则,一般为0.3～12min,冷却时间过长不仅增长了成形周期,还会使塑料件脱模困难。

常用塑料的注塑成形工艺条件见表 6.2。近年来,采用注塑流动计算机模拟软件,可对注塑压力进行优化设计。

表 6.2　常用塑料的注塑成形工艺条件

塑料品种	注塑温度/℃	注塑压力/MPa	成形收缩率/%
聚乙烯	180～280	49～98.1	1.5～3.5
硬聚氯乙烯	150～200	78.5～196.1	0.1～0.5
聚丙烯	200～260	68.7～117.7	1.0～2.0
聚苯乙烯	160～215	60～110	0.4～0.7
聚甲醛	180～250	58.8～137.3	1.5～3.5
聚酰胺	240～350	68.7～117.7	1.5～2.2
聚碳酸酯	250～300	78.5～137.3	0.5～0.8
ABS	236～260	54.9～172.6	0.3～0.8
聚苯醚	320	78.5～137.3	0.7～1.0
聚砜	345～400	78.5～137.3	0.7～0.8
氟塑料 F-3	260～310	137.3～392	1～2.5

6.3.2　挤出成形

挤出成形是热塑性塑料件的主要生产方法之一，用于管材、棒料、板材、片材、线材等连续型材的生产。

一般由挤出机、挤出模具、牵引装置、冷却定型装置、卷料或切割装置以及控制系统等组成挤出成形生产线，挤出成形原理如图 6.7 所示。挤出成形时，首先将颗粒状或粉状塑料从料斗送进挤出机的料筒 1，在旋转的挤出机螺杆的作用下向前输送，同时塑料受到料筒的传热和螺杆对塑料的剪切摩擦热的作用逐渐熔融塑化，挤出机装有挤出模具 2，塑料在通过挤出模具时形成所需形状的制件 6，再经过一系列辅助装置(定型模具 3、冷却装置 4、牵引装置 5 和切割装置 7 等)，从而得到等截面的塑料型材。

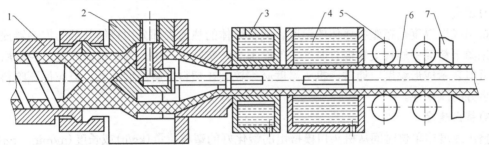

1-挤出机料筒；2-机头(模具)；3-定型模具；4-冷却装置；5-牵引装置；6-制件；7-切割装置

图 6.7　挤出成形原理

挤出成形的塑料件为恒定截面形状的连续型材，该工艺还可以用于塑料的着色、造粒和共混等。挤出成形的特点如下。

(1)连续成形，产量大，生产率高，成本低，经济效益显著。

(2)塑料件的几何形状简单，截面形状不变，模具结构也较简单。

(3)塑料件内部组织均衡紧密，尺寸比较稳定。

(4)适应性强。

除氟塑料外，所有的热塑性塑料都可采用挤出成形，部分热固性塑料也可采用挤出成形。通过变更机头口模，就能生产出不同形状、尺寸的各种塑料件。

1. 挤出成形工艺过程

热塑性塑料挤出成形的工艺过程可分为塑化、成形和定型 3 个阶段。第一阶段塑化：塑料原料在挤出机的料筒温度和螺杆的旋转压实及混合作用下由粉状或颗粒状转变成黏流态物质(常称干法塑化)，或固体塑料在机外溶解于有机溶剂中而成为黏流态物质(常称湿法塑化)，再加入挤出机的料筒中。第二阶段成形：黏流态塑料熔体在挤出机螺杆螺旋力的推挤作用下，通过具有一定形状的口模即可得到截面与口模形状一致的连续型材。第三阶段定型：通过适当的处理方法，如定径处理、冷却处理等，使已挤出的塑料固化为制件，具体的挤出成形工艺过程如图 6.8 所示。

2. 挤出成形工艺参数

挤出成形工艺参数主要包括压力、温度、挤出速度和牵引速度等。

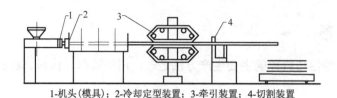

1-机头(模具)；2-冷却定型装置；3-牵引装置；4-切割装置

图 6.8　管材挤出成形工艺过程示意图

1)压力

在挤出过程中，由于螺杆槽的深度变化、塑料的流动阻力、过滤板、口模等的作用，塑料沿料筒轴线在其内部形成一定的压力，使塑料得以均匀密实并成形为制件。挤出时，料筒的压力可达 55MPa，压力呈周期性波动，由螺杆的转速、加热和冷却装置控制。

2)温度

挤出成形温度是指塑料熔体的温度。塑料熔体的热量大部分由料筒外部的加热器提供，部分来源于料筒中螺杆旋转混合时产生的摩擦热。实际生产中，为了检测方便，经常用料筒温度近似表示成形温度。通常，机头温度必须控制在塑料分解温度之下，但应保证塑料熔体具有良好的流动性。

3)挤出速度

挤出速度用单位时间从机头口模挤出的塑化好的塑料质量(kg/h)或长度(m/min)表示。它表征着挤出机生产能力的高低。挤出速度与机头口模的阻力、螺杆与料筒的结构、螺杆转速、加热系统及塑料特性等因素有关，其中螺杆的结构与转速影响最大，调整螺杆转速是控制挤出速度的主要措施。

4)牵引速度

挤出成形是一种连续生产工艺，牵引是必不可少的。牵引速度要与挤出速度相适应，一般牵引速度略大于挤出速度，以便消除制件尺寸的变化，同时对制件进行适当的拉伸以提高制件质量。牵引速度与挤出速度的比值称为牵引比，其值必须等于或大于 1。表 6.3 列出了几种塑料管材的挤出成形工艺参数。

表 6.3　常用管材挤出成形工艺参数

成形工艺参数		硬聚氯乙烯 (RPVC)	软聚氯乙烯 (SPVC)	低密度聚乙烯 (LDPE)	丙烯腈-丁二烯-苯乙烯(ABS)	聚酰胺-1010 (PA-1010)	聚碳酸酯 (PC)
管材外径/mm		95	31	24	32.5	31.3	32.8
管材内径/mm		85	25	21	25.5	25	25.5
管材厚度/mm		5	3	2	3	—	—
料筒温度 /℃	后段	80~100	90~100	90~100	160~165	200~250	200~240
	中段	140~150	120~130	110~120	170~175	260~270	240~250
	前段	160~170	130~140	120~130	175~180	260~280	230~255
机头温度/℃		160~170	150~160	130~135	175~180	220~240	200~220
口模温度/℃		160~180	170~180	130~140	190~195	200~210	200~210
螺杆转速/(r/min)		12	20	16	10.5	15	10.5
口模直径/mm		90.7	32	24.5	33	44.8	33

续表

成形工艺参数	硬聚氯乙烯 (RPVC)	软聚氯乙烯 (SPVC)	低密度聚乙烯 (LDPE)	丙烯腈-丁二烯- 苯乙烯(ABS)	聚酰胺-1010 (PA-1010)	聚碳酸酯 (PC)
芯模内径/mm	79.7	25	19.1	26	38.5	26
稳流定型段长度/mm	120	60	60	50	45	87
牵引比	1.04	1.2	1.1	1.02	1.5	1.97
真空定径套内径/mm	96.5	—	25	33	31.7	33
定径套长度/mm	300	—	160	250	—	250
定径套与口模间距/mm	—	—	—	25	20	20

6.3.3　吹塑成形

吹塑成形又称吹气成形、中空成形，是形成中空塑料件的制造工艺。吹塑成形是将处于塑性状态的塑料型坯置于模具型腔内，利用压缩空气注入型坯中将其吹胀，并使之紧贴于凹模腔壁上，经冷却定型得到一定形状的中空塑料件的加工方法。根据成形方法不同，吹塑成形可分为挤出吹塑成形、注塑吹塑成形和注塑拉伸吹塑成形等，一般用于塑料瓶、罐及盒类制品的生产。

1. 挤出吹塑成形

挤出吹塑成形工艺过程如图 6.9 所示。首先在挤出机上挤出管坯 3，见图 6.9(a)；将管坯趁热放于吹塑模 2 中，闭合模具的同时夹紧型坯上下两端，见图 6.9(b)；然后向热型坯中通入压缩空气，使型坯吹胀并贴于型腔壁成形，见图 6.9(c)；最后经保压和冷却定型，即可开模取出塑料件，如图 6.9(d)所示。

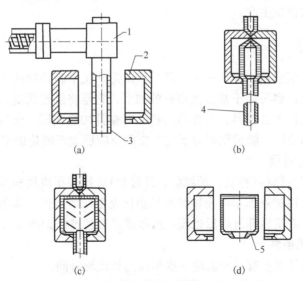

1-挤出机头；2-吹塑模；3-管坯；4-进气口；5-制品

图 6.9　挤出吹塑成形

挤出吹塑成形模具结构简单，投入少，操作容易，适于多种塑料的中空吹塑成形。挤出吹塑成形的缺点是塑料件壁厚不均匀，需要后续加工去除飞边。

2. 注塑吹塑成形

注塑吹塑成形工艺过程如图 6.10 所示。首先用注塑机注塑模内塑料管坯，管坯成形在周壁带有微孔的空心凸模上，如图 6.10(a) 所示；接着趁热将管坯移至吹塑模内，如图 6.10(b) 所示；然后合模并从芯棒的管内通入压缩空气，使型坯吹胀并贴于模具的型腔壁上，如图 6.10(c) 所示；最后经保压、冷却定型后开模取出塑料件，如图 6.10(d) 所示。

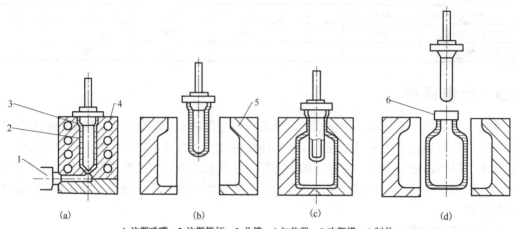

1-注塑喷嘴；2-注塑管坯；3-凸模；4-加热器；5-吹塑模；6-制品

图 6.10　注塑吹塑成形

这种成形方法的优点是壁厚均匀、无飞边、不需后续加工。由于注塑型坯有底，故塑料件底部没有拼合缝、强度高、生产率高，能实现自动化生产，但设备与模具的投资较大，多用于小型塑料件的大批量生产。

6.3.4　压塑成形

压塑成形又称压缩成形、模压成形，是塑料成形加工中较传统的工艺方法，目前主要用于热固性塑料的加工，也可用于热塑性塑料的加工。它是将经过预制的塑料原料直接加入敞开的模具加料室，然后闭合模具，并在压力机上对模具加热加压，塑料在热和压力的作用下呈熔融流动状态充满型腔，随后塑料分子发生交联反应后逐渐硬化成形。

1. 压塑成形工艺过程

预先对松散的塑料原料(粉状、颗粒状、纤维状)进行预压成块和预热处理，然后将其加入模具加料室，闭模后加热加压，使塑料原料塑化充型，经过排气和保压硬化后，脱模取出塑料件、清理模具和对塑料件进行后处理，压塑成形工艺过程如图 6.11 所示。

2. 压塑成形工艺条件

压塑成形工艺条件主要有成形温度、成形压力和成形时间。

(1)成形温度对塑料顺利充型及塑料件质量有较大影响。在一定范围内，提高温度可以缩短成形周期，减小成形压力。但是如果温度过高会加快热固性塑料的硬化，影响物料的流动，造成塑料件内应力大，易出现变形、开裂、翘曲等缺陷；温度过低会使硬化不足，塑料件表面无光，物理性能和力学性能下降。

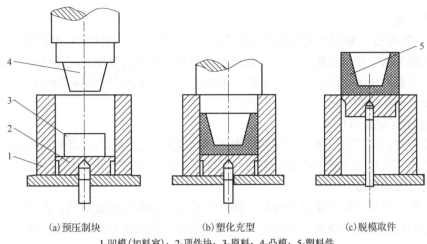

(a)预压制块　　　　　　　　(b)塑化充型　　　　　　　(c)脱模取件

1-凹模(加料室)；2-顶件块；3-原料；4-凸模；5-塑料件

图 6.11　压塑成形工艺过程示意图

(2)成形压力由凸模施加在塑料上，使黏流态的塑料充满型腔并在压力下固化。成形压力的大小取决于塑料的工艺性能和其他工艺条件。流动性小或压缩比大的塑料需要较大的成形压力，而且塑料件的厚度越大、形状越复杂所需要的成形压力也越大。生产中在压塑前常将松散的塑料原料预压成块，这样既方便加料，又可以降低成形所需压力。表 6.4 是常用热固性塑料的压塑成形温度和成形压力。

表 6.4　常用热固性塑料的压塑成形温度和成形压力

塑料种类	成形温度/℃	成形压力/MPa
酚醛塑料	140～150	7～42
脲甲醛塑料	135～155	14～56
聚酯塑料	85～150	0.35～3.5
环氧树脂塑料	145～200	0.7～14
有机硅塑料	150～190	7～56

(3)成形时间的长短和塑料的工艺性能、塑料件的厚度与形状有关，还与模具的温度、成形压力以及塑料有无预热有关。成形时间短，塑料硬化不足，塑料件的外观性能差，力学性能下降。适当增加成形时间，可以减小塑料件的收缩率，提高耐热性能和力学性能。一般酚醛塑料的成形时间为 1～2min，有机硅塑料的成形时间为 2～7min。

6.3.5　泡沫成形

泡沫塑料是以合成树脂为基体制成的内部有无数微小气孔的一大类特殊塑料。泡沫塑料可用作漂浮材料、绝热隔音材料、减震和包装材料等。

1. 泡沫塑料的发泡方法

(1)物理发泡法。利用物理原理发泡。例如，在压力作用下，将惰性气体溶于熔融或糊状聚合物中，经减压放出溶解气体发泡；利用低沸点液体蒸发气化发泡等。

(2)化学发泡法。利用化学发泡剂加热后分解放出气体发泡或利用原料组分之间相互反应放出的气体发泡。

(3)机械发泡法。利用机械的搅拌作用,混入空气发泡。按泡沫塑料的软硬程度不同,可分为软质泡沫塑料、半硬质泡沫塑料和硬质泡沫塑料。按照泡孔壁之间连通与不连通,又可分为开孔泡沫塑料和闭孔泡沫塑料。此外,将密度小于 $0.4g/cm^3$ 的泡沫塑料称为低发泡塑料,大于 $0.4g/cm^3$ 的泡沫塑料称为高发泡塑料。

2. 泡沫塑料的成形方法

泡沫塑料的成形方法很多,有注塑成形、挤出成形、压制成形及其他成形方法,下面仅介绍低发泡注塑成形和与模压成形有关的可发性聚苯乙烯泡沫塑料的成形过程。

1)低发泡注塑成形

在某些塑料材料中加入定量发泡剂,通过注塑成形获取内部低发泡、表面不发泡塑料制品的过程称为低发泡注塑成形。其通常可分为单组分法和双组分法。单组分法又分为低压法和高压法两种。

(1)单组分法。

① 低压法,又称为不完全注入法,它与普通注塑成形方法的主要区别在于使用的模腔压力很低,通常为 2～7MPa,故称为低压法。低压法的特点是将含有发泡剂的塑料熔体,以高温高压注入型腔容积的 75%～80%,靠塑料发泡而充满整个型腔。此法要求注塑机采用自锁式喷嘴,这样才能达到较好效果。低压法成形的塑料制品泡孔均匀,但是材料表面粗糙。

② 高压法,又称为完全注入法,其模腔压力虽然也远比普通注塑成形方法低,但比低压法要高,为 7～15MPa,因此称为高压法。高压法的特点是利用较高的注塑压力将含有发泡剂的塑料熔体注满容积小于制品的闭合模腔,接着通过一次辅助开模动作增大模腔容积,使之能够与制品要求的体积相符,以便熔体能在模腔内发泡成形。这种方法的优点是制品表面平整,便于调节发泡率及控制制品致密表层的厚度。其缺点是模具结构复杂、精度要求高、塑料制品易留下粗糙的条纹或折痕,而且辅助开模时对注塑机有保压要求。

(2)双组分注塑法。

双组分注塑法是采用两种不同配方的原材料,通过两个注塑装置,先后注入同一模腔中,以获得发泡的复合体塑料制品。另外,其内芯可掺用下脚料、填料等,使成本大为降低。双组分注塑法以夹芯层注塑法最为典型。首先将不含发泡剂的塑料熔体注入模具型腔,随后由同一浇口注入含有发泡剂的塑料熔体。后进入的熔体将先进入的熔体挤压到型腔边缘,使型腔完全充满。最后注入少量不含发泡剂的塑料熔体使浇口封闭。关闭分配喷嘴并保压几秒后,将模具开启一定距离,使含有发泡剂的夹芯层材料发泡。用双组分注塑法成形的低发泡塑料制品表面均匀平滑,表面粗糙度与致密塑料制品相近,塑料制品表面能与型腔表面精确吻合,因此可复制出仿皮纹和木纹等表面结构。

2)可发性聚苯乙烯泡沫塑料的成形

可发性聚苯乙烯泡沫塑料制品是用含有发泡剂的悬浮聚苯乙烯珠粒,经一步法或两步法发泡制成要求形状的塑料制品。由于两步法发泡倍率大,制品品质好,因此广为采用,其成形过程如下。

① 预发泡。将存放一段时间的原材料粒子经预发泡机发泡成为直径大的珠粒,将水蒸气直接通入预发泡机机筒,珠粒在80℃以上软化,在搅拌作用下发泡剂气化膨胀,同时水蒸气也不断渗入泡孔内,使聚合物粒子体积增大。

② 熟化。预发泡后珠粒内残留的发泡剂和渗入的水蒸气冷凝成液体，形成负压。熟化就是在储存的过程中粒子逐渐吸入空气，内外压力平衡的过程。但熟化过程中不能使珠粒内残留的发泡剂大量逸出，所以熟化储存时间应严格控制。

③ 成形。模压成形包括在模内通蒸汽加热、冷却定型两个阶段。将预发泡珠粒充满模具型腔，通入蒸汽，粒子在 20～60s 时间里即受热、软化，同时粒子内部残留的发泡剂、空气受热共同膨胀，大于外部蒸汽的压力，颗粒进一步胀满型腔，增大体积并互相熔接成整块，形成与模具型腔形状相同的泡沫塑料制品，然后通水冷却定型，开模取出制品。

6.3.6 压延成形

压延成形是将加热塑化的热塑性塑料通过两个相向旋转的辊筒间隙，使其成为规定尺寸的连续片材的成形方法。压延成形所采用的原材料主要是聚氯乙烯、纤维素、改性聚苯乙烯等塑料。压延产品有薄膜、片材、人造革和其他涂层制品等，薄膜与片材的区分在于厚度，一般厚度小于 0.3mm 的为薄膜；厚度大于 0.3mm 的为片材。

压延成形的生产特点是加工能力强、生产速度快、产品品质好、生产连续、产品厚薄均匀、厚度相对公差可控制在 10%以内、表面平整。此外，压延成形的自动化程度高。其主要缺点是设备庞大，投资较高，维修复杂，制品宽度受压延机辊筒尺寸限制等，因而在生产连续片材方面不如挤出成形的技术发展快。

6.4 塑料制品的形状和结构设计

要想把塑料加工成满足要求的塑料件，首先要选用合适的塑料原材料，同时还必须考虑塑料件的结构工艺性。良好的塑料件结构是获得合格塑料件的基础，也是成形工艺顺利进行、提高产品质量和生产效率、降低生产成本的基本保证。

1. 塑料件形状和结构的设计原则

塑料件的形状和结构设计主要包括塑料件形状、壁厚、脱模斜度、加强筋、侧孔和侧凹、支撑面等。在满足使用要求的前提下，塑料件的结构应尽可能地使模具结构简化，以符合成形工艺特点。在进行塑料件结构工艺性设计时，要遵循以下几个原则。

(1)根据塑料的材料选用成形工艺性能，如收缩率、流动性等。

(2)在满足使用性能的前提下，力求塑料件结构简单、壁厚均匀、使用方便。

(3)模具的总体结构要使模具的型腔易于制造，尤其是抽芯和推出机构简单。

2. 塑料件形状

塑料件的形状在不影响使用要求的情况下，都应力求简单，避免侧表面凹凸不平和带有侧孔，这样就容易从模腔中直接顶出，避免了模具结构的复杂性。对于某些因使用要求必须带侧凹、侧凸或侧孔的塑料件，常常可以通过合理的设计，避免侧向抽芯，如图 6.12 所示。图 6.12 所示的是侧面带凹凸纹的塑料件，主要是为了旋转时增加其与人手的摩擦力(如家用电器、仪器仪表的旋钮)，可以采用图 6.12(b)所示的直纹样式，以避免图 6.12(a)所示的菱形纹造成模具结构复杂。

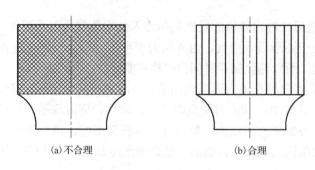

(a) 不合理　　　　　　　　　　　(b) 合理

图 6.12　塑料件的形状设计应有利于脱模

3. 壁厚

塑料件壁厚受到制品结构特性、使用过程中力学性能及成形工艺的影响。制品壁厚越大，消耗的材料越多，冷却时间越长，生产成本越高；壁厚太大，塑料件整体容易凹陷，内部容易产生气泡、缩孔，塑料件的力学强度下降；壁厚太小，塑料流动阻力升高，成形难度加大。对由塑料件结构所造成的壁厚差过大的情况，可采取图 6.13 所示的方法减小壁厚差。

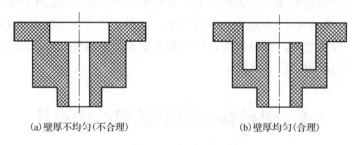

(a) 壁厚不均匀(不合理)　　　　　　　　(b) 壁厚均匀(合理)

图 6.13　壁厚处理方法

热塑性塑料的最小壁厚一般取 2~4mm。同一塑料件的壁厚应尽可能保持一致。塑料件壁厚的大小主要取决于塑料品种、大小以及成形条件。部分热固性塑料件的壁厚推荐值可参考表 6.5，部分热塑性塑料件的壁厚最小值及常用壁厚推荐值可参考表 6.6。

表 6.5　部分热固性塑料件的壁厚推荐值　　　　　　　　　　　（单位：mm）

塑料件材料	塑料件外形高度		
	<50	50~100	>100
粉状填料的酚醛塑料	0.7~2.0	2.0~3.0	5.0~6.5
纤维状填料的酚醛塑料	1.5~2.0	2.5~3.5	6.0~8.0
氨基塑料	1	1.3~2.0	3.0~4.0
聚酯玻璃纤维填料的塑料	1.0~2.0	2.4~3.2	>4.8
聚酯无机物填料的塑料	1.0~2.0	3.2~4.8	>4.8

表 6.6　部分热塑性塑料件的壁厚最小值及常用壁厚推荐值　　　　（单位：mm）

塑料件材料	最小壁厚	小型塑料件壁厚	中型塑料件壁厚	大型塑料件壁厚
尼龙	0.45	0.76	1.50	2.4~3.2
聚乙烯	0.60	1.25	1.60	2.4~3.2

续表

塑料件材料	最小壁厚	小型塑料件壁厚	中型塑料件壁厚	大型塑料件壁厚
聚苯乙烯	0.75	1.25	1.60	3.2～5.4
改性聚苯乙烯	0.75	1.25	1.60	3.2～5.4
有机玻璃(372 号)	0.80	1.50	2.20	4.0～6.5
硬聚氯乙烯	1.20	1.60	1.80	4.2～5.4
聚丙烯	0.85	1.45	1.75	2.4～3.2
氯化聚醚	0.90	1.35	1.80	2.5～3.4

4. 脱模斜度

当塑料件成形后由于冷却而产生收缩，其会紧紧包住模具型芯或型腔中凸出的部分，为使塑料件便于从模具中脱出，防止脱模时塑料件的表面被擦伤和推顶变形，与脱模方向平行的塑料件内表面应有足够的斜度，即脱模斜度 α，如图 6.14 所示。一般情况下，α 的取值范围为 0.5°～1.5°。塑料的强度越高或收缩率越大，α 越大；塑料件的形状越复杂或壁厚越大，对模具的包紧力越大，α 越大；制品精度越高，α 越小。

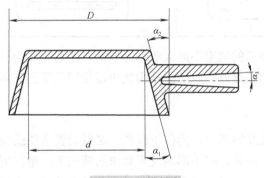

图 6.14　脱模斜度

5. 加强筋

加强筋的主要作用是在不增加塑料件壁厚的情况下增加塑料件的强度和刚度，避免塑料件产生翘曲变形。合理布置加强筋还可起到改善充模流动性，减小内应力，避免气孔、缩孔和凹陷等缺陷的作用。加强筋的设计主要遵循以下原则(表 6.7)。

表 6.7　加强筋设计的典型实例

序号	不合理	合理	说明
(1)			设置加强筋减薄壁厚
(2)		≥0.5	加强筋与支撑面的间隙应大于 0.5mm

序号	不合理	合理	说明
(3)			对非平板塑料件,加强筋应交错排列,避免产生翘曲
(4)			过高的塑料件应设置加强筋,以增加强度和刚度
(5)			对平板状塑料件,加强筋应与料流方向平行,以增强熔体流动性

此外还需注意,加强筋的宽度不应大于制品壁厚,否则制品的另一面会产生凹陷;加强筋的底部与制品间应是圆弧过渡,以防因压力集中而使制品遭到破坏,但圆弧过大同样会造成凹陷。

6. 侧孔和侧凹

塑料制品上出现侧孔及侧凹时,为便于脱模,必须设置滑块或侧向抽芯机构,从而使模具结构复杂,成本增加。因此,在不影响使用要求的情况下,塑料制品应尽量避免侧孔或侧凹结构。图 6.15 为带有侧孔或侧凹的塑料制品在改进前后的设计对比。带有圈内侧凹槽的塑料制品难以模塑成形;若做成组合凸模,则模具结构复杂,制造困难。这时可采用将内侧凹槽改为内侧浅凹结构并允许带有圆角的方法,则可用整体凸模,用强制脱模方法从凸模上脱出制品。这就要求塑料在脱模温度下应具有足够的弹性。但是,多数情况下塑料制品侧凹不能强制脱出,而需要采用侧向抽芯的模具结构。

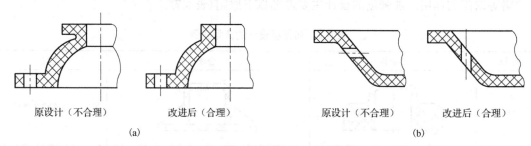

原设计(不合理)　　改进后(合理)　　　　原设计(不合理)　　改进后(合理)

(a)　　　　　　　　　　　　　　　　　　　(b)

图 6.15　塑料件有侧孔或侧凹的改进设计对比

7. 支撑面

常用的支撑面有边框支撑和脚底支撑,支撑面不宜做成大平面,容易产生翘曲变形且不平稳,如图 6.16 所示。

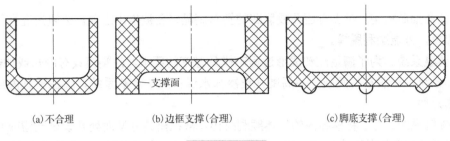

(a) 不合理　　　　　　(b) 边框支撑(合理)　　　　　　(c) 脚底支撑(合理)

图 6.16　支撑面

当支撑面附近有加强筋时，支撑面比筋的顶部应高 0.5mm 以上，如图 6.17 所示。

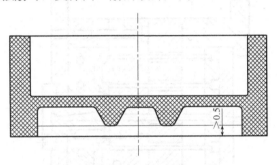

图 6.17　含有加强筋的支撑面

6.5　注塑成形工艺设计

6.5.1　注塑成形模具结构

注塑成形模具主要用于热塑性塑料制品，也可用于成形某些热固性塑料制品，它是塑料制品成形的一种重要的工艺装备。

由于注塑成形模具的结构取决于塑料制品的结构特点和注塑机的类型、规格，因而其结构是多种多样的。但是，任何一种注塑成形模具均可分为定模和动模两大部分，定模安装在注塑机的固定板上，动模安装在注塑机的移动模板上，注塑前动模与定模闭合构成型腔和浇注系统。开模时，动模与定模分离，塑料制品留在动模腔上，由设置在动模内的脱模机构推出塑料制品。根据模具中各个组件的作用不同(图 6.18 为注塑模的基本组成)，一副注塑模一般由以下几部分组成。

(1)成形零部件。成形零部件是与塑料接触的决定制品几何形状的模具零部件，通常由凸模(或型芯)、凹模、镶件等组成。凸模成形塑料制品内部形状，凹模成形塑料制品外部形状。

(2)浇注系统。浇注系统是把熔融塑料引向闭合模腔的通道，通常由主流道、分流道、浇口和冷料穴组成。

(3)导向机构。导向机构是为了保证动模和定模闭合时位置准确而设置的。它由导柱和导套组成。有的注塑模推出脱模机构也设置导向机构，保证脱模机构的运动灵活平稳。

(4)脱模机构。脱模机构是实现制品脱模的装置。其结构形式很多，最常用的有推杆、推管和推板等脱模机构。

(5)分型抽芯机构。对于有侧孔或侧凹的塑料制品，在被推出之前，必须先进行侧向抽芯或分开凹模，方能顺利脱模。

(6)调温系统。为了满足注塑成形过程对模具温度的要求，注塑模设有冷却或加热系统。对于冷却系统，一般在型腔或型芯周围开设冷却水道；对于加热系统，则在模具内部或周围安装加热元件。

(7)排气系统。为了将模腔内的气体顺利排出，常在模具分型面处开设排气槽或利用模具的推杆或型芯与模板的配合间隙排气。当排气量不大时，也可以仅利用分型面排气。

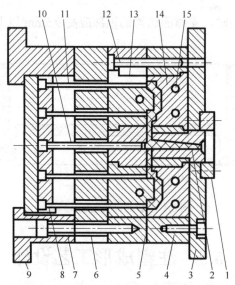

1-定位环；2-主流道体；3-定模底板；4-定模板；5-动模板；6-动模底板；7-模脚；
8-顶出板；9-顶出底板；10-拉料杆；11-顶杆；12-导柱；13-凸模；14-凹模；15-冷却水道

图6.18 注塑模的基本组成

6.5.2 浇注系统设计

用注塑成形方法加工塑料制品时，注塑机喷嘴中熔融的塑料经过主流道、分流道，最后通过浇口进入模具型腔，然后经过冷却固化，得到所需要的制品，所以注塑成形模具的浇注系统是指模具中从注塑机喷嘴开始到型腔为止的塑料熔体的流动通道。浇注系统通常分为普通浇注系统和无流道浇注系统两大类，普通浇注系统是应用最为广泛的一种，无流道浇注系统的应用日趋扩大。普通浇注系统一般由四部分组成，即主流道、分流道、浇口及冷料穴，如图6.19所示。

浇注系统的作用是使塑料熔体平稳且有顺序地填充到型腔中，并在填充和凝固过程中把压力

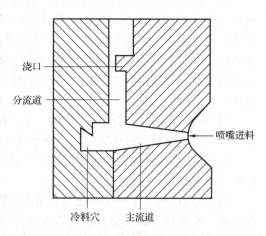

浇口
分流道
喷嘴进料
冷料穴
主流道

图6.19 普通浇注系统的组成

充分传递到各个部位，以获得组织紧密、外形清晰的塑料制件。浇注系统分直浇口式和横浇口式两种类型，一般都由主流道、分流道、浇口和冷料穴 4 个部分组成。

1. 主流道设计

主流道是指从喷嘴口起至分流道入口处的一段通道。主流道结构如图 6.20 所示。其设计特点如下。

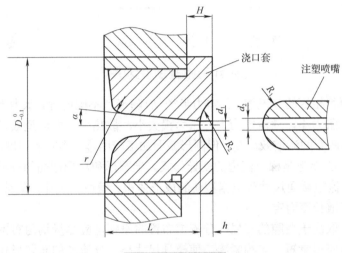

图 6.20　主流道结构

(1) 为了便于塑料熔体按序顺利地向前流动，开模时主流道凝料又能顺利地被拔出，主流道通常设计成圆锥形，其锥角 $\alpha = 2° \sim 4°$，对流动性较差的塑料可取 $\alpha = 3° \sim 6°$。主流道表面粗糙度一般应在 $Ra0.8\mu m$ 以下。主流道锥角也不能太大，过大会造成压力减弱，流速减慢，且易产生紊流，熔体易于吸气而使塑料制品产生气孔。

(2) 为防止主流道与喷嘴处溢料，注塑机的喷嘴头部应与主流道浇口套紧密对接。

主流道对接处应制成半球形凹坑，且半径 $R_2 = R_1 + (1 \sim 2)\,mm$，小端直径 $d_1 = d_2 + (0.5 \sim 1)\,mm$。

(3) 为减少压力损失和回收料量，主流道长度在保证良好成形的前提下，应尽可能短，常取 $L \leqslant 60mm$。

(4) 主流道出口应做成圆角，圆角半径 $r = 0.5 \sim 3mm$。

(5) 主流道要与高温塑料及喷嘴反复接触，容易损坏，为了便于更换，常将主流道设计成可拆卸的主流道衬套(浇口套)结构。

(6) 主流道衬套的进口端在注塑时承受很大的喷嘴压力，同时其出口端与分流道、浇口也承受型腔的反压力，因此主流道衬套应带凸缘，使之固定在定模上。

2. 分流道设计

分流道是主流道与浇口之间的通道。其作用是使熔融塑料过渡和转向。在单型腔模中可不设置分流道，在多型腔模中均设置分流道。常用的分流道截面形状有圆形、梯形、U 字形和六角形等，如图 6.21 所示。要减少分流道内的压力损失，希望分流道截面积要大，为了减少散热，则希望分流道表面积要小。因此，可用分流道的截面积(A)与周长(L)的比值(R)来表示分流道的效率即水力半径，其中 $R = A/L$。

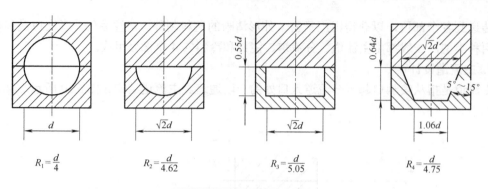

图 6.21　分流道截面形状尺寸

对于通流截面积相等的分流道，其水力半径(R)随形状不同而异。水力半径大意味着流体和道壁的接触少，阻力小，通流能力大，压力损失小，散热少，即流道效率高；反之则流道效率低。尽管圆形截面的流道效率高，但圆形截面加工较困难，实际使用侧面具有斜度($5°\sim$ $10°$)的梯形流道。U 字形是梯形流道的变异形式。半圆形和矩形截面的分流道则因流道效率小而不常采用。分流道截面尺寸应根据塑料的成形体积、壁厚、尺寸、塑料品种的技术性能、注塑速率以及分流道长度而定。

分流道的布置取决于型腔的布局，分流道布置的原则是应尽量均匀布置，使各浇口处的压力降相等；流程应尽量短，排列紧凑，使模具尺寸小。分流道的布置形式分为平衡式和非平衡式两种。平衡式布置要求从主流道至各个型腔的分流道长度、形状、截面尺寸等都必须对应相等，保证各个型腔的热平衡和塑料的流动平衡。但在加工时必须注意各对应部位尺寸的一致性，通常要求截面尺寸和长度误差在 1%以内，否则就达不到均衡的目的。平衡式布置的缺点是加工困难，分流道长。非平衡式布置的特点是主流道至各个型腔的分流道长度各不相同。为了使各个型腔同时均衡进料，须将浇口开成不同的尺寸。对于品质要求很高的塑料制品，不宜采用非平衡式布置。非平衡式布置的优点是在型腔数较多时，可缩短流道的总长度。

分流道表面不要求太光洁，表面粗糙度要求达到 $Ra=0.8\mu m$ 为佳。这样可增加对外层塑料熔体的流动阻力，降低流速，以与中心料流有相对速度差，有利于熔融塑料冷皮层固定，起到保温作用。

3. 浇口设计

浇口是连接分流道与型腔之间的一段细短流道(除直接浇口外)，是浇注系统的关键部分。其作用是调节控制料流速度、补料时间及防止倒流。浇口的形状、数量、尺寸和位置对塑料制品的成形品质影响很大。塑料制品的一些品质缺陷如缩孔、拼缝线、质脆、分解和翘曲等往往是由于浇口设计不当而产生的。因此，正确设计浇口尺寸是提高塑料制品品质的重要环节。

浇口尺寸常根据经验确定，先取下限值，然后在试模中加以修正。一般浇口断面积为分流道面积的 3%～9%，长度尽可能短，一般为 1～1.5mm，截面形状常为矩形或半圆形。

选择浇口位置时应遵循以下原则。

(1)避免塑料制品上产生缺陷。如果浇口的尺寸比较小，同时正对着一个宽度和厚度都比较大的型腔空间，则高速的塑料熔体通过浇口注入型腔时，因受到很高的剪切应力，将产生喷射和蠕动(蛇形流)等熔体破裂现象,造成塑料制品内部和表面均产生缺陷。喷射还会使型腔内的空气难以顺利排除,造成塑料制品内有气孔,甚至出现焦痕。克服上述缺陷的办法,一是加大浇口断面尺寸,降低熔体流速,从而避免喷射,二是采用冲击型浇口,即浇口开设方位正对型腔壁或粗大的型芯。这样,当高速料流进入型腔时,直接冲击在型腔壁或型芯上,从而降低了流速,改变了流向,料流可均匀地填充型腔,使熔体破裂现象消失。图 6.22 中 A 为浇口位置,图 6.22(a)、图 6.22(c)、图 6.22(e)为非冲击型浇口,图 6.22(b)、图 6.22(d)、图 6.22(f)为冲击型浇口。后者对提高塑料制品品质,避免表面缺陷较好。采用护耳式浇口也是避免喷射的好办法。

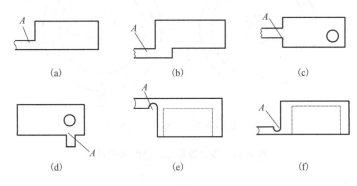

图 6.22　非冲击型与冲击型浇口

(2)浇口应开设在塑料制品截面最厚处。当塑料制品壁厚相差较大时,在避免喷射的前提下,浇口应开设在塑料制品截面最厚处,以利于熔体流动、排气和补料,避免塑料制品产生缩孔或表面凹陷。当塑料制品设有加强肋时,可利用加强肋作为流动通道以改善流动条件。

(3)浇口位置应有利于型腔排气。通常浇口位置应远离排气部位,否则进入型腔的塑料熔体会过早封闭排气系统,致使型腔内的气体不能顺利排出,影响塑料制品的成形品质。因此在远离浇口的部位,在型腔最后充满处,应设置排气槽,或利用顶出杆的间隙、活动型芯的间隙来排气。

(4)浇口位置应使熔料流程最短,并防止型芯变形。对于有细长型芯的圆筒形塑料制品,应避免偏心进料,以防止型芯弯曲,如图 6.23 所示,图 6.23(a)的进料不合理,熔料流程长,流道曲折多,流动能量损失大,填充条件差;图 6.23(b)采用两侧进料可以防止型芯弯曲;图 6.23(c)采用顶部中心进料,效果最好。

(5)浇口位置及数量应有利于减少熔接痕和增加熔接强度。熔接痕是熔体在型腔中汇合时产生的接缝。为了减少塑料制品上熔接痕的数量,在熔料流程不太长时,若无特殊需要,最好不开设多个浇口。对大型板状塑料制品也应兼顾内应力和翘曲变形问题,如图 6.24 所示。圆环式浇口无熔接痕,而轮辐式浇口则有。为

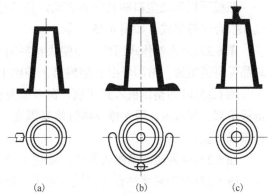

图 6.23　改变进料位置防止型芯变形

了增加熔接的牢度,可以在熔接处外侧开一冷料穴,使前锋冷料溢出。对于一些大型框形塑料制品,由于流程过长,熔接处料温过低,熔接不牢,形成明显的冷接缝,这时可增加过渡浇口,或采用针尖浇口。这虽然增加了熔接痕的数量,但增加了熔接强度,型腔也易充满。浇口位置应尽量开设在边缘、底部,以保证制品外观不受影响。

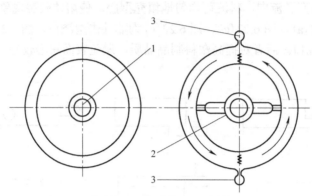

1-单点浇口;2-双点浇口;3-冷料穴

图6.24　浇口数量与熔接痕的关系

4. 冷料穴设计

冷料穴的作用是存储两次注塑间隔中产生的冷料头,以防止冷料头进入型腔造成塑料件熔接不牢,影响塑料件质量,甚至发生冷料头堵塞浇口,而造成成形不满,冷料穴一般设置在主流道末端,当分流道较长时,在它的末端也应开设冷料穴。

6.5.3　成形零部件设计

成形零部件是构成模具型腔的零件。它包括凹模、凸模(型芯)、各种成形杆和成形环,是塑料模具的主要组成部分。成形零部件结构设计主要应在保证塑料制品品质的前提下,从便于加工、装配、使用、维修等方面考虑。

1. 凹模

凹模用以形成塑料制品的外表面,按其结构不同可分为整体式、整体嵌入式、局部镶嵌式和拼合式等形式,如图6.25所示。

图6.25(a)为整体式凹模,由整块材料制成。其优点是结构简单、牢固、不易变形,塑料制品无拼缝痕迹,常用于中小型模具。但由于加工困难,不宜作复杂形状制品的凹模。

图6.25(b)为整体嵌入式凹模,在多型腔模具中,凹模常加工成带台阶的镶块,从凹模固定板下部嵌好压入,用支撑板螺钉将其固定。对于形状复杂的型腔,常常将凹模做成通孔式,再镶以底板。

图6.25(c)为局部镶嵌式凹模,除便于加工外,还使磨损后更换方便。

图6.25(d)为侧壁拼合式凹模,对于大型和形状复杂的凹模,将侧壁和底板分别经加工、研磨和装配入模套之中,侧壁之间采用扣锁连接,保证型腔尺寸的准确性。采用拼合式凹模易在塑料制品上留下拼缝痕迹,因此设计拼合式凹模时应合理组合,尽量减少拼块数量,同

时还应合理选择拼缝的部位和拼接结构以及配合性质，使拼缝紧密。此外尽可能使拼缝的方向与塑料制品脱模方向一致，以免影响塑料制品脱模。

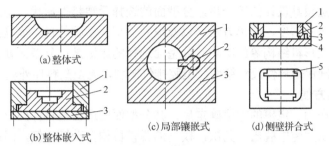

(a) 整体式

(c) 局部镶嵌式

(d) 侧壁拼合式

(b) 整体嵌入式

图(b)中 1-凹模；2-镶件；3-垫板。图(c)中 1-上模；2-镶件；3-下模。
图(d)中 1、5-侧拼块；2-底拼块；3-模套；4-垫板

图 6.25　凹模结构形式

2. 凸模和成形杆的结构

凸模又称型芯或阳模，由于多装在注塑机的动模板上，习惯上又称为动模，是用于成形塑料制品内表面的零部件。成形杆是指能形成塑料制品孔、槽的小型芯。和凹模相似，凸模的结构形式也可为整体式凸模和组合式凹模。图 6.26 为凸模结构形式。在小型模具中，常将凸模与模板做成整体，如图 6.26(a)所示。对于大中型模具，常将型芯与模板做成组合结构，图 6.26(b)为凸肩与支撑板连接；图 6.26(c)为螺钉连接、销钉定位的结构；图 6.26(d)为型芯嵌入模板的结构。

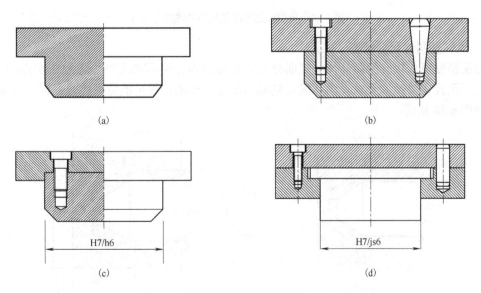

(a)

(b)

(c)

(d)

图 6.26　凸模结构形式

成形杆通常单独制造，再与型芯固定板连接，连接时要求固定可靠，防止塑料渗入缝隙，且要求使用方便。制品上的内螺纹用螺纹型芯来成形，外螺纹则用螺纹形环来成形。在经常装拆和受力较大的地方，常用金属螺纹嵌件。金属螺纹必须用螺纹定位芯棒和螺纹定位环固定。

6.5.4 分型面的选择

分型面的选择是模具设计的第一步，分型面的选择受塑料件形状、壁厚、成形方法、后处理工序、外观、尺寸精度、脱模方法，以及模具类型、型腔数目、模具排气装置、嵌件、浇口位置与形式、成形机结构等的影响。分型面选择的原则是：分型面处的模具结构简单，塑料件脱模方便，确保塑料件尺寸精度，型腔排气顺利，无损塑料件外观，设备利用合理。

1. 塑料件脱模方便

首先，塑料件在动、定模的方位确定后，其分型面应选在塑料件外形的最大轮廓处，否则，塑料件会无法从型腔中脱出。其次，模具的脱模机构在动模一侧，因此塑料件在动、定模打开时应尽可能滞留在动模一侧，如图 6.27 所示。

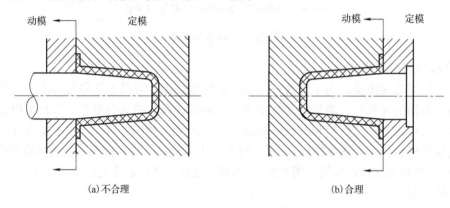

(a)不合理　　　　　　　　　　　　　(b)合理

图 6.27　分型面选择应使塑料件脱模方便

2. 确保塑料件尺寸精度

如果精度要求较高的制品被分型面分割，则会因为合模不准确产生较大的形状和尺寸偏差，达不到预定的精度要求。为了满足制品同轴度的要求，尽可能将型腔设在同一块成形件上，如图 6.28 所示。

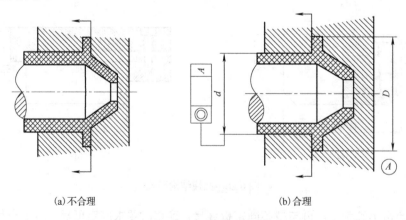

(a)不合理　　　　　　　　　　　　　(b)合理

图 6.28　分型面选择应利于提高制品尺寸精度

3. 型腔排气顺利

型腔气体的排除，除利用顶出元件的配合间隙外，主要靠分型面，排气槽也都设在分型面上。因此，分型面尽量选择在塑料流动的末端，如图 6.29 所示，这样对注塑成形过程中的排气有利。

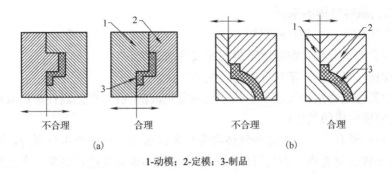

1-动模；2-定模；3-制品

图 6.29　分型面选择应有利于排气

4. 无损塑料件外观

分型面选择应有利于提高制品的外观品质。由于分型面处不可避免地要在塑料制品上留下溢料痕迹或拼合缝的痕迹，因此分型面最好不要设在塑料制品光亮平滑的外表面或带圆弧的转角处。带有球面的塑料制品若采用图 6.30(a)的形式有损塑料制品外观，改为图 6.30(b)的形式则较合理。

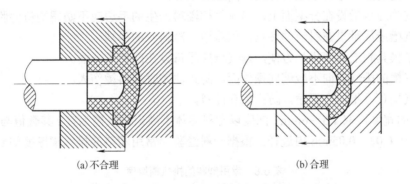

(a)不合理　　　　　　　　　(b)合理

图 6.30　分型面选择应有利于提高制品的外观品质

5. 利用设备合理

一般注塑模的侧向抽芯都是借助模具打开时的开模运动，通过模具的抽芯机构进行抽芯的。在有限的开模行程内，完成的抽芯距离有限制，因此，对于互相垂直的两个方向都有孔或凹槽的塑料件，应避免长距离抽芯。

除上述原则之外，选择分型面时还应尽量减小模腔(即制品)在分型面上的投影面积，以避免此面积与注塑机许用的最大注塑面积接近时可能产生的溢料现象；尽量减小脱模斜度给制品大小端带来的尺寸差异；便于嵌件安装等。

6.5.5　排气系统设计

注塑模的排气是模具设计中不可忽视的一个问题，特别是快速注塑成形工艺的发展，对注塑模排气的要求更加严格。

1. 注塑模内积存气体的来源

(1)进料系统和型腔中存有的空气。

(2)塑料含有的水分在注塑温度下蒸发而成的水蒸气。

(3)由于注塑温度过高，塑料分解所产生的气体。

(4)塑料中某些配合剂挥发或发生化学反应所生成的气体(在热固性塑料成形时，常常存在由于化学反应所生成的气体)。

在排气不良的模具中，上述这些气体经受很大的压缩作用而产生反压力，这种反压力阻止熔融塑料的正常快速充模，而且气体压缩所产生的热也会使塑料烧焦。在充模速度大、温度高、物料黏度低、注塑压力大和塑料件过厚的情况下，气体在一定的压缩程度下能渗入塑料内部，造成熔接不牢、表面轮廓不清、充填不满、气孔、组织疏松等缺陷。

2. 排气系统设计要点

排气槽(或孔)位置和大小的选定主要依靠经验。通常将排气槽(或孔)先开设在比较明显的部位，经过试模后再修改或增加，但基本的设计要点可归纳如下。

(1)排气要保证迅速、完全，排气速度要与充模速度相适应。

(2)排气槽(孔)尽量设在塑料件较厚的成形部位。

(3)排气槽应尽量设在分型面上，但排气槽溢料产生的毛边应不妨碍塑料件脱模。

(4)排气槽应尽量设在料流的终点，如流道、冷料穴的尽端。

(5)为了模具制造和清模的方便，排气槽应尽量设在凹模的一面。

(6)排气槽的排气方向不应朝向操作面，防止注塑时漏料烫伤人。

(7)排气槽(孔)不应有死角，防止积存冷料。

排气槽的宽度可取 1.5～6mm，深度以塑料熔体不溢出排气槽为宜，其数值与熔体黏度有关，一般可在 0.02～0.05mm 内选择。根据一般经验，常用塑料的排气槽厚度如表 6.8 所示。

表 6.8　常用塑料的排气槽厚度

塑料名称	排气槽厚度/mm
尼龙类	≤0.015
聚烯烃塑料	≤0.02
PS、ABS、AS、ASA、SAN、POM、增强尼龙、PBT、PET	≤0.03
聚碳酸酯、PSU、PVC、PPO、丙烯酸塑料、其他增强塑料	≤0.04

6.5.6　成形零部件工作尺寸的计算

成形零部件中与塑料接触并决定制品几何形状的各处尺寸称为工作尺寸，对工作尺寸进行准确设计计算，是成形零部件设计过程中的一项重要工作。

制品的形状、尺寸及公差如图 6.31 所示。

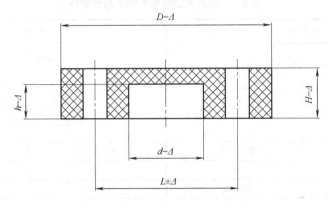

图 6.31 制品的形状、尺寸及公差

(1) 型腔内形尺寸：

$$D_{\mathrm{M}} = \left(D + DS - \frac{\Delta}{2} - \frac{\delta_z}{2} \right)_0^{+\delta_z}$$

(2) 型芯外形尺寸：

$$d_{\mathrm{M}} = \left(d + dS + \frac{\Delta}{2} + \frac{\delta_z}{2} \right)_{-\delta_z}^0$$

(3) 型腔深度尺寸：

$$H_{\mathrm{M}} = \left(H + HS - \frac{\Delta}{2} - \frac{\delta_z}{2} \right)_0^{+\delta_z}$$

(4) 型芯高度尺寸：

$$h_{\mathrm{M}} = \left(h + hS + \frac{\Delta}{2} + \frac{\delta_z}{2} \right)_{-\delta_z}^0$$

式中，D_{M} 为型腔内形尺寸，mm；D 为制品外形的基本尺寸或最大极限尺寸，mm；d_{M} 为型芯外形尺寸，mm；d 为制品内形的基本尺寸或最小极限尺寸，mm；H_{M} 为型腔深度尺寸，mm；H 为制品高度的基本尺寸或最大极限尺寸，mm；h_{M} 为型芯高度尺寸，mm；h 为制品型孔深度的基本尺寸或最小极限尺寸，mm；Δ 为制品公差或偏差，mm；S 为塑料的平均收缩率，%；δ_z 为成形零件的制造公差或偏差，mm，其中

$$\delta_z = \left(\frac{1}{5} \sim \frac{1}{3} \right) \Delta \ \text{或} \ \delta_z = \pm \left(\frac{1}{5} \sim \frac{1}{3} \right) \Delta$$

6.5.7 成形零部件的壁厚计算

成形零部件的壁厚计算一般用计算法和查表法，计算方法比较复杂和烦琐，且计算结果与经验数据比较接近，因此，在进行模具设计时，一般采用经验数据或查有关表格。矩形和圆形型腔的壁厚经验数据如表 6.9 所示。

表 6.9　矩形和圆形型腔的壁厚经验值　　　　　　　　　　（单位：mm）

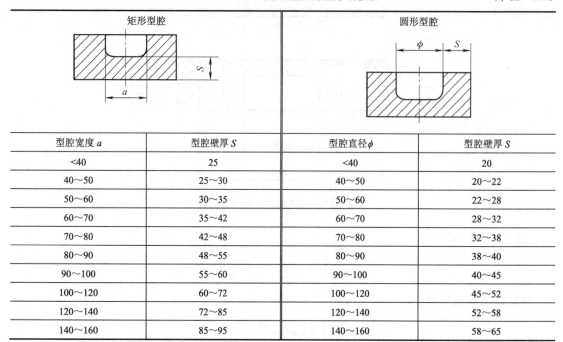

矩形型腔		圆形型腔	
型腔宽度 a	型腔壁厚 S	型腔直径 ϕ	型腔壁厚 S
<40	25	<40	20
40～50	25～30	40～50	20～22
50～60	30～35	50～60	22～28
60～70	35～42	60～70	28～32
70～80	42～48	70～80	32～38
80～90	48～55	80～90	38～40
90～100	55～60	90～100	40～45
100～120	60～72	100～120	45～52
120～140	72～85	120～140	52～58
140～160	85～95	140～160	58～65

6.5.8　冷却系统设计

冷却系统的设计原则主要有以下几点。

（1）冷却水道的位置取决于制件的形状和不同的壁厚。原则上冷却水道应设置在塑料向模具热传导困难的地方，根据冷却系统的设计原则，冷却水道应围绕模具所成形的制品，且尽量排列均匀一致，如图 6.32 所示，由于顶出装置的影响，动模的冷却水道排列不能与定模的冷却水道排列完全一致。

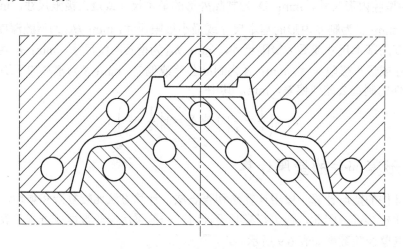

图 6.32　冷却水道的位置与制品的关系

(2)在保证模具材料有足够的机械强度的前提下,冷却水道应安排得尽量紧密,尽可能设置在靠近型腔(型芯)表面,如图 6.33 所示。冷却水道应优先采用大于 8mm 的直径,并且各个水道的直径应尽量相同,避免由于水道直径不同而造成的冷却液流速不均。

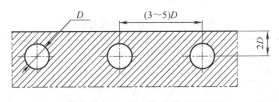

图 6.33 冷却水道的孔径位置关系

(3)冷却水道出入口的布置应该注意两个问题,即浇口处加强冷却和冷却水道的出、入口温差应尽量小。塑料熔体充填型腔时,浇口附近温度最高,距浇口越远,温度就越低,因此,浇口附近应加强冷却,其办法就是冷却水道的入口要设置在浇口的附近。对于中、大型模具,由于冷却水道很长,在冷却水道末端(出口处)温度上升很高,从而影响冷却效果。从均匀冷却的方案考虑,冷却液在出、入口处的温差一般希望控制在 5℃ 以下,而精密成形模具和多型腔模具的出、入口温差则要控制在 3℃ 以下,冷却水道长度在 1.5m 以下,因此,对于中、大型模具,可将冷却水道分成几个独立的回路来增大冷却液的流量,减少压力损失,提高传热效率。

(4)冷却液在模具中的流速应尽可能高一些,但就其流动状态来说,以湍流为佳。在湍流下的热传递比层流高 10~20 倍,因为在层流中冷却液做平行于冷却水道壁各同心层的运动,每一个同心层都好比一个绝热体,从而妨碍了模具向冷却液散发热的过程的进行(然而一旦到达了湍流状态,再增加冷却液在冷却水道中的流速,其传热效率将无明显提高)。

(5)制品较厚的部位应特别加强冷却,避免制品因冷却不充分而导致残余应力增大。

(6)充分考虑所用模具材料的热导率。通常,从力学强度出发,选择钢材作为模具材料。如果只考虑材料的冷却效果,则导热系数越高,从熔融塑料上吸收热量越迅速,冷却得越快。因此,在模具中对于那些冷却液无法到达而又必须对其加强冷却的地方,可采用铍青铜材料进行拼镶。

6.6 塑料件的尺寸和精度

塑料件的尺寸指塑料件的总体尺寸,而不是塑料件的壁厚、孔径等结构尺寸。塑料件的大小取决于塑料的性能和成形设备的工作能力。流动性差的塑料和薄壁塑料件尺寸不能太大,否则容易产生熔接痕,影响外观质量和结构强度。注塑成形的塑料件尺寸还受到注塑机的注塑量、锁模力和模板尺寸的限制。压塑成形时,塑料件的尺寸受压力机的最大压力和压力机工作台面尺寸限制。

塑料件的尺寸精度是指获得的塑料件尺寸与产品图中尺寸的符合程度。影响塑料件尺寸精度的因素主要有塑料的物理化学性质(收缩性、流动性、水分、挥发物含量、原料配置工艺等)、工艺条件(成形温度、压力等)、制件结构(形状、壁厚、脱模斜度等)。此外,模具的制造精度、成形后的时效变化，如存放不当导致的塑料件弯曲、扭曲等变形，也会对塑料件的尺寸精度产生影响。塑料件的尺寸精度往往不高，工程塑料件尺寸公差如表 6.10 所示，应在保证使用要求的前提下，选用较低的精度等级。

表 6.10　工程塑料件尺寸公差

公差尺寸/mm	精度等级及公差数值/mm													
	MT1		MT2		MT3		MT4		MT5		MT6		MT7	
	A	B	A	B	A	B	A	B	A	B	A	B	A	B
0~3	0.07	0.14	0.10	0.20	0.12	0.32	0.16	0.36	0.20	0.40	0.26	0.46	0.38	0.58
3~6	0.08	0.16	0.12	0.22	0.14	0.34	0.18	0.38	0.24	0.44	0.32	0.52	0.48	0.68
6~10	0.09	0.18	0.14	0.24	0.16	0.36	0.20	0.40	0.28	0.48	0.38	0.58	0.56	0.76
10~14	0.10	0.20	0.16	0.26	0.18	0.38	0.24	0.44	0.32	0.52	0.46	0.66	0.66	0.86
14~18	0.11	0.21	0.18	0.28	0.20	0.40	0.28	0.48	0.38	0.58	0.52	0.72	0.76	0.96
18~24	0.12	0.22	0.20	0.30	0.22	0.42	0.32	0.52	0.44	0.64	0.60	0.80	0.86	1.06
24~30	0.14	0.24	0.22	0.32	0.26	0.46	0.36	0.56	0.50	0.70	0.70	0.90	0.98	1.18
30~40	0.16	0.26	0.24	0.34	0.30	0.50	0.42	0.62	0.56	0.76	0.80	1.00	1.12	1.32
40~50	0.18	0.28	0.28	0.38	0.34	0.54	0.48	0.68	0.64	0.84	0.94	1.14	1.32	1.52
50~65	0.20	0.30	0.30	0.40	0.40	0.60	0.56	0.76	0.74	0.94	1.10	1.30	1.54	1.74
65~80	0.23	0.33	0.34	0.44	0.46	0.66	0.64	0.84	0.86	1.06	1.28	1.48	1.80	2.00
80~100	0.26	0.36	0.38	0.48	0.52	0.72	0.72	0.92	1.00	1.20	1.48	1.68	2.10	2.30
100~120	0.29	0.39	0.42	0.52	0.58	0.78	0.82	1.02	1.14	1.34	1.72	1.92	2.40	2.60
120~140	0.32	0.42	0.46	0.56	0.64	0.84	0.92	1.12	1.28	1.48	2.00	2.20	2.70	2.90
140~160	0.36	0.46	0.50	0.60	0.70	0.90	1.02	1.22	1.44	1.64	2.20	2.40	3.00	3.20
160~180	0.40	0.50	0.54	0.64	0.78	0.98	1.12	1.32	1.60	1.80	2.40	2.60	3.30	3.50
180~200	0.44	0.54	0.60	0.70	0.86	1.06	1.24	1.44	1.76	1.96	2.60	2.80	3.70	3.90
200~225	0.48	0.58	0.66	0.76	0.92	1.12	1.36	1.56	1.92	2.12	2.90	3.10	4.10	4.30
225~250	0.52	0.62	0.72	0.82	1.00	1.20	1.48	1.68	2.10	2.30	3.20	3.40	4.50	4.70
250~280	0.56	0.66	0.76	0.86	1.10	1.30	1.62	1.82	2.30	2.50	3.50	3.70	4.90	5.10
280~315	0.60	0.70	0.84	0.94	1.20	1.40	1.80	2.00	2.50	2.70	3.90	4.10	5.40	5.60
315~355	0.64	0.74	0.92	1.02	1.30	1.50	2.00	2.20	2.80	3.00	4.30	4.50	6.00	6.20
355~400	0.70	0.80	1.00	1.10	1.44	1.64	2.20	2.40	3.10	3.30	4.80	5.00	6.70	6.90
400~450	0.78	0.88	1.10	1.20	1.60	1.80	2.40	2.60	3.50	3.70	5.30	5.50	7.40	7.60
450~500	0.86	0.96	1.20	1.30	1.74	1.94	2.60	2.80	3.90	4.10	5.90	6.10	8.20	8.40
500~630	0.97	1.07	1.40	1.50	2.00	2.20	3.10	3.30	4.50	4.70	6.90	7.10	9.60	9.80
630~800	1.10	1.20	1.70	1.80	2.40	2.60	3.80	4.00	5.60	5.80	8.50	8.70	11.90	12.10
800~1000	1.39	1.49	2.10	2.20	3.00	3.20	4.60	4.80	6.90	7.10	10.60	10.80	14.80	15.00

公差标注说明：孔前冠以"+"号，轴前冠以"-"号，中心距尺寸公差采用双向等值偏差，冠以"±"号。常用塑料模塑料件精度等级的选用如表 6.11 所示。

表 6.11　常用塑料模塑料件精度等级的选用（GB/T 14486—2008）

材料代号	模塑材料		公差等级		
			标注公差尺寸		未注公差尺寸
			高精度	一般精度	
ABS	丙烯腈-丁二烯-苯乙烯共聚物		MT2	MT3	MT5
CA	乙酸纤维素		MT3	MT4	MT6
EP	环氧树脂		MT2	MT3	MT5
PA	聚酰胺	无填料填充	MT3	MT4	MT6
		30%玻璃纤维填充	MT2	MT3	MT5
PF	苯酚-甲醛树脂	无机填料填充	MT2	MT3	MT5
		有机填料填充	MT3	MT4	MT6
PET	聚对苯二甲酸乙二酯	无填料填充	MT3	MT4	MT6
		30%玻璃纤维填充	MT2	MT3	MT5
PC	聚碳酸酯		MT2	MT3	MT5
PDAP	聚邻苯二甲酸二烯丙酯		MT2	MT3	MT5
PE-LD	低密度聚乙烯		MT5	MT6	MT7
PESU	聚醚砜		MT2	MT3	MT5
PMMA	聚甲基丙烯酸甲酯		MT2	MT3	MTS
POM	聚甲醛	≤150mm	MT3	MT4	MT6
		>150mm	MT4	MT5	MT7
PP	聚丙烯	无填料填充	MT4	MT5	MT7
		30%无机填料填充	MT2	MT3	MT5
PPS	聚苯硫醚		MT2	MT3	MT5
PS	聚苯乙烯		MT2	MT3	MT5
PSU	聚砜		MT2	MT3	MT5
PVC-U	未增塑聚氯乙烯		MT2	MT3	MT5
PVC-P	软质聚氯乙烯		MT5	MT6	MT7

　　塑料件表面粗糙度的影响因素主要有原料质量、操作水平和模腔表面质量。制品的表面粗糙度 Ra 越小，要求模腔表面越光滑，制造难度越大。选择方法如下：一般模腔表面粗糙度 Ra 要比塑料件粗糙度 Ra 低 1~2 级或为制品的 1/4~1/2。表 6.12 为不同加工方法和不同材料所能达到的塑料件表面粗糙度（GB/T 14234—1993）。

表 6.12　不同加工方法和不同材料所能达到的塑料件表面粗糙度(GB/T 14234—1993)

加工方法	塑料	Ra 参数值范围/μm										
		0.025	0.05	0.10	0.20	0.40	0.80	1.60	3.20	6.30	12.50	25
注塑成形	热塑性塑料 PMMA	●	●	●	●	●	●	●				
	ABS	●	●	●	●	●	●	●				
	AS	●	●	●	●	●	●	●				
	聚碳酸酯		●	●	●	●	●	●				
	聚苯乙烯		●	●	●	●	●	●	●			
	聚丙烯			●	●	●	●	●				
	尼龙				●	●	●	●				
	聚乙烯			●	●	●	●	●		●		
	聚甲醛		●	●	●	●	●	●				
	聚砜				●	●	●	●	●			
	聚氯乙烯			●	●	●	●	●	●			
	聚苯醚			●	●	●	●	●	●			
	氯化聚醚				●	●	●	●				
	PBT				●	●	●	●				
	热固性塑料 氨基塑料			●	●	●	●	●	●			
	酚醛塑料			●	●	●	●	●	●			
	硅酮塑料				●	●	●	●	●			

注：表中●表示能达到的值

6.7　典型塑料加工成形工艺设计范例

图 6.34 为某企业大批量生产的肥皂盒壳体，技术要求为外表面无瑕疵、美观、性能可靠，对设计的塑料件选择一种原料并进行原料分析，设计该零件的塑料注塑模。通过该实例，使学生掌握单分型面注塑模的典型结构及结构组成、浇注系统的设计、分型面位置的确定、成形零部件的结构设计与工作尺寸的计算等知识。

1. 塑料件的材料确定

根据肥皂盒的用途要求可选择聚苯乙烯(PS)塑料，肥皂盒的材料分析如表 6.13 所示，注塑工艺分析如表 6.14 所示。

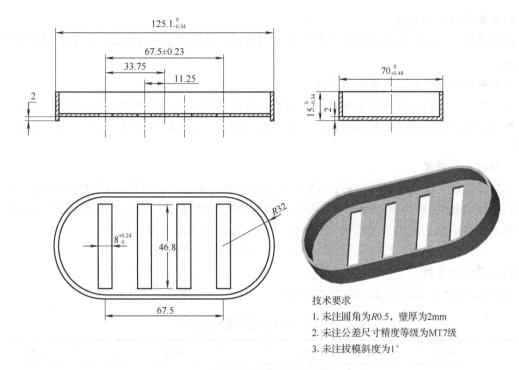

图 6.34 肥皂盒零件图

表 6.13 肥皂盒选材及材料特性分析

选材	结构特点	使用温度	稳定性	性能特点	成形特点
聚苯乙烯	线型热塑性塑料	−30~80℃	较好	绝缘，抗拉抗弯强度高，抗冲击性能差	成形性能好，塑料件容易产生内应力，易开裂

表 6.14 肥皂盒注塑工艺分析

聚苯乙烯	预热干燥	温度	60~70℃	成形时间	充模时间	15~45s
		时间	2h		保压时间	0~3s
	料筒温度	后段	140~160℃		冷却时间	15~60s
		中段	170~180℃		总周期	40~120s
		前段	180~190℃	螺杆转速		48r/min
	喷嘴温度		160~170℃	后处理	方法	烘箱
	模具温度		32~65℃		温度	70℃
	注塑压力		60~110MPa		时间	2~4h

2. 塑料件的工艺性分析

塑料原料为聚苯乙烯，属于线型结构非结晶型材料，这种热塑性塑料可以用注塑方法成形。原材料成形性能好，熔体黏度低，流动性好，冷却速度快，制品易产生内应力，易开裂。塑料件整体尺寸不大，结构简单，壁厚均匀，易于注塑成形。

1) 计算塑料件的体积

由图 6.34 所示的塑料件尺寸，可算得塑料件的体积约为 60.5cm³。

2) 计算塑料件的质量

根据常用热塑性塑料的主要技术指标查得聚苯乙烯的密度 $\rho = 1.05 \text{g/cm}^3$，塑料件的质量 $= 63.5\text{g}$。

3) 塑料件模塑成形工艺参数的确定

根据塑料件形状及生产批量要求，采用单分型面注塑模；一模两腔，顶杆推出，流道采用平衡式，侧浇口。为了缩短成形周期，提高生产率，保证塑料件质量，动、定模均开设冷却通道。

4) 锁模力的计算

通过计算或三维软件建模分析，可知单个塑料件在分型面上的投影面积约为 669mm^2。根据经验，总的投影面积为塑料件在分型面上投影面积的 1.35 倍，即 $1.35 \times 2 \times 669 = 1806.3\,(\text{mm}^2)$。又聚苯乙烯(PS)成形时型腔的压力在 35MPa(经验值)，故所需锁模力为

$$F_\text{m} = S \cdot P = 1806.3 \times 35 = 63.2(\text{kN}) \approx 65(\text{kN})$$

5) 注塑机的选择

根据以上计算，选用 XS-ZY-125 注塑机，其主要技术参数如表 6.15 所示。

表 6.15　XS-ZY-125 注塑机性能分析

项目	参数	项目	参数
理论注塑容量/cm³	125	锁模力/kN	500
螺杆直径/mm	38	拉杆内间距/mm	纵距为190，横距为300
注塑压力/MPa	122	移模行程/mm	180
注塑行程/mm	170	最大模厚/mm	200
注塑方式	柱塞式	最小模厚/mm	70
喷嘴球面半径	12	定位圈尺寸/mm	55
锁模方式	液压-机械	喷嘴孔直径/mm	4

3. 浇注系统设计

1) 主流道尺寸设计

根据所选注塑机，主流道小端尺寸为

$$d = 注塑机喷嘴尺寸 + (0.5 \sim 1)\text{mm} = 4\text{mm} + 1\text{mm} = 5\text{mm}$$

主流道球面半径为

$$SR = 注塑机喷嘴球面半径 + (1 \sim 2)\text{mm} = 12\text{mm} + 1\text{mm} = 13\text{mm}$$

2) 分流道设计

分流道应能实现良好的压力传递和保持理想的填充状态，使塑料熔体尽快地经分流道均衡地分配到各个型腔。本模具采用一模两腔的结构形式，考虑到结构特点，决定采用平衡式分流道，如图 6.35 所示。

3) 分流道长度

分流道只有一级，对称分布，考虑到浇口的位置，取总长为 26mm。

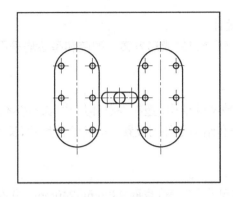

图 6.35　分流道设计

4) 分流道的结构

为了便于机械加工及凝料脱模，分流道的截面形状常采用加工工艺性比较好的圆形截面。根据经验，分流道的直径一般取 2～12mm，比主流道的大端小 1～2mm。本模具分流道的直径取 5mm，以分型面为对称中心，分别设置在定模和动模上。

5) 浇口设计

塑料件结构比较简单，表面质量无特殊要求，故选择侧浇口。侧浇口一般开设在模具的分型面上，从制品侧面边缘进料，它能方便地调整浇口尺寸，控制剪切速率和浇口封闭时间，是被广泛采用的一种浇口形式。本模具侧浇口的截面形状采用矩形，长为 2mm，宽为 3mm，侧浇口的高为 0.8mm。

6) 冷料穴和拉料杆设计

本模具只有一级分流道，流程短，故只在主流道末端设置冷料穴。冷料穴设置在主流道正面的动模板上，直径稍大于主流道的大端直径，取 8mm，长度取为 10mm。拉料杆采用构形拉料杆，直径取 6mm。拉料杆固定在推杆固定板上，开模时，随着动、定模分开，将主流道凝料从主流道衬套中拉出。在制品被推出的同时，冷凝料也被推出。

4. 分型面位置确定

根据塑料件的结构形式，最大截面为底平面，故分型面应选在底平面处，如图 6.36 所示。

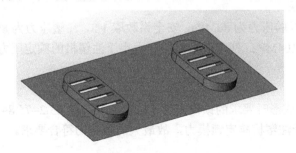

图 6.36　分型面设计

5. 排气系统设计

由于制品尺寸较小，排气量较小，因此利用分型面和推杆、型芯间的配合间隙排气即可。该套模具较小，设置了 6 根推杆，因此不需要单独设计排气槽。

6. 成形零部件的结构设计

本模具采用一模两腔、侧浇口的成形方案，型腔和型芯均采用镶嵌结构，通过螺钉和模板相连。

7. 型腔

塑料件表面光滑，无其他特殊结构，塑料件总体尺寸（长×宽×高）为140mm×80mm×35mm，考虑一模两腔以及浇注系统和结构零件的设置，型腔镶件尺寸（长×宽）取280mm×240mm，深度根据模架的情况选择。

8. 型芯

与型腔相一致，型芯的尺寸（长×宽）也取280mm×240mm，并在动模板上开设相应的型芯切口。

9. 冷却系统

一般注塑模具内的塑料温度在200℃左右，而塑料件固化后从模具型腔中取出时，其温度在60℃，本项目选择常温水对模具进行冷却。在生产实际中，通常都是根据模具的结构确定冷却水路，通过调节水温、水速来满足要求。无论多大的模具，水孔的直径不能大于14mm，否则，冷却水难以形成湍流，冷却效果不佳。一般水孔的直径可根据塑料件的平均壁厚来确定，平均壁厚为2mm时，水孔直径可取8～10mm，平均壁厚为2～4mm时，水孔直径可取10～12mm，平均壁厚为4mm时，水孔直径可取10～14mm。本塑料件壁厚均为2mm，制品总体尺寸（长×宽×高）较小，为140mm×80mm×35mm，确定水孔直径为8mm。在型腔和型芯上将采用直流循环式冷却装置，由于受结构限制，动模、定模均为镶嵌式。

10. 注塑机有关参数的校核

1）最大注塑量的校核

为了保证正常的注塑成形，注塑机的最大注塑量应稍大于制品的质量或体积。通常注塑机的实际注塑量最好在注塑机的最大注塑量的80%以内。XS-ZY-125注塑机允许的最大注塑量约为125cm³，成形塑料件所需的注塑量系数为0.8，则

$$0.8 \times 125 \text{cm}^3 = 100 \text{cm}^3$$

成形塑料件所需的注塑量为60.5cm³，小于100cm³，故最大的注塑量符合要求。

2）注塑压力的校核

注塑成形时根据经验压力为80MPa，安全系数取1.3，注塑压力为80×1.3=104（MPa），本项目所选注塑压力为104MPa，注塑成形时的压力小于注塑机的额定压力，故最大的注塑压力符合要求。

3）锁模力的校核

安全系数取1.2，成形时要求的锁模力为63.2kN，则1.2×63.2=75.84（kN），本项目所选锁模力为75.84kN，小于注塑机额定锁模力，故最大的锁模力符合要求。

复习思考题

6-1 举例说明塑料在国民经济和日常生活中有哪些实际应用。

6-2 塑料可分为哪几种，其特点是什么？

6-3　列举三种以上塑料加工时常用的助剂。

6-4　塑料的黏度与剪切变形速率之间有什么关系？

6-5　简要概述塑料成形性能的影响因素。

6-6　哪些因素会影响塑料的结晶度？结晶度如何反映塑料的力学性能？

6-7　简述注塑成形原理及工艺过程。

6-8　挤出成形过程分为几部分？每部分所起的作用是什么？

6-9　压塑成形分为几个阶段？每阶段所起的作用是什么？

6-10　如何选择塑料件的脱模斜度？

6-11　壁厚对塑料件成形有什么影响？设计塑料制品的壁厚时应该注意哪些因素？

6-12　简述低发泡注塑成形原理和工艺过程。

6-13　注塑成形模具由哪几部分组成，每部分的作用分别是什么？

6-14　注塑完成时，为使塑料件脱模方便，塑料件通常在模具的哪一侧？

6-15　简述注塑成形工艺中冷却系统设计的要点。

第 7 章 3D 打印技术

7.1 概　　述

3D 打印技术，也叫增材制造技术，是数字化造型技术和数字化制造技术的一次革新。3D 打印是增材制造(additive manufacturing)的主要实现形式。"增材制造"与传统的"去除型"制造方式有根本不同。传统机械制造一般是在原材料基础上，借助工装模具使用切削、磨削、腐蚀、熔融等方法去除多余部分得到最终零件，然后利用装配拼装、焊接等方法组成最终产品。而"增材制造"无需毛坯和工装模具，即可直接根据计算机建模数据对材料进行层层叠加，从而生成任何形状的物体。

3D 打印是一种分层制造、逐层叠加的全新制造模式，其成形过程如下：依据计算机上工件的三维设计模型，对其进行分层切片，得到各层截面的二维轮廓信息，3D 打印设备根据轮廓信息，在控制系统的驱动下，利用激光束、热熔喷嘴等方式将金属粉末、陶瓷粉末、塑料、细胞组织等特殊材料选择性地进行一层层地固化，从而形成各个截面轮廓，并顺序叠加打印成三维工件。3D 打印技术是根据 CAD 模型数据以逐层累加的方法进行实体零件的制造，相对于传统的材料去除加工技术，3D 打印技术将一个复杂的三维加工转变成一系列二维层片的加工，从而可快速而精确地制造出复杂零件，不仅可以缩短加工时间，还可以解决很多复杂结构零件难以生产制造的问题。

3D 打印具有个性化定制、小批量快速制造等众多特点，这些特点使得 3D 打印技术在近年来取得了飞速发展。利用不同的 3D 打印原理开发的制造设备，也在电子、汽车、建筑、航空航天、医疗等各个领域都得到了广泛的应用。因此，3D 打印技术被评定为"第三次工业革命最具有标志性的生产工具之一"。

7.2　3D 打印成形过程

虽然 3D 打印技术有很多种工艺方法，但所有的工艺方法都是层层叠加地制造产品，不同的是每种方法所用的材料不同，添加每一层材料的方法不同。3D 打印的工艺过程一般有以下三个步骤。

7.2.1　前处理

3D 打印的前处理包括产品的三维建模、模型修补、打印方向选择和三维模型切片处理。
(1)三维建模。3D 打印机的成形运动主要依赖于产品的三维模型，获取产品的三维模型是进行 3D 打印的前提。获得三维模型的方法有很多种，可以利用计算机辅助设计软件(如CATIA、Creo、SolidWorks、UG 等)直接完成建模，也可以利用扫描仪对产品实体进行激光扫描或 CT 扫描，根据得到的点云数据，利用逆向工程软件来建立产品的三维模型。

(2)模型修补。3D 打印模型文件统一采用 STL 文件格式，STL 文件是用一系列的小三角形面片来逼近原始模型，每个小三角形面片由三个顶点坐标和一个法向量来描述，三角形面片的大小可以依据精度要求进行选择。由于产品的三维模型在使用三角形面片存储的过程中会产生一些不规则的自由曲面，有些模型由于部分数据缺失会产生破洞等问题，在 3D 打印之前往往要对模型进行修补处理，以便进行后续的打印工作。

(3)打印方向选择。3D 打印的效率主要取决于打印模型的高度，并不取决于单层幅面的大小。同一零件模型，摆放方向不同，完成打印所需的打印时间是不同的，也会对零件的打印成形质量造成影响。因此，打印件的成形方向的选择对于 3D 打印过程非常重要。

(4)三维模型切片处理。由于 3D 打印是一种逐层叠加的工作方式，为了获取每一层三维模型的轮廓信息，需要对模型进行切片处理，然后再根据模型的切片信息进行打印。切片处理的操作是根据被加工模型的特征，在成形高度方向上用一系列一定间隔的平面切割模型以获取截面的轮廓信息。切片的间隔一般可取 0.05~0.5mm，通常可选 0.1mm。切片间隔的选取主要影响打印的成形时间和成形精度，一般间隔越小，切片越多，成形的精度越高，但是逐层打印的成形时间越长，打印效率会越低。反之，3D 打印的成形精度低，但是打印效率会提高。

7.2.2　逐层 3D 打印

在完成打印的前处理之后，将会进入逐层 3D 打印阶段。3D 打印加工过程主要包括模型层面的打印、模型截面轮廓的打印以及模型承载板的打印。在 3D 打印机控制系统的控制下，3D 打印机的打印头将按各截面的切片信息逐层进行扫描打印。

3D 打印的基本过程如下。首先在计算机中生成符合零件设计要求的三维数字模型，然后根据工艺要求，按照一定的规律将该模型在 Z 方向离散为一系列有序的层片，通常在 Z 方向将其按一定厚度进行分层，把三维模型变成一系列的层片；再根据每个层片的轮廓信息，输入加工参数，自动生成数控代码；最后由成形机喷头在 CNC 程序控制下沿轮廓路径做轴运动，喷头经过的路径会形成新的材料层，上下相邻层片会自己黏结起来，最终得到一个三维物理实体。这样就将一个复杂的三维加工转变成一系列二维层片的加工。

由于堆叠薄层的形式不同，3D 打印机在打印机理以及打印材料上都有所差异，从而形成了多种 3D 打印方法，其中常见的有分层实体制造(LOM)、光敏固化成形(SLA)、熔融沉积成形(FDM)、选区激光烧结(SLS)等。

7.2.3　成形零件后处理

3D 打印后的制品在表面状况或机械强度等方面往往不能完全满足最终产品的需要，一般都需要对制件进行剥离、修补、打磨、抛光、涂覆、固化、表面强化处理等辅助工序，这些工序统称为后处理。在修补、打磨、抛光和表面涂覆等表面后处理方法中，修补、打磨、抛光是为了提高表面的精度，使表面光洁；表面涂覆是为了改变表面的颜色，提高强度、刚度和性能。

1. 剥离

剥离是将 3D 打印过程中产生的废料、支撑结构与工件分离。SLA、FDM 等成形工艺基本无废料，但是有支撑结构，必须在成形后剥离；LOM 无需专门的支撑结构，但是有网格状废料，也需在成形后剥离。

剥离有三种方法：手工剥离、化学剥离和加热剥离。手工剥离法是操作者用手和一些较简单的工具使废料、支撑结构与工件分离，这是最常见的一种剥离方法。当某种化学溶液能溶解支撑结构而又不会损伤制件时，可以用此种化学溶液使支撑结构与工件分离。化学剥离法的剥离效率高，工件表面较清洁。当成形材料的熔点高于支撑材料时，可以用热水或适当温度的热蒸汽使支撑结构熔化，使其与工件分离。

2. 修补、打磨和抛光

当工件表面有较明显的小缺陷而需要修补时，可以用热熔性塑料、乳胶与细粉混合而成的泥子或湿石膏予以填补，然后用砂纸打磨、抛光。常用工具有各种粒度的砂纸、小型电动或气动打磨机。对于纸基材料工件，当有很小而薄弱的特征结构时，可以先在表面涂覆一层增强剂，然后再打磨、抛光；也可先将这些部分从工件上取下，待打磨、抛光后再用强力胶或环氧树脂黏结、定位。对于 3D 打印的成形件，常用的抛光技术有砂纸打磨、珠光处理和化学抛光。

砂纸打磨可以用手工打磨或者使用砂带磨光机。砂纸打磨是一种廉价有效的方法，一直是 3D 打印零部件后期抛光最常用、使用范围最广的技术。但是，砂纸打磨在处理较为微小的零部件时容易破坏微细结构，但是比人工打磨的效率要高。珠光处理是操作人员手持喷嘴对着工件高速喷射小颗粒珠，从而达到抛光效果的一种操作方法。珠光处理一般比较快，5～10min 即可完成，处理过后的产品表面光滑，有均匀的亚光效果。珠光处理比较灵活，可用于大多数 3D 打印材料。在化学抛光方面，ABS 可用丙酮蒸汽进行抛光，可在通风橱内煮沸丙酮，熏蒸打印物品；PLA 材质的制件不可用丙酮抛光，有专用的 PLA 抛光油。但化学抛光工艺会腐蚀表面，目前还不够成熟。

3. 表面涂覆

典型的表面涂覆方法主要有喷刷涂料、电化学沉积、物理蒸发沉积、金属电弧喷镀、等离子喷镀等。在 3D 打印制件表面可以喷刷多种涂料，常用的涂料有油漆、液态金属和反应型液态塑料等。

电化学沉积也称电镀，能在 3D 打印制件的表面涂覆镍、铜、锡、铅、金、银、铂、钯、铬、锌以及铅锡合金等，涂覆层厚可达 20～50μm，最高涂覆温度为 60℃，沉积效率高。由于大多数快速成形件是高分子材料，不导电，进行电化学沉积前，必须先在 3D 打印制件表面喷涂一层导电漆。进行电化学沉积时，沉积在制件外表面的材料比沉积在内表面的多。因此，对具有深而窄的槽、孔的制件进行电化学沉积时，应采用较小的电镀电流，以免材料只堆积在槽、孔的口部。

7.3　3D 打印的特点

1. 3D 打印的优点

3D 打印机与传统制造设备的不同之处为，3D 打印机可以通过层层堆积的方式来形成实体物品，不需要通过切割或模具塑造来制造物品。因此，3D 打印技术包含了以下五个方面的优势：

(1) 3D 打印可以提供高复杂度、多样化物品的个性化定制，不再需要传统的刀具、夹具和机床或任何模具，从计算机上设计模型，即可制作出所需物件；

(2) 3D 打印可以避免传统金属加工浪费量巨大的问题，节约原材料，并可以支持多种原材料之间任意组合；

(3) 3D 打印可以突破传统制造技术和工匠制造的产品形状的限制，开辟了广阔的设计和制造空间；

(4) 通过 3D 扫描技术和打印技术的运用，可以对实体进行精确的扫描、复制操作等。3D 扫描技术和打印技术将共同提高实体世界和数字世界之间形态转换的分辨率，缩小实体世界和数字世界的距离；

(5) 3D 打印可以实现装备的一体化成形，其特点可以用于优化复杂零部件的结构，从而达到减轻重量、增加使用寿命、提升性能等效果。

2. 3D 打印的局限性

3D 打印技术还存在以下三方面的局限性。

(1) 制品力学强度低。3D 打印制品在很多方面(如强度、硬度、柔韧性、机械加工性等)，都与传统加工方式有一定差距。由于 3D 打印机的制作工艺是层层叠加的增材制造，这就决定了层和层之间无论连接得再紧密，也无法达到传统模具整体浇铸成形的材料性能。虽然当前也出现了一些新的金属快速成形技术，但是仍不能满足许多工业需求、机械用途。

(2) 可打印的材料受限，且成本较高。目前可供 3D 打印机使用的材料较少，常用的主要有石膏、无机粉料、光敏树脂、塑料、金属粉末等，并且前期投资设备价格高昂。

(3) 制造精度问题。分层制造不可避免地存在"台阶"效应，在一定微观尺度下，会形成具有一定厚度的多级台阶。此外，许多 3D 打印工艺制作的物品都需进行二次强化处理，当表面压力和温度同时提升时，3D 打印生产的物品会由于材料的收缩与变形，进一步造成精度降低。

7.4　分层实体制造工艺

分层实体制造(LOM)也称为叠层实体制造，是一种薄膜材料叠加制造过程，是历史上最悠久的 3D 打印成形技术之一，也是最为成熟的 3D 打印技术之一。

7.4.1　LOM 的基本原理

　　LOM 的工艺原理如图 7.1 所示。打印系统由光学系统、计算机、原材料存储及送进机构、热黏压系统、激光切割系统、可升降工作台、废料存储机构、数控系统和机架等组成。将制品的 CAD 模型输入 3D 打印系统，再用系统中的切片软件对模型进行切片处理，从而得到产品在高度方向上一系列横截面的轮廓线。由数控系统控制步进电机带动主动轮转动，使纸卷转动并在切割台面上自右向左移动预定的距离。同时，工作台升高至切割位置。之后热黏压系统中的热压轮自左向右滚动，对工作台上方的纸及涂敷于纸下表面的热熔胶进行加热、加压，使纸粘于基底上。激光切割头依据分层截面轮廓线切割纸，并在余料上切出长方形边框。工作台连同被切出的轮廓层下降至一定高度后，步进电机驱动主动轮再次沿逆时针方向转动，重复下一次工作循环，直至完成最后一层轮廓切割和层合。从工作台上取下被边框所包围的长方体，用小锤轻轻敲打，使大部分由小网格构成的小立方块废料与制品分离，再用小刀从制品上剔除残余的小立方块，得到三维原型制品，如图 7.1 所示。

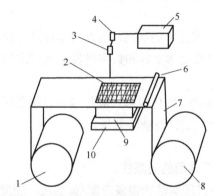

1-网格状废料；2-内轮廓线；3-外轮廓线；4-光学系统；5-激光器；
6-热黏压系统；7-原材料；8-原材料送进机构；9-工件；10-可升降工作台

图 7.1　LOM 的工艺原理图

1. 表面涂覆工艺

　　为了提高原型的性能，有利于表面打磨，LOM 制品在经过余料去除后需要进行表面涂覆处理。表面涂覆可使制品更好地用于装配和功能检验。表面涂覆的工艺过程如下。

　　(1)将剥离后的原型表面用砂纸轻轻打磨；

　　(2)将以规定比例配备的涂覆材料混合均匀；

　　(3)因涂覆材料的黏度较低，在原型上涂刷一薄层混合后的涂覆材料，这些材料会很容易浸入纸基的原型中；

　　(4)再次对纸基原型涂覆步骤(2)中配制的涂覆材料，用以填充表面的沟痕并等待固化；

　　(5)用砂纸打磨表面已经涂覆了坚硬的环氧树脂材料的原型，打磨之前和打磨过程中应注意测量原型的尺寸，以确保原型尺寸在要求的公差范围之内；

　　(6)对抛光后达到无划痕表面质量的原型表面进行透明涂层的喷涂，以增强表面的外观效果。

　　将通过上述表面涂覆处理使强度和耐热防湿性能得到显著提高的原型浸入水中，进行尺寸稳定性的检测。

2. 提高 LOM 成形制作质量的措施

(1)根据零件形状的复杂程度来进行 STL 文件转换，在保证成形件形状完整平滑的前提下，要求零件精度不宜过高；

(2)将 STL 文件输出精度的取值与对应的原型制作设备上切片软件的精度相匹配；

(3)将精度要求较高的轮廓(如有较高配合精度要求的圆柱、圆孔)，尽可能放置在 *XY* 平面上，避免模型的成形方向对工件品质(尺寸精度、表面粗糙度、强度等)、材料成本和制作时间产生影响；

(4)在保证易剥离废料、提高成形效率的前提下，根据不同的零件形状尽可能减小网格线长度；

(5)采用新的材料、新的涂胶方法及改进后处理方法来控制制件的热湿变形。

7.4.2　LOM 的常用材料

常见叠层实体制造快速成形工艺中的成形加工涉及三个方面，即薄层材料、黏结剂和涂布工艺。薄层材料可分为纸、塑料薄膜、金属箔等，目前叠层实体制造快速成形材料中的薄层材料多为纸材。黏结剂一般为热熔胶。纸材的选取、热熔胶的配置及涂布工艺均要从最终成形零件的质量及成本的角度考虑。

7.4.3　LOM 的技术特点

LOM 技术成形速度较快，常用于加工内部结构简单的大型零部件；模型精度很高，并可以进行彩色打印，同时打印过程造成的翘曲变形较小；能承受高达 200℃的温度，有较高的硬度和较好的力学性能；无须设计和制作支撑结构，并可直接进行切削加工；原材料价格便宜，制作成本低，可用于制作大尺寸的零部件。

LOM 技术的缺点也非常明显，主要包括以下几个方面：受原材料限制，成形件普遍有台阶纹理且抗拉强度和弹性较差；打印过程有激光损耗，维护费用高昂；打印完成后需要手工去除废料，不宜构建内部结构复杂的零部件；后处理工艺复杂，原型易吸水膨胀，需进行防潮等处理流程。另外，由于纸材对湿度极其敏感，LOM 成形件吸湿后容易产生膨胀，甚至会导致叠层之间脱落，需要在原型剥离后的短期内迅速进行密封处理。经过密封处理后的工件则可以表现出良好的性能，包括强度和抗热抗湿性等。

7.5　光敏固化成形技术

立体光固化成形(SLA)，又称光敏固化成形，是世界上最早发展起来的 3D 打印技术之一。立体光固化成形主要使用光敏树脂作为原材料，利用了液态光敏树脂在紫外激光束照射下会快速固化的特性。

7.5.1　SLA 的基本原理

SLA 是用特定波长与强度的激光聚焦到光固化材料表面，使之由点到线，由线到面顺序凝固，完成一个层面的绘图作业，然后升降台在垂直方向移动一个层片的高度，再固化另一个层面，这样层层叠加构成一个三维实体。SLA 工艺借助产品的三维几何造型，产生切片数据文件并处理成平面化的模型。将模型内外表面用小三角形面片离散化，得到 STL 格式的文件。按等距离或不等距离的处理方法剖切模型，形成从底部到顶部一系列相互平行的水平截面片层，并利用扫描线算法对每个截面片层产生截面轮廓和内部扫描的最佳路径。

SLA 技术以光敏树脂为原料，液槽中盛满液态光敏树脂。光敏树脂在一定波长(如 325nm)和强度的紫外激光照射下会在一定区域内固化，即形成固化点。在计算机控制下的紫外激光以原型各分层截面的轮廓为轨迹逐点进行扫描，使被扫描区的树脂薄层产生光聚合反应而固化，从而形成一个薄层截面，而未被激光照射的树脂仍然是液态的。当一层固化后，向上(或向下)移动可升降工作台，在刚刚固化的树脂表面布放一层新的液态树脂，然后由刮刀将黏度较大的树脂液面刮平，再进行新一层的扫描、固化。新固化的一层牢固地黏合在前一层上，如此重复直至整个原型打印完毕，得到产品的三维实体原型。SLA 工艺与 LOM 工艺的主要区别在于将立体印刷成形中的激光切割薄膜运动变为光敏树脂固化的扫描运动。

当实体原型打印完成后，将原型取出，并将多余的树脂处理干净。去掉支撑后，再将实体原型放在紫外激光下整体固化。图 7.2 为 SLA 的工艺原理图。

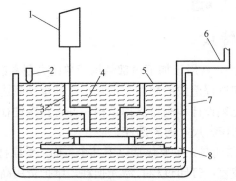

1-激光器及扫描系统；2-刮刀；3-工件；4-液态光敏树脂；5-液面；6-升降臂；7-液槽；8-可升降工作台

图 7.2　SLA 的工艺原理图

7.5.2　SLA 的工艺过程

SLA 技术的工艺过程一般可分为前处理、光固化成形过程、清洗和后固化处理四个阶段：

(1)前处理阶段的主要内容是围绕打印模型的数据准备工作，具体包括对 CAD 设计模型进行数据转换、确定摆放方位、施加支撑和切片分层等步骤。

(2)光固化成形过程即 SLA 设备打印的过程。在正式打印之前，SLA 设备一般都需要提前起动，使得光敏树脂原材料的温度达到预设的合理温度，并且起动紫外激光器也需要一定的时间。

(3)清洗主要是擦掉多余的液态光敏树脂，去除并修整原型的支撑，以及打磨逐层固化形成的台阶纹理。

(4)对于光固化成形的各种方法，普遍都需要进行后固化处理，例如，通过紫外烘箱进行整体后固化处理等。

7.5.3　SLA 的常用材料

　　光敏树脂(预聚物)又称低聚物，是含有不饱和官能团的低分子聚合物，多数为丙烯酸酯的低聚物。在光固化材料的各组分中，预聚物是光固化体系的主体，它的性能基本上决定了固化后材料的主要性能。一般来说，预聚物相对分子质量越大，固化时体积收缩越小，固化速度也越快，但相对分子质量大，需要更多的单体稀释。因此，聚合物的合成或选择是光固化配方设计时的重要一环。

　　目前，光固化所用的预聚物类型几乎包括了热固化所用的所有预聚物类型。光敏树脂种类繁多，性能也大相径庭，其中应用较多的有环氧丙烯酸酯、聚氨酯丙烯酸酯、聚酯丙烯酸酯、丙烯酸树脂以及阳离子固化用预聚物体系等，其中以环氧丙烯酸酯和聚氨酯丙烯酸酯两种最为主要。现在工业化丙烯酸酯化的预聚物主要有四种类型，即丙烯酸酯化的环氧树脂、丙烯酸酯化的氨基甲酸酯、丙烯酸酯化的聚酯、丙烯酸酯化的聚丙烯酸酯。

7.5.4　SLA 的技术特点

　　立体光固化成形技术的优势在于成形速度快、原型精度高，非常适合制作精度要求高、结构复杂的小尺寸工件。

　　SLA 打印技术的优势主要有以下几个方面：打印速度快，光敏反应过程便捷，产品生产周期短，无需切削工具与模具；打印精度高，可打印结构外形复杂或传统技术难以制作的原型和模具；上位软件功能完善，可联机操作及远程控制，利于生产的自动化。

　　相比其他打印技术而言，SLA 技术的主要缺点在于：SLA 设备价格高昂，且使用和维护成本很高；需要对毒性液体进行精密操作，对工作环境要求苛刻；SLA 受材料所限，可使用的材料多为树脂类，使得打印成品的强度、刚度及耐热性能都非常有限，并且不利于长时间保存。

　　目前 SLA 技术主要集中用于制造模具、模型等，同时还可以通过在原料中加入其他成分，来代替熔模精密铸造中的蜡模。虽然 SLA 技术打印速度较快、精度较高，但由于打印材料必须基于光敏树脂，而光敏树脂在固化过程中又不可避免地产生收缩，所以容易导致产生应力或形变。因此，当前推广该技术的难点是如何寻找一种收缩小、固化快、强度高的光敏材料。

7.6　熔融沉积成形工艺

　　熔融沉积成形(FDM)，又称熔丝沉积成形，是 3D 打印技术的一种，它是一种快速成形技术。FDM 是将蜡、ABS、PC、尼龙等热塑性低熔点材料熔化后，通过由计算机数控的精细喷头按 CAD 分层截面数据进行二维填充，喷出的丝材经冷却、黏结、固化生成一薄层截面，通过材料逐层堆积形成最终的三维实体。

7.6.1　FDM 的工艺原理

　　FDM 成形原理是将丝状的热塑性材料通过喷头加热熔化，喷头底部带有微细喷嘴，在计算机控制下，喷头沿着 X 轴方向移动，工作台沿 Y 轴方向移动，根据 3D 模型的数据移动到指定位置，将熔融状态下的液体材料挤喷出来并最终凝固。一个层面沉积完成后，工作台沿 Z 轴方向按预定的增量下降一层的厚度，材料被喷出后沉积在前一层已固化的材料上，通过材料逐层堆积形成最终的成品。

FDM 系统主要包括喷头、送丝机构、运动机构、加热工作室、工作台 5 个部分。喷头是最复杂的部分，材料在喷头中被加热熔化，喷头底部有一喷嘴供熔融的材料以一定的压力挤出，喷头沿零件截面轮廓和填充轨迹运动时挤出材料，与前一层材料黏结并在空气中迅速固化，如此反复进行即可得到实体零件。FDM 工艺在原型制作时需要同时制作支撑。为了节省材料成本和提高沉积效率，一般采用双喷头独立加热，一个用来喷模型材料制造零件，另一个用来喷支撑材料作支撑，两种材料的特性不同，制作完毕后去除支撑比较容易。支撑和零件也可以用同一种材料制造，此时只需要一个喷头。

送丝机构为喷头输送原料，送丝要求平稳可靠。原料丝直径一般为 1～2mm，喷嘴直径只有 0.2～0.3mm，这个尺寸差别保证了喷头内具有一定的压力且熔融后的原料能以一定的速度(必须与喷头扫描速度相匹配)被挤出成形。

运动机构包括 X、Y、Z 三个轴的运动，快速成形技术的原理是把任意复杂的三维零件转化为平面图形的堆积，因此不再要求机床进行三轴或三轴以上的联动，只要能完成两轴联动即可，大大简化了机床的运动控制。XY 轴的联动扫描完成 FDM 工艺喷头对截面轮廓的平面扫描，Z 轴则带动工作台实现高度方向的进给。

加热工作室用来给成形过程提供一个恒温环境。熔融状态的丝挤出成形后如果骤然冷却，容易造成翘曲和开裂，适当的环境温度可最大限度地减小这种造型缺陷，提高成形质量和精度。

工作台主要由台面和泡沫垫板组成，每完成一层成形，工作台便下降一层高度。

7.6.2　FDM 的工艺参数

在使用 FDM 快速成形系统进行成形加工之前，必须考虑相关工艺参数的控制。它们是分层厚度、喷嘴直径、喷嘴温度、环境温度、挤出速度、填充速度以及延迟时间。

1) 分层厚度

分层厚度指将三维模型进行切片时层与层之间的高度，也是 FDM 系统在堆积填充实体时每层的厚度。分层厚度较大时，原型表面会有明显的"台阶"，影响原型的表面质量和精度；分层厚度较小时，原型精度较高，但需要加工的层数增多，成形时间也较长。

2) 喷嘴直径

喷嘴直径直接影响喷丝的粗细，一般喷丝越细，原型精度越高，但每层的加工路径会更密更长，成形时间也就越长。工艺过程中为了保证上下两层能够牢固地黏结，一般分层厚度需要小于喷嘴直径。

3) 喷嘴温度与环境温度

喷嘴温度指系统工作时将喷嘴加热到的一定温度。环境温度是指系统工作时原型周围环境的温度，通常是指工作室的温度。喷嘴温度应在一定的范围内选择，使挤出的丝呈黏弹性流体状态，即保持材料的黏性系数在一个适用的范围内。环境温度则会影响成形零件的热应力大小，影响原型的表面质量。

4) 挤出速度与填充速度

挤出速度指熔丝在送丝机构的作用下，从喷嘴中挤出时的速度。填充速度指喷头在运动机构的作用下，按轮廓路径和填充路径运动时的速度。在保证运动机构运行平稳的前提下，填充速度越快，成形时间越短，效率越高。另外，为了保证连续平稳地出丝，需要将挤出速度和填充速度进行合理匹配。如果填充速度与挤出速度匹配后出丝太慢，则材料填充不足，易出现断丝现象；相反，若填充速度与挤出速度匹配后出丝太快，则熔丝堆积在喷头上，使成形面材料分布不均匀，影响表面质量。

5) 延迟时间

延迟时间包括出丝延迟时间和断丝延迟时间。当送丝机构开始送丝时，喷嘴不会立即出丝，而有一定的滞后，这段滞后时间称为出丝延迟时间。同样当送丝机构停止送丝时，喷嘴也不会立即断丝，这段滞后时间称为断丝延迟时间。在工艺过程中，需要合理地设置延迟时间参数，否则会出现拉丝太细、黏结不牢，甚至断丝、缺丝的现象；或者出现堆丝、积瘤等现象，严重影响原型的质量和精度。

7.6.3　FDM 的材料要求

熔融沉积快速成形技术的关键在于热融喷头，良好的喷头温度能使材料挤出时既保持一定的形状又具有良好的黏结性能。此外，成形材料的相关特性（如材料的黏度、熔融温度、黏结性以及收缩率等）也会大大影响整个制造过程。一般来说，熔融沉积快速成形工艺使用的材料分为成形材料和支撑材料。

1. 熔融沉积快速成形对成形材料的要求

FDM 工艺对成形材料的要求是黏度低、熔融温度低、黏结性好、收缩率小，具体如下。

(1) 材料的黏度要低。低黏度的材料流动性好，阻力小，有利于材料的挤出。若材料的黏度过高，流动性差，将增大送丝压力并使喷头的起停响应时间增加，影响成形精度。

(2) 材料的熔融温度要低。低熔融温度的材料可使材料在较低温度下挤出，减少材料在挤出前后的温差和热应力，从而提高原型的精度，延长喷头和整个机械系统的使用寿命。

(3) 材料的黏结性要好。黏结性的好坏将直接决定层与层之间黏结的强度，进而影响零件成形以后的强度，若黏结性过低，在成形过程中很容易造成层与层之间的开裂。

(4) 材料的收缩率要小。在挤出材料时，喷头需要对材料施加一定的压力，若材料的收缩率对压力较敏感，会造成喷头挤出的材料丝直径与喷嘴的直径相差太大，影响材料的成形精度，容易导致零件翘曲、开裂。

2. 熔融沉积快速成形对支撑材料的要求

FDM 工艺对支撑材料的要求是能承受一定的高温、与成形材料不浸润、具有水溶性或者酸溶性、具有较低的熔融温度、流动性要好，具体如下。

(1) 能承受一定的高温。支撑材料与成形材料需要在支撑面上接触，故支撑材料需要在成形材料的高温下不产生分解与熔化。

(2) 与成形材料不浸润。加工完毕后支撑材料必须去除，故支撑材料与成形材料的亲和性不应太好。

(3) 具有水溶性或者酸溶性。为了更快地对复杂的内腔、孔等原型进行后处理，就需要支撑材料能在某种液体里溶解。

（4）具有较低的熔融温度。较低的熔融温度可使材料能在较低的温度下挤出，提高喷头的使用寿命。

（5）流动性要好。支撑材料不需要过高的成形精度，为了提高机器的扫描速度，就需要支撑材料具有很好的流动性。

7.6.4　FDM 的工艺特点

1. FDM 工艺的优点

与其他工艺相比，FDM 工艺具有以下优势。

（1）设备使用和维护简单，多用于概念设计的 FDM 成形机对原型精度和物理化学特性要求不高，成本低。

（2）设备体积小巧，易于搬运，适用于办公环境。

（3）成形材料广泛，热塑性材料均可应用。一般采用低熔点丝状材料，大多为高分子材料，如 ABS、PLA、PC、PPSF 以及尼龙丝和蜡丝等。虽然金属直接成形制造技术(包括多相组织沉积制造技术、三维堆焊成形技术等)的材料性能更好，但在塑料零件领域，FDM 工艺是一种非常适宜的快速制造方式。

（4）环境友好，制件过程中无化学变化，也不会产生颗粒状粉尘。与其他使用粉末和液态材料的工艺相比，FDM 使用的塑料丝材更加清洁，易于更换、保存，不会在设备中或附近形成粉末或液体污染，是办公环境理想桌面的制造系统。

（5）原材料利用率高，且废旧材料可进行回收再加工，并实现循环使用。

（6）后处理简单。仅需要数分钟的时间剥离支撑后，原型即可使用。SL、SLS 等工艺均存在清理残余液体和粉末的步骤，且需要进行后固化处理和额外的辅助设备。这些额外的后处理工序一是容易造成粉末或液体污染，二是增加了后处理时间，不能在成形完成后立刻使用。

2. FDM 工艺的缺点

（1）由于喷头的运动是机械运动，速度有一定限制，所以成形时间较长。

（2）与立体光固化成形工艺以及三维打印工艺相比，成形精度较低，表面有明显的台阶效应。

（3）成形过程中需要加支撑结构，支撑结构手动剥除困难，同时影响制件表面质量。

7.7　选区激光烧结工艺

选区激光烧结(SLS)是有选择地将材料粉末在高强度的激光照射下烧结在一起,得到零件的截面,然后通过层层叠加的方法生成所需形状的零件。其整个工艺过程包括 CAD 模型建立、数据处理、铺粉、烧结以及后处理等。这也是一种 3D 打印技术。SLS 成形方法的选材范围广泛,尼龙、蜡、ABS、金属和陶瓷粉末等都可以作为原材料。SLS 不需要支撑结构,因而在成形设备和系统软件中也无须考虑支撑系统。

7.7.1　SLS 的工艺原理

SLS 工艺借助精确引导的激光束使材料粉末烧结或熔融后凝固形成三维原型或制件。在开始加工之前将充有氮气的工作室升温，将温度维持在粉末的熔点以下；成形阶段送料桶上升，铺粉小车移动，在工作平台上铺一层粉末材料，然后激光束在计算机的控制下按照截面轮廓对实心部分的粉末进行烧结，继而熔化粉末形成一层固体轮廓。每一层烧结完成之后，工作台下降一个截面层的高度，再次铺上粉末，进行下一层烧结，如此循环，直至完成整个实体构建。在实体构建完成并充分冷却后，需要将加工件取出置于后处理工作台上，去除残留的粉末。在成形过程中，未烧结的粉末对模型的空腔和悬臂部分起支撑作用，无须另行生成支撑工艺结构。选区激光烧结工艺原理如图 7.3 所示。

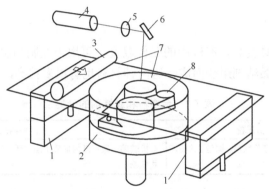

1-粉料送进与回收系统；2-工作台；3-铺粉辊；4-CO_2 激光器；
5-光学系统；6-扫描镜；7-未烧结的粉末；8-零件

图 7.3　选区激光烧结工艺原理

7.7.2　SLS 的工艺参数

制件的精度和强度在很大程度上受选区激光烧结工艺参数的影响，其中激光和烧结工艺参数，如激光功率、扫描速度、间距和方向、烧结温度、烧结时间以及单层厚度等都可能导致烧结体的收缩变形、翘曲变形甚至开裂。

1）激光功率

由于激光的方向性，热量只沿着激光束的方向进行传播，所以随着激光功率的增大，在厚度方向即激光束的方向，更多的粉末烧结在一起，导致厚度方向尺寸误差的增大趋势要比长宽方向大。激光功率增大时，强度也会随之增大。当激光功率比较低时，粉末颗粒只是边缘熔化而黏结在一起，颗粒之间存在大量的间隙，使得强度不会很高；但是激光功率过大会加剧熔固收缩而导致制件产生翘曲变形。

2）扫描间距

若扫描间距过大，烧结的能量在平面每一个烧结点上的均匀性降低，激光光斑中间温度高、边缘温度低，导致中间部分烧结密度高，边缘烧结不牢固，使烧结制件的强度减小。若扫描间距过小，制件的成形效率将会严重降低。

3）扫描速度

在扫描速度增大时，单位面积上的能量密度减小，相当于减小了激光功率，因此扫描速度对制件尺寸精度和性能的影响正好与激光功率的影响相反。

4）单层厚度

随着单层厚度的增加，烧结制件的强度减小。随着单层厚度的增加，需要熔化的粉末增加，向外传递的热量减少，使得尺寸误差向负方向减小。单层厚度对成形效率有很大的影响，单层厚度越大，成形效率越高。

7.7.3　SLS 的常用材料

选区激光烧结所使用的材料主要分为以下几类：金属基合成材料、陶瓷基合成材料、铸造砂和高分子粉末等。

1）金属基合成材料

金属基合成材料的硬度高，有较高的工作温度，可用于复制高温模具。常用的金属基合成材料一般由金属粉和黏结剂组合而成，这两种材料也有很多种类，如表 7.1 所示。

表 7.1　金属粉和黏结剂的分类

类别	金属粉	黏结剂
材料	不锈钢粉末、还原铁粉、铜粉、锌粉、铝粉	有机玻璃、聚甲基丙烯酸丁酯、环氧树脂、其他易于热降解的高分子共聚物

2）陶瓷基合成材料

陶瓷基合成材料比金属基合成材料硬度更高，工作温度也更高，也可用于复制高温模具，一般由陶瓷粉和黏结剂组合而成。在 SLS 的过程中，CO_2 激光束产生热量熔化黏结剂，黏结陶瓷粉使制件成形，最终经过在加热炉中烧结获得陶瓷工件。

3）铸造砂

铸造砂主要用于低精度原型件的制作，主要成分为覆膜砂，其表面的高分子黏结成分一般是低分子量酚醛树脂。

4）高分子粉末

高分子粉末材料主要包括尼龙（PA）粉、聚碳酸酯（PC）粉、聚苯乙烯（PS）粉、ABS 粉、铸造用蜡粉、环氧聚酯粉末、聚酯（PBT）粉末、聚氯乙烯（PVC）粉末、聚四氟乙烯（PTFE）粉末以及共聚改性粉末材料等。

7.7.4　SLS 的特点及应用

1. SLS 技术的特点

（1）可采用多种材料。从原理上说，SLS 方法可采用加热时黏度降低的任何粉末材料，通过材料或各类含黏结剂的涂层颗粒制造出任何原型，可适应不同的需要。SLS 工艺常用原料是塑料、蜡、陶瓷、金属，以及它们的复合物粉体。用蜡可做精密铸造蜡模，用热塑性塑料可做消失模，用陶瓷可做铸造型壳、型芯和陶瓷件，用金属可做金属件。目前大多数选区激光烧结技术研究集中在生产金属零件上。

（2）制造工艺较简单。由于可采用多种材料，选区激光烧结工艺按采用的原料不同可以直接生产复杂形状的原型、部件及工具。例如，制造概念原型、蜡模铸造模型及其他少量母模和直接制造金属注塑模等。

（3）精度较高。精度依赖于使用的材料种类和粒径、产品的几何形状和复杂程度，SLS 工艺一般能够达到全工件范围内±(0.05～2.5)mm 的公差。当粉末粒径为 0.1mm 以下时，成形后的原型精度可达±1%。

（4）成本较低，可制备复杂形状零件。

SLS 技术在实际应用中既有优点也有缺点，如需要预热、冷却，原型制造易变形，成形表面粗糙多孔，由于粉体铺层密度低，所以强度较低，后处理复杂，污染环境等，在实际应用中选择工艺时需要综合考量。

2. SLS 技术的应用

SLS 工艺与 SLA 工艺基本相同，只是将 SLA 中的液态光敏树脂换成在激光照射下可以烧结的粉末材料，并由一个温度控制单元控制的轮子铺平材料以保证粉末的流动性，同时控制工作腔热量使粉末牢固黏结。由于该类成形方法有着制造工艺简单、柔度高、材料选择范围广、材料价格便宜、成本低、材料利用率高等特点，SLS 工艺主要应用于铸造业，可快速制造设计零件的原型，并且可以用来直接制作快速模具。

7.8 3D 打印结构设计与材料

7.8.1 3D 建模

制造业是 3D 建模技术的最大用户，利用 3D 模型可以为产品建立数字样机进行产品性能分析和验证，并实现数字化制造。数字化制造包括增材(3D 打印)和减材(CNC)制造，3D 模型是 CAD/CAM 的数据源。能否学习和掌握 3D 打印建模技术关系到 3D 打印机用户能否将个人头脑中(或图纸上)的创意想法数字化，并被打印机的控制软件所读取，最终完成自己设计作品的打印。

1. 3D 建模基础知识

3D 建模是用计算机系统来表示、控制、分析和输出描述三维物体的几何信息和拓扑信息，最后经过数据格式转换输出可打印的数据文件。3D 建模实际上是对产品进行数字化描述和定义的一个过程。产品的 3D 建模有三种主要途径。

第一种是根据设计者的数据、草图、照片、工程图纸等信息在计算机上人工构建三维模型，常称为正向设计。

第二种是先对已有产品(样品或模型)进行三维扫描或自动测量，再由计算机生成三维模型。这是一种自动化的建模方式，常称为逆向工程或反求设计。

正向和逆向两种建模途径如图 7.4 所示。

第三种是以建立的专用算法(过程建模)生成模

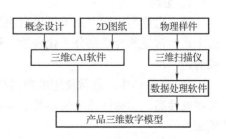

图 7.4 正向和逆向三维建模

型，主要针对不规则几何形体及自然景物的建模，用分形几何描述(通常以一个过程和相应的控制参数描述)。

2. 3D 建模注意事项

(1)物体模型必须为封闭的。有时要检查出模型是否存在这样的问题会有些难度。如果不能够发现此问题，可以借助一些软件，如 3ds Max 的 STL 检测(STL Check)功能。

(2)物体需要厚度。在各类软件中，曲面都是理想的，没有壁厚，但在现实中没有壁厚的东西是不存在的，所以在建模时不能简单地由几个曲面围成一个不封闭的模型。

(3)正确的法线方向。模型中所有面的法线需要指向一个正确的方向。如果模型中包含了错误的法线方向，打印机就不能够判断出是模型的内部还是外部。

(4)物体模型的最大尺寸。物体模型的最大尺寸根据 3D 打印机可打印的最大尺寸而定。当模型超过打印机的最大尺寸时，模型就不能被完整地打印出来。如果要建大尺寸模型，则需要考虑模型打印出来，组装拼合是否方便的问题。

(5)物体模型的最小厚度。打印机的喷嘴直径是一定的，打印模型的壁厚应考虑打印机能打印的最小壁厚，否则会出现失败或者错误的模型。

(6)45°法则。任何超过 45°的突出物都需要额外的支撑材料或是特殊的建模技巧来完成模型打印。添加支撑既耗费材料，又难处理，而且处理之后会破坏模型的美观。因此，建模时尽量避免加支撑。

(7)设计打印底座。用于 3D 打印的模型最好底面是平坦的，这样既能增加模型的稳定性，又不需要增加支撑。建模时可以直接用平面截取底座获得平坦的底面，或添加个性化的底座。

(8)预留容差度。对于需要组合的模型，要特别注意预留容差度。一般在需要紧密接合的地方预留 0.8mm 的宽度，在较宽松的地方预留 1.5mm 的宽度。

(9)多余的几何形状需要删除。建模时的一些参考点、线或面，还包括一些隐藏的几何形状，在建模完成时需要删除。

(10)删掉重复的面。建模时两个面叠加在一起就会产生重复的面，需要删去重复的面。

(11)体块和体块间要进行布尔运算。

7.8.2　3D 打印常用材料

3D 打印对材料性能的一般要求为：有利于快速、精确地加工原型零件；产品应当接近最终要求，应尽量满足对强度、刚度、耐潮湿性、热稳定性等的要求；产品应该有利于后续处理工艺。

1. 塑料

塑料也称为树脂，由于可以自由改变形体样式，使用非常方便，已逐渐成为各种生产制造中最为常见的合成高分子化合物。塑料通常是以单体为原料，通过加聚或缩聚反应聚合而成的。

在 3D 打印中，最常使用的塑料材料是 ABS 和 PLA，具有强度较高、表面光滑度适中、抗腐蚀性高、柔韧性适中的特性。主要用途是机械制造、模型设计、教育医疗、服装艺术等领域。

2. 光敏树脂

光敏树脂，俗称紫外线固化无影胶，或 UV 树脂(胶)，主要由聚合物单体与预聚体组成，其中加有光(紫外光)引发剂，或称为光敏剂。在一定波长的紫外光(250~300nm)照射下便会立刻引起聚合反应，完成固态化转换。

在正常情况下，光敏树脂一般作为液态来保存，常用于制作高强度、耐高温、防水等的材料。随着立体光固化成形(SLA)技术的出现，该材料开始被用于 3D 打印领域。由于通过紫外光照便可固化，可以通过激光器成形，也可以通过投影直接逐层成形。因此，采用光敏树脂作为原材料的 3D 打印机普遍具备成形速度快、打印时间短等优点。

3. 陶瓷材料

陶瓷材料具有高强度、高硬度、耐高温、低密度、化学稳定性好、耐腐蚀等优异特性，在航空航天、汽车、生物等行业有着广泛的应用。但陶瓷材料硬而脆的特点使其加工成形尤其困难，特别是复杂陶瓷件需通过模具来成形。模具加工成本高、开发周期长，难以满足产品不断更新的需求。

利用选区激光烧结(SLS)对陶瓷粉末进行加工处理，能够删减烦琐的设计步骤，实现产品快速成形。但该材料存在一定的缺陷，SLS 采用激光烧结陶瓷粉末和某一种黏结剂粉末所组成的混合物，在激光烧结之后，还需要将陶瓷制品放入温控炉中进行后处理。

4. 金属材料

1) 铁合金

铁合金以其超高的强度、良好的耐蚀性以及耐高温等特点而被广泛用于航空航天、医疗生物、高端制造等领域。但铁合金的高硬度也导致其难以通过传统工艺进行切削加工，此外，铁合金本身的化学、物理、力学性能间的综合影响，使得目前的铁合金加工处理工艺非常复杂。而利用选区激光烧结工艺对铁合金粉末进行加工可以直接生产复杂形状的原型、部件及工具等，并且成形精度较高、成本低。

2) 钢铁粉末

钢铁粉末主要是指直径小于 0.5mm 的铁颗粒集合体，颜色呈黑色。按粉末粒度可分为粗粉、中等粉、细粉、微细粉和超细粉五个等级。3D 打印金属粉末除需具备良好的可塑性外，还必须满足粉末粒径细小、粒度分布较窄、球形度高、流动性好和松装密度高等要求。钢铁粉末在 3D 打印领域主要被用于选区激光烧结(SLS)设备。粉末的化学组成、粒度及分布、表面结构及特征和松装密度等物性，直接影响 SLS 零件质量和工艺参数的选取。

3) 铝合金粉末

铝合金强度高、表面光滑度适中、抗腐蚀性高、柔韧性低，主要应用于航空航天、建筑设计等领域。铝合金粉末在 3D 打印领域的使用和铁合金、钢铁粉末非常相似，主要被用于选区激光烧结(SLS)设备。3D 打印的铝合金模型具有较高的强度，而且适合打印尺寸较大的产品。

4) 稀有贵重金属

传统加工方法普遍使用的是减材制作，整个加工过程会产生大量原材料的浪费，当加工材料为贵重金属(如金、纯银、黄铜)时，该浪费产生的成本将是巨大的。同时，贵重金属的加工往往对工艺的复杂性也会有非常高的要求，这又进一步增加了传统加工方法的成本。通过借助最新的 3D 打印技术和交互式设计模式,不仅可以降低加工成本,而且解决了传统加工方法制作复杂结构难的问题,并且可以满足贵重金属首饰个性化定制的需求。

5. 其他材料

近年来,彩色石膏材料、细胞生物材料以及砂糖等食品材料也在 3D 打印领域得到了应用。

彩色石膏材料是一种全彩色的 3D 打印材料。基于在粉末介质上逐层打印的成形原理,3D 打印成品在处理完毕后,表面可能出现细微的颗粒效果,外观很像岩石,在曲面上可能出现细微的年轮状纹理,多应用于动漫玩偶等领域。

细胞生物材料主要是以水凝胶为基材,使用人体相容性生物材料或直接从人体提取细胞进行定向培养,如用人体细胞制作的生物墨水,以及同样特别的生物纸,打印的时候,生物墨水在计算机的控制下喷射到生物纸上,最终形成各种人工器官。该材料主要应用于生物、科研、医疗等领域,但对配套的 3D 打印设备技术要求高。

在食品材料方面,到目前为止,已经可以成功打印出 30 多种不同的食品,主要有六大类:糖果(巧克力、杏仁糖、口香糖、软糖、果冻);烘焙食品(饼干、蛋糕、甜点);零食产品(薯片、可口的小吃);水果和蔬菜产品(各种水果泥、水果汁、蔬菜水果果冻或凝胶);肉制品(不同的酱和肉类品);奶制品(奶酪或酸奶)。主要是利用熔融沉积成形(FDM)工艺对食品材料进行加工处理,例如,砂糖 3D 打印机可通过喷射加热过的砂糖,直接做出具有各种形状、美观又美味的甜品;巧克力 3D 打印机是最先开发出的 3D 食品打印机,也是目前所有 3D 食品打印机中发展最为迅速的。

7.9　3D 打印技术的应用

3D 打印成形技术在消费电子、汽车、医疗、建筑、航空航天等领域得到了广泛应用,其应用主要包括生产研制、市场调研和产品使用。在生产研制方面,主要通过制作原型来验证概念设计,确认设计方案,进行性能测试,制造模具的母模和靠模等;在市场调研方面,将制造的原型展示给用户和相关部门,广泛征求意见,尽量在新产品投产之前,完善设计;在产品使用方面,可直接将制造的原型、零件或部件作为最终产品。按 3D 打印成形的产品功能,其应用可以分为原型、模具、模型和零部件及工具的制造等。

7.9.1　原型制造

通过原型,设计者可以评估设计的可行性并充分表达其构想,使设计评估及更改在很短的时间内完成。传统原型制作方法是制作陶模、木模或塑料模,成本高,周期长。而 3D 打印可将原型制作时间缩短到几小时至几十小时,并可大大提高制作精度。

1. 模型、零件直观评价

新产品的开发总是从外形设计开始的,外观是否美观、实用往往决定了该产品是否能够被市场接受。传统加工方法是根据设计师的设计思想,先制作出效果图及手工模型,经决策层评审后再进行后续设计。但二维工程图或三维图不够直观,表达效果受到限制,手工制作模型耗时长、精度较差,修改也困难。3D 打印成形技术能够迅速地将设计师的设计思想变成三维实体模型, 既可节省大量的时间, 又能精确地体现设计师的设计理念, 为产品评审决策工作提供直接、准确的模型, 减少了决策工作中的失误。利用 3D 打印成形技术制做出的样件能够使用户非常直观地了解尚未投入批量生产的产品外观及其性能并及时做出评价, 使厂方能够根据用户的需求及时改进产品, 避免盲目生产可能造成的损失。同时, 投标方在工程投标中采用样品, 可以直观、全面地提供评价依据, 为中标创造有利条件。

2. 结构分析与装配校核

进行结构分析、装配校核、干涉检查等对新产品开发尤为重要。制造的原型或零件可直接用来装配、分析和检验, 及时发现并解决设计中的问题。如果一个产品的零件多且复杂, 就需要作总体装配校核。投产之前, 先用 3D 打印成形技术制作出全部零件, 进行试安装, 验证设计的合理性, 将所有问题解决在投产之前。

3. 性能和功能测试

原型可用来进行设计验证、配合评价和功能测试, 也可直接做性能和功能参数试验与相应的研究(如流动分析、应力分析、流体和空气动力学分析等)。例如, 涉及各种复杂的流线设计(如飞行器、船舶、高速车辆等)时, 需做空气动力学、流体力学试验以及发动机、泵等的功能测试, 制造的原型即可用来进行相关试验和测试。

7.9.2　模具制造

模具的设计与制造是一个多环节、多反复的复杂过程。长期以来, 模具设计大都是凭经验或使用传统的 CAD 进行的, 模具制造往往需要经过由设计、制造到试模、修模的多次反复, 致使模具制作的周期长, 成本高, 甚至可能造成模具的报废, 难以适应市场需要。3D 打印成形技术可适应各种复杂程度的模具制造, 主要制造方式可分为直接制造模具和间接制造模具。

1. 直接制造模具

对于小批量生产, 模具的费用占有很大的比重, 如果再考虑制造模具本身所用的工装和工具的费用, 小批量生产的成本会很高。短周期、小批量零件模具制造的较好方法就是用 3D 打印成形技术直接制造, 利用该技术能在几天之内完成模具的制造, 而且模具越复杂越能显示其优越性。

2. 间接制造模具

间接制造模具指利用 3D 打印成形技术首先制作模芯, 然后用该模芯复制硬模具(如铸造模具, 或采用喷涂金属法获得轮廓形状), 或者制作母模复制软模具等。对 3D 打印成形技术得到的原型表面进行特殊处理后代替木模, 直接制造石膏型或陶瓷型, 或由原型经硅橡胶模过渡转换得到石膏型或陶瓷型, 再由石膏型或陶瓷型浇注出金属模具。

7.9.3　模型制造

1. 工程结构模型

大型工程可以制造比例模型进行分析校核、试验取证, 从而确保工程的可造性。在建筑工程领域, 可以制作建筑物模型, 以评价建筑设计美学与工程方面的合理性, 更改也很容易。尽管现代数值分析代替了许多弹性范围内的模型试验, 但对具有复杂边界和不确定因素的问题, 在数值分析后还需要进行模型试验。采用 3D 打印成形技术可以使数值分析与模型试验一体化,在 CAD 的几何造型阶段,即可对其中的危险部分和不确定部分立即做出模型进行试验,取得试验数据后再返回进一步修改设计。

2. 医学模型

模型在医学上的应用主要有:①提供视觉和触觉模型,用于教学、诊断;②制定复杂手术方案;③器官修复。

根据 CT 扫描和 MRI 所得的人体器官数据,用 3D 打印成形技术制造具有生物活性和可移植性的人体组织和器官。

3. 艺术品、商业展示模型

模型可用于展品服务、大型装饰品的彩色制件等。在艺术创作方面,可以利用 3D 打印成形技术将瞬时的创造激情永久地记录下来,还可以制造珍贵的金玉类艺术品的廉价原始样本。在文化、艺术领域,3D 打印成形技术可用于文物仿制及雕塑、工艺美术装饰品的制造。

7.9.4 零部件及工具制造

1. 特殊成分、结构材料零部件

无论材料还是零部件,都可以考虑用 3D 打印成形技术。梯度功能材料,多孔材料及其多种规格、型号、成分的材料都可能实现无模具、无机械加工的 3D 打印成形,如难制造的复杂形状的陶瓷结构部件(如梯度材料、具有微结构的陶瓷件等)、功能陶瓷元件(如电容器、薄膜热电偶等)、复合材料(包括颗粒增强复合材料、纤维补强复合材料)、多孔材料(蜂窝陶瓷、泡沫陶瓷、波纹陶瓷)、孔梯度(阶梯状、连续孔、集束状)陶瓷材料以及生物材料等的生产。采用 LOM 工艺以陶瓷带为造型材料可制作陶瓷件,使用金属带和不锈钢带可制造金属件。

2. 工具制造

目前,直接成形的金属工具的力学性能较差,由 CAD 模型直接堆积高性能的金属工具还存在一定困难。

7.10　典型 3D 打印工艺设计范例

3D 打印除了可以打印内部有填充的实体模型,还可以打印表面封闭而内部无填充(即空心)的壳体模型。本节以圆柱体为例,介绍利用熔融沉积成形(FDM)工艺打印空心壳体模型的操作过程。

1. 打开三维模型与自动调整位置

打开软件,根据保存路径选择要打印的三维模型"yuanzhu.stl",单击"自动布局"选项,自动调整模型至默认最佳打印位置。

2. 打印机初始化与平台预热

初始化打印机,使打印喷头和打印平台返回打印机初始位置。打印机"初始化"完成后,在"三维打印"下拉菜单中单击"平台预热 15 分钟"选项,进行打印平台预热。

3. 打印预览与打印参数设置

(1)在工具栏中单击"三维打印"选项,弹出下拉菜单,如图 7.5 所示;单击"打印预览"选项,弹出打印预览设置窗口。

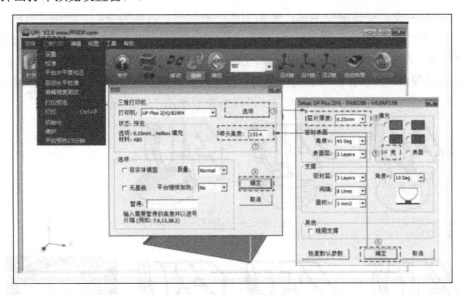

图 7.5 "打印预览"参数设置

(2)单击打印预览设置窗口的"选项",弹出参数选项设置窗口:"层片厚度"设为 0.25 mm,"填充"选择"壳"模式;单击"确定"按钮返回打印预览设置窗口。

(3)在打印预览设置窗口设置"喷头高度",具体数值通过喷嘴高度自动测试获得。

(4)单击打印预览设置窗口中的"确定"按钮,系统自动对三维模型进行分层和增加支撑结构,分层完毕后,弹出打印信息预算框,如图 7.6 所示。

(5)单击打印信息预算框中的"确定"按钮,退出打印预览。

(6)确认打印与数据传输。通过"打印预览"确认参数无误后,即可进行打印数据生成和传输。

图 7.6 打印信息预算框

4. 3D 打印成形过程

3D 打印机打印圆柱空心壳体模型的过程如图 7.7 所示。

当喷头温度升高至 ABS 打印丝材加工温度 270℃时,3D 打印机开始进行打印。

(1)喷头移至工作台空白区(非打印模型所在区域),打印平台上升至喷头高度为 0mm 的位置后,喷头挤出丝材并按照直线移动一定距离,将喷嘴多余的丝材清除,如图 7.7(a)所示。

(2)喷头停止挤出丝材,移至打印模型所在区域,喷头挤出丝材并按照设定线路移动,开始打印基底:首先沿打印机 Y 坐标方向以较大行间距打印两层基底支撑层,如图 7.7(a)所示,行间距约为 5mm;然后减少行间距,沿打印机 X 坐标方向打印两层基底支撑层,如图 7.7(b)所示,行间距减小至约 1mm;最后沿与 Y 坐标成 30° 的方向打印三层基底密封层,如图 7.7(c)所示。

(3)打印圆柱空心壳体模型。

① 打印圆柱空心壳体模型底面,喷头沿与 Y 坐标成45°的方向打印三层模型表面密封层,如图7.7(d)所示。

② 打印圆柱空心壳体模型主体,侧面为两层密封层,内部为空心,如图7.7(e)所示。

③ 打印圆柱空心壳体模型顶面,喷头沿与 Y 坐标成45°的方向打印四层模型表面密封层,如图 7.7(f)所示。由于模型内部空心,顶面第一、二层密封层可能存在破损,需要后续打印的密封层将其覆盖。为了保证顶面完全密封,打印控制系统默认将顶面增加一层密封层(即顶面为四层密封层)。圆柱空心壳体模型 3D 打印结束后如图7.7(g)所示。

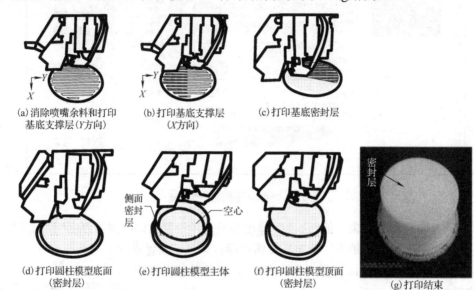

(a)消除喷嘴余料和打印　　(b)打印基底支撑层　　(c)打印基底密封层
基底支撑层(Y方向)　　　　(X方向)

(d)打印圆柱模型底面　　(e)打印圆柱模型主体　　(f)打印圆柱模型顶面　　(g)打印结束
　(密封层)　　　　　　　　　　　　　　　　　(密封层)

图7.7　圆柱空心壳体 3D 打印成形过程

5. 模型拆卸与分析

打印结束并等待打印平板冷却后,将打印平板连同打印模型从打印机取下;采用小铲先将空心壳体模型从基底铲下,然后将基底从打印平板上铲下。拆卸后的模型与基底如图 7.8 所示。

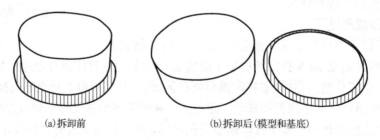

(a)拆卸前　　　　　　　　(b)拆卸后(模型和基底)

图7.8　空心壳体模型拆卸

复习思考题

7-1　3D 打印技术与传统减材技术有何区别?

7-2　3D 打印的前处理、后处理方法有哪些?

7-3　简述 3D 打印的过程。

7-4　简述 3D 打印的优势与局限性。

7-5　简述 LOM 的打印成形原理。

7-6　简述 SLA 的打印成形原理。

7-7　简述 FDM 的打印成形原理。

7-8　简述 SLS 的打印成形原理。

7-9　3D 打印对材料的性能要求有哪些?

7-10　3D 打印的应用都有哪些方面?

参 考 文 献

陈金德, 邢建东, 2000. 材料成形技术基础[M]. 北京: 机械工业出版社.

陈双, 吴甲民, 史玉升, 2018. 3D 打印材料及其应用概述[J]. 物理, 47(11): 715-724.

付丽敏, 2016. 走进 3D 打印世界[M]. 北京: 清华大学出版社.

何红媛, 2000. 材料成形技术基础[M]. 南京: 东南大学出版社.

胡亚民, 2000. 材料成形技术基础[M]. 重庆: 重庆大学出版社.

贾仕奎, 李云云, 张向阳, 等, 2020. 3D 打印成型工艺及 PLA 材料在打印中的应用最新进展[J]. 应用化工, 49(12): 3185-3190, 3194.

姜敏凤, 宋佳娜, 2019. 机械工程材料及成形工艺[M]. 4 版. 北京: 高等教育出版社.

姜涛, 程筱胜, 崔海华, 等, 2018. 3D 打印相关技术的发展现状[J]. 机床与液压, 46(3): 154-160, 146.

赖周艺, 朱铭强, 郭峤, 2015. 3D 打印项目教程[M]. 重庆: 重庆大学出版社.

李博, 张勇, 刘谷川, 等, 2017. 3D 打印技术[M]. 北京: 中国轻工业出版社.

刘建超, 2016. 冲压模具设计与制造[M]. 2 版. 北京: 高等教育出版社.

刘静, 刘昊, 程艳, 等, 2017. 3D 打印技术理论与实践[M]. 武汉: 武汉大学出版社.

柳秉毅, 2018. 材料成形工艺基础[M]. 3 版. 北京: 高等教育出版社.

罗军, 2014. 中国 3D 打印的未来[M]. 北京: 东方出版社.

毛宏理, 顾忠伟, 2018. 生物 3D 打印高分子材料发展现状与趋势[J]. 中国材料进展, 37(12): 949-969, 993.

孟伟, 2021. 3D 打印技术及应用趋势分析[J]. 科技创新与应用, (11): 146-148.

任垚嘉, 刘世锋, 李香君, 等, 2019. 金属纤维多孔材料的制备和研究现状[J]. 中国材料进展, 38(8): 800-805.

申小平, 2015. 粉末冶金制造工程[M]. 北京: 国防工业出版社.

施江澜, 2001. 材料成形技术基础[M]. 北京: 机械工业出版社.

施江澜, 赵占西, 2014. 材料成形技术基础[M]. 3 版. 北京: 机械工业出版社.

石敏, 张志贤, 2017. 3D 打印技术与产品设计[M]. 南京: 东南大学出版社.

孙方红, 徐萃萍, 2019. 材料成型技术基础[M]. 2 版. 北京: 清华大学出版社.

陶治, 2002. 材料成形技术基础[M]. 北京: 机械工业出版社.

温爱玲, 2013. 材料成形工艺基础[M]. 北京: 机械工业出版社.

吴树森, 柳玉起, 2017. 材料成形原理[M]. 3 版. 北京: 机械工业出版社.

吴顺达, 2021. 中国锻造行业"十四五"发展纲要(连载二)[J]. 锻造与冲压, (7): 50-56.

杨占尧, 2017. 模具设计与制造[M]. 3 版. 北京: 人民邮电出版社.

于爱兵, 2020. 材料成形技术基础[M]. 2 版. 北京: 清华大学出版社.

余世浩, 杨梅, 2012. 材料成型概论[M]. 北京: 清华大学出版社.

余世浩, 张琳琅, 2018. 材料成型导论[M]. 北京: 清华大学出版社.

张明善, 1998. 塑料成型工艺及设备[M]. 北京: 中国轻工业出版社.

赵红乐, 张纬, 孟少峰, 等, 2021. 一种铸钢行星架产品的铸造工艺优化[J]. 铸造, 70(11): 1356-1360.

周伟民, 闵国全, 2016. 3D 打印技术[M]. 北京: 科学出版社.

祖方道, 2016. 材料成形基本原理[M]. 3 版. 北京: 机械工业出版社.